农业网络化与互联网发展

姚金芝　编　著

中国建材工业出版社

图书在版编目（CIP）数据

农业网络化与互联网发展／姚金芝编著. —北京：中国建材工业出版社，2016.12

ISBN 978-7-5160-1674-9

Ⅰ.①农… Ⅱ.①姚… Ⅲ.①互联网络－应用－农业技术 Ⅳ.①S126

中国版本图书馆CIP数据核字（2016）第242662号

内 容 提 要

大家都在谈“互联网＋”，那么它到底会给我们带来什么好处呢？“互联网+农业”又是什么呢？本书具体体现出4大方面，首先具体解释了“互联网＋”的概况，便于读者对这一概念有一个全局性的了解。其次，介绍了“互联网＋”给我们的生产和生活带来的改变。其三，针对如何借用“互联网＋”，如何构建新常态下的现代化农业。最后介绍了在我国传统行业改造中“互联网+传统行业”深度融合的经典案例。

《农业网络化与互联网发展》共分7章，内容包括：“互联网+”是一场正在发生的商业革命、什么是“互联网+农业”、“互联网+时代”是传统农业的转型与变革、“互联网+”是传统行业的唯一出路、如何实现“互联网+农业”、“农业+互联网”是构建新常态下的现代化农业、经典案例——“互联网+传统行业”深度融合，决战农村电商——电商巨头的下一个战场。

本书案例丰富，语言简洁，图文并茂，特别适合初次接触“互联网＋”的朋友阅读。本书既是作为农业信息化、农业系统工程、信息管理与信息系统等学科研究人员的参考书，也可供农业农村信息化管理部门及农业农村信息综合服务机构参考使用。

出版发行：中国建材工业出版社
地　　址：北京市海淀区三里河路1号
邮　　编：100044
经　　销：全国各地新华书店
印　　刷：北京凯达印务有限公司
开　　本：710×1000　1/16
印　　张：14
字　　数：240千字
版　　次：2016年12月第1版
印　　次：2016年12月第1次印刷
定　　价：26.80元

本社网址：www.jccbs.com　微信公众号：zgjcgycbs

PREFACE

前　言

在2015年3月召开的两会上，李克强总理报告中的“互联网+”一亮相便引起热议，各个行业都在讨论互联网加了自己会怎么样。国务院于2015年7月4日发布了《关于积极推进“互联网+”行动的指导意见》（国发〔2015〕40号），主要围绕“互联网+”讲述如何把互联网的创新成果与经济社会各领域深度融合，进一步促进社会发展；提出了“互联网+现代农业”重点行动，为今后“互联网+现代农业”发展指明了行动方向。强调要利用互联网提升农业生产、经营、管理和服务水平，培育一批网络化、智能化、精细化的现代“种养加”生态农业新模式，形成示范带动效应，加快完善新型农业生产经营体系，培育多样化农业互联网管理服务模式，逐步建立农副产品、农资质量安全追溯体系，促进农业现代化水平明显提升。

近10年来，以互联网为核心的信息技术对服务业产生了极大的影响，从电子商务的兴起，到移动支付、打车软件的普及，再到时下几乎所有服务行业都在兴起的O2O模式以及对个性化的强调，服务业变化之大，以至于很多人用“颠覆”来形容。

互联网如何与农业相加？未来的农业究竟在多大程度、广度及高度上被互联网改变？如何开展“互联网+现代农业”行动？不论从生产者、经营者到服务者，还是从管理者、消费者到农业投资者，各个方面都充满迷茫与期待！面对当前不同层面对“互联网+现代农业”的憧憬及实践需求，互联网+现代农业，就目前的实践看，主要是将互联网技术运用到传统农业生产中，利用互联网固有的优势提升农业生产水平和农产品质量控制能力，并进一步畅通农业的市场信息渠道、流通渠道，使农业的产、供、销体系紧密结合，从而使农业的生产效率、品质、效益等得到明显改善。互联网正与传统农业结合得更加紧密，由互联网技术带动的农业升级、农民生活改善，正在为越来越多的年轻人打开创业的新空间。

本书充分利用编者视野所及之案例、知识，打开人们对现代农业与互联网相叠加的想象空间，力图全面、系统地阐述“互联网+现代农业”在生产、经营、管理和服务，以及农副产品质量安全等领域的具体应用，以期为我国近期“互联网+现代农业”行动提供技术与方法上的启示与支撑。本书为传统农业转型升级谋划了行之有效的方针策略，为农业电商健康发展指出清晰明了的路径。无论你是农业相关企业的管理者，还是农业相关政府部门的公务人员，都可以从中找到一些对实际工作有指导意义的闪光点。

本书参考了大量的文献资料及“互联网+现代农业”实践案例，在此对各位文献作者及案例实践者表示衷心感谢！同时，因为时间仓促，部分文献资料未在书中标出，在此对这些文献的作者表示诚挚的歉意！

由于编者的水平和能力有限，书中错误或不妥之处在所难免，恳请同行和读者批评指正，以便今后不断改正和完善。

编　者

2016年8月

CONTENTS

目 录

第一章 “互联网+”，一场正在发生的商业革命

〔案例导入〕美的牵手互联网新贵小米

在这个竞争型社会中，靠单一的力量战胜对手是困难而愚笨的。《易经》中说，“二人同心，其利断金”只有共同合作、目标一致，才能够达到1加“1+1>2”的结果。所以目标一致、合作共赢才是智慧之举。尤其是在这个互联网充斥传统行业的浪潮下，合作共赢尤为重要。

一个人，不管你多么才华横溢，只要你不能融入这个社会，不懂得如何协作沟通，你就无法实现理想与目标。《三国志》中孙权说过，“能用众力，则无敌于天下矣；能用众智，则无畏于圣人矣”当面对多方力量时，唯一的出路就是“拉帮结伙”，合作共赢。

于是，在“互联网+”时代到来之时，各大企业开始筹划对策，合作方案让他们的想法不谋而合。大企业的强强联手更加会让小企业吃不消，很多小企业就在这样的联合对抗中销声匿迹了。

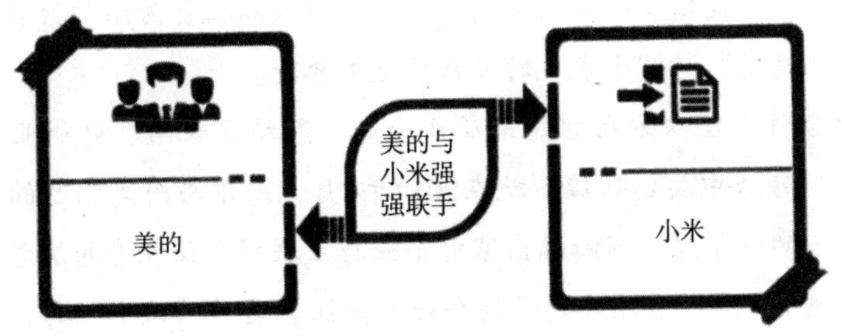

图1-1 强强联手

有媒体猜测，奥克斯家电集团总裁钱旭峰的突然辞职会不会是吸引大众眼球的一种手段，但根据奥克斯一贯的处事风格来看，应该不会以这样自杀式的方法进行炒作。但是奥克斯总裁的突然辞职，确定助长了“小米公司”与“美的公

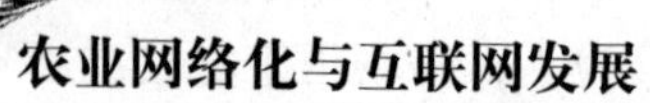

司”过手的气焰（见图1-1强强联手），甚至有人认为钱旭峰的辞职是因为受到了“小米公司”的挖角。

无论是什么原因，强强合作都会让很多传统企业产生巨大的压力和市场风险，“美的”、“小米”的联合就是强强联手的最好例子。钱旭峰的辞职，不管是为了吸引眼球也好，为了自保先行退出也好，总之，在强强联手的合力对调下，小家电确实是吃不消的，这也是导致很多小家电悄悄撤离的原因。

现行业所处的阶段是互联网不断涌入传统行业的阶段，也正是传统行业最痛苦的阶段，要么生，要么死。就连“老传统”董明珠也在不断改变，但她的改变是在传统领域中不断拓展。一直作为空调行业老大的“格力”开始开发手机，虽然在互联网时代里传统行业这样的转变无疑是多此一举，但是这个消息也无疑让格力空调更加受到关注。话题不一样，但是本质是不变的。至少手机的话题可以赚足眼球，可以博一博销量。“格力”要在空调企业中做最好的手机，“小米”恰恰相反，“小米”要在手机企业中做最好的空调。

2015年6月9日，美的“i青春”智能空调在小米社区发布“免费试用”征集活动。仅一天时间，就有超过4万名“米粉”报名参加，可谓异常火爆

业界猜测，这是传统家电业巨头“美的”和互联网新贵“小米”的联合。据了解，“i青春”空调可以与小米手环以及小米感应器交互，实现自动化控制模式，如到家自动开机、睡眠模式自动转入、门窗开关感应等智能控制。正在大家还在猜测时，美的集团与小米科技“相恋”的消息公开了。

2015年6月26日，“美的”向小米科技非公开发行新增股份5500万股，“美的”向小米科技定向增发项目圆满完成，双方以股权投资为纽带紧紧地连到了一起。从此，“美的”与“小米”的关系将更加紧密。

这样的合作将使双方在智能家居产业链、移动互联网、电商业务以及移动互联网创新的领域中共创辉煌。就在2014年6月，海尔与阿里巴巴的“恋情”公开。在这短短的一年里，不断曝出家电企业与互联网企业相恋的消息，这足以说明，“互联网+”时代已经开始受到企业的关注。这种“试水”的方式也慢慢地加速了传统行业转型的速度。传统家电行业与互联网企业的合作无疑让整个家电产业在互联网时代找到了一个突破口，也开启了一个属于家电产业跨界扩张的新时代。

第一节　“互联网+”的本质是传统产业的在线化、数据化

自从李克强总理做出要推进“互联网+”行动的指示后，“互联网+”便成为了大家热议的话题。这个计划的实施，会促进经济发展并形成新的功能；推动互联网与传统行业的整合，会大大促进企业创新，这对于经济发展有着重要的意义。不得不说，国务院部署推进“互联网+”行动，正预示着商业革命的到来。

“互联网+”中的“+”是什么？它是指传统行业中的所有产业。而互联网呢？它是指网络与网络之间所串联成的庞大网络。所以“互联网+”用通俗一些的说法就是，将传统行业中的所有产业以网络的形式组成一个庞大的网络集团，这将是为所有人所共享的一个庞大的集成系统。

对于传统行业来说，“互联网+”时代起到的是一个推进和聚变的作用，传统行业中的所有信息与数据都只作为一种标志性的记载。所以说，运用“互联网+”推进产业发展，无疑是一个正确的选择。

互联网的盛行，让很多传统行业面临着巨大的危机。《华盛顿邮报》创建于1877年，是美国最负盛名的报纸之一。但在这个互联网时代里，它没能逃脱被收购的命运。就在2013年8月6日，亚马逊创始人杰夫·贝索斯以2. 5亿美元收购了《华盛顿邮报》。这个消息受到了全球人民的广泛关注，他令世人感叹在互联网时代中传统行业的命运。

2014年的re：Invent大会上，亚马逊对AWS（亚马逊网络服务）服务进行了详细解说。亚马逊高级副总裁安迪·亚希表示，亚马逊拥有超过100万云计算服务用户和200万台服务器，零售业务每年进账700亿美元，这些数据不仅表明了互联网对传统行业改革的必要性，也表明了“互联网+”的核心就是在线化与数据化。

《华盛顿邮报》的窘境是必然要发生的。为什么这么说呢？首先，互联网的开发与推广，信息的集成与实施实效，都会令人们对于实时信息的便捷产生依赖；其次，互联网对于信息的查阅有着便利性，随时随地可以查阅以往信息；最后，它是人们互相沟通、传递信息的最方便途径。所以传统行业必须要进行改革，必须以“互联网+”为基础，进行开拓与发展。面临着传统纸质媒体的不断

萎靡和新兴媒体的不可阻挡，《华盛顿邮报》是否能够借助互联网技术，通过传统媒体与互联网结合而有所转变呢？这是个未知数。

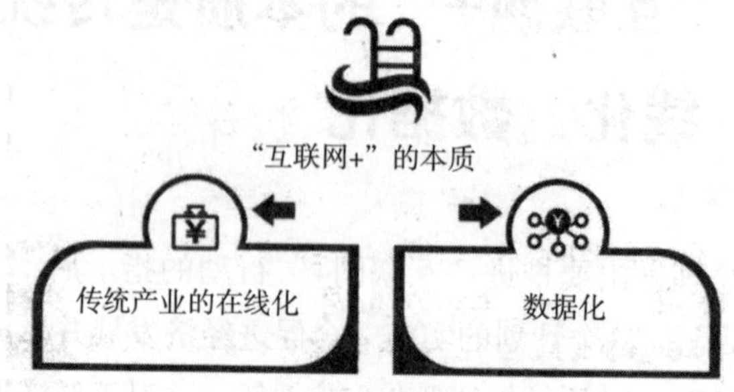

图1–2　"互联网+"的本质

"互联网+"的本质是传统产业的在线化、数据化（见图1–2）。无论是阿里巴巴的在线批发、淘宝的零售模式，还是滴滴打车、快的打车等出行服务，都是在努力实现交易的在线化。只有将各行各业的交易行为结合互联网，才能实现"在线化"；也只有"在线化"的形成才能使之构成"数据化"。当在线化形成数据化后，才能够实现随时互动与挖掘。当数据可以依靠在线化的力量流动起来时，其价值将是不可估量的。

第二节　无处不网络正是产业互联网化的基础

时代的变化总是让人来不及反应，从台式计算机（俗称"电脑"）到笔记本，再从iPad到手机，从单一的网络存在到多种网络共享。随着互联网的日益普及，网络真的是无处不在了。每当我们到了一个新的场所总是会寻找是否有网络的存在，而各大公共场所也都会在明显处标明无线网络与密码。这也是一种营销模式，现在我们已经成为了网络一族，到哪里也脱离不了网络的影子。

互联网的变化也预示着社会的变化，互联网从PC端向移动端的迅速延伸不仅预示着社会的转变，也预示着商业竞争的变化。现在越来越多的人已经被互联网所笼络，商界人士的敏锐嗅觉也已察觉到了这一点。无论是网络优惠券的现场使用，还是团购的实时选购，或是价格对比的购物选择，我们每时每刻都可以用移动网络来处理我们日常所困惑的事情，它使我们得到便利、快捷的选择模式。这样的移动网络营销也让很多商家看到了市场前景，他们已经慢慢地将它渗透向传统行业。

互联网像是种子一样，在慢慢发芽，我们需要不断灌溉它们，让它们萌芽，然后成长。我们不知道它们会成长到什么程度，唯一可以预知的是，有了互联网的存在，整个世界都将是互联互通的。

数据显示，截至2011年年底，全球有12亿台个人电脑；到2012年年底，全球智能手机和移动终端达到45亿台。在2013年，每分钟发生的事情包括：数十万张照片在Facebook上传，Lindedin会增加百余个新用户，而亚马逊的收入会增加11万美元。当前超过一半的人首选微信在线社交工具，并且，这种势头仍在不断增加。

截至 2015 年1月，全球接入互联网的移动设备总数超过70亿台，几乎平均全球人手一台。作为最主要的移动终端设备，智能手机仍然保持高速增长，2014年，智能手机全球出货量达12.86亿部，同比增长28.0%。平板电脑增速较前两年显著下降，但仍然保持增长，全球出货量为2.34亿台，同比增长7.2%。近三年，智能手机和平板电脑的年均增长率分别为43.3%和27.0%，增长幅度有所放缓。

在传统的PC时代，互联网上网时间为每个人平均每天2. 8小时；而在智能时代，每个人平均在线时间为每天16小时（见图1–3）。

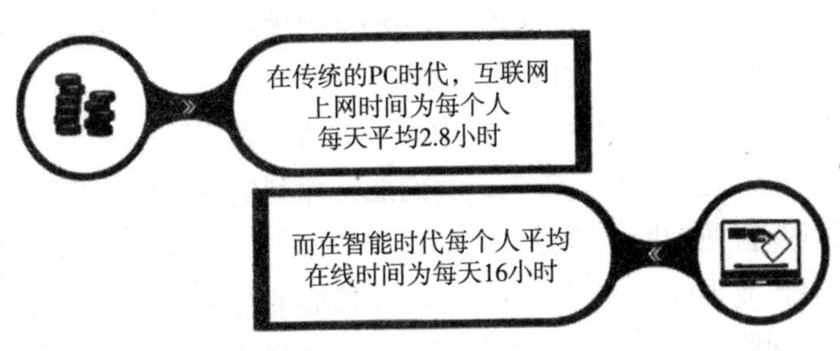

图1–3　个人平均上网时间

从以上数据可以看出，在未来无处不网络的世界中，不接入互联网的行业就会被这个时代所遗弃。在未来的数十年里，互联网的门槛将会越来越低，信息量也会越来越大。未来，加入互联网大军的传统产业会越来越多，这是一个变量的必然现象。

现代科技的发展日新月异，几乎每个人都有至少一部手机。尤其是现在智能手机的普及，在一定程度上会加速互联网的发展。互联网的发展也会加速“互联网+”对传统行业的转型渗透。

“互联网+”的转变过程也是传统产业转型升级的过程。到2014年年底，我国网民数达到了6. 49亿人，互联网普及率也达到了47. 9%。其中，网络购物用户为3. 61亿人，网上零售额达到了2. 8万亿元。

我相信“互联网”的时代会成就商业领域的又一次革命。在商业领域范围内，第一次革命是工业革命，那是因一台蒸汽机而引发的社会重塑。不得不说，是蒸汽机改变了我们的观念和生活方式。移动互联网的到来也将会改变我们的商业运作模式，它将推动经济与社会实现更大的发展。

第三节　“互联网+”重新定义了信息化

李克强总理在2015年政府工作报告中，首次提出了“互联网+”行动计划。很多专家都认为，“互联网+”是信息化促进工业化的升级版，而阿里巴巴2014年发布的《“互联网+”研究报告》认为，“互联网+”在内涵上根本区别于传统意义上的信息和数据的流动性，而互联网作为信息处理成本最低的基础设施，其开放、平等、透明等特性将使信息和数据动起来并转化成巨大的生产力，成为社会财富增长的新源泉。

“互联网+”的实际意义是传统行业以互联网形式传播与发展，相当于给传统行业穿上招摇的外衣，然后插上一对互联网翅膀。对于“互联网+”的实施过程也是传统行业从转型到优化的转变过程。

根据CNNIC（中国互联网络信息中心）的数据表明，截止2014年年底，我国互联网的普及率已达到50%。首先，我们能够深刻地感受到互联网给我们带来的最大变化就是零售业的网上服务，比如：“淘宝”、“京东”。这些电子商务的出现让传统零售业很受伤，但更令传统行业揪心的是网购又推出了新的吸引消费者的方案——网购可以赊账——本就拥有大量客户群体的各大电商，又开始瞄准线下客户群，这样的做法无疑会让传统零售业遭遇更大的冲击。“互联网+”不仅仅重新定义了信息化，也重新定义了商业模式。

互联网时代，不仅仅孕育出了创新模式和新的思维逻辑，也颠覆了传统行业的旧思想、旧模式。在信息化建设的推进过程中，OA（办公自动化）选型问题一直是大家所关注的焦点，尤其现在，人们对“互联网+”的重视度正在 不断增加。在当前的形势下，成长型企业已经认识到信息化的重要性；与此同时，政府对于企业信息化的重视程度和助推力度也在不断加强。

随着“互联网+”力度的加大，信息化趋势也不断加深影响着我们，使OA慢慢地成为了信息时代的重要里程碑。为什么这样说呢？由于“互联网+”正在颠覆传统行业，那么在管理的层面上，也要从老套的管理方式进入OA全面管理的新模式中。

信息化对于企业来说，不但可以提高企业的管理水平，提高自动化程度，通过网络的信息集成提高工作效率，还可以减少工作中出现的差错，提升企业竞争力（见图1–4）。

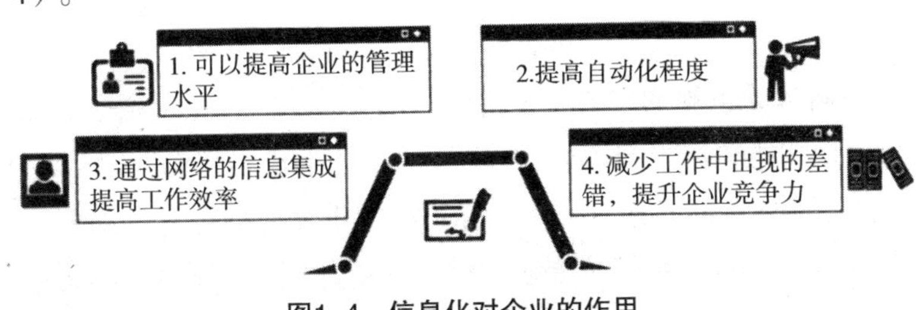

图1–4　信息化对企业的作用

所以说，信息化促进工业化发展，“互联网+”重新定义了传统行业的信息化处理模式。

第四节　“互联网+”正在释放被压抑的巨大需求潜力

在科技发达的今天，互联网已成为当今社会的主要议题。随着迅猛发展的移动互联网变得家喻户晓，它给人们带来的影响已经悄然显现，在我们毫无戒备时闯入了我们的生活。“互联网+”的到来更是重构与改造了各行各业的发展趋势，一场真正的革命即将到来。

互联网时代的来临，让我们感觉到了前所未有的变化。据调查，全球上网人数已突破30亿人。中国互联网络信息中心数据显示，中国上网人数截止2014年已达到6. 49亿人。近些年互联网的普及，与各行各业的发展有着密不可分的关系，尤其是智能手机的广泛使用。由于智能手机的功能和可移动性给人们带来了方便，使得互联网更加广泛地渗透进人们的生活。全球移动通信协会（GSMA）数据显示，中国M2M（机器对机器）连接数已经超过了美国和日本的总和。

近几年，从阿里巴巴到淘宝再到京东，从2G到3G再到4G，从批发、零售再到团购，从现金到银行卡再到支付宝的付款方式改变，这一切的变化都说明互联网的兴起不但改变了时代的发展，也改变了我们对传统行业需求的选择。现在我们不需要到超市去购买想要的物品，只需要在电脑或者手机上选择好，然后付

款，便可以在家里等着快递人员送货上门，这不能不说是一种服务上的提升，也彰显着时代的进步，更为重要的是能够体现出我们对于“互联网+”的需求与认可、认知。

随着人们对“互联网+”的不断重视，中国移动互联网的发展也在不断地攀升与改进，它将成为世界的重要“风向标”。“淘宝”、“京东”、“团购”等等，现在我们可以随时关注其动态与交易。智能手机与移动互联网的存在让更多人随时随地简单出行（见图1–5）。你可以不带任何纸笔，只需要记载到手机上；你可以不带一分钱，用银行卡或支付宝等支付方式来支付；你还可以给你远在外地的亲朋好友邮寄你觉得适合他们的礼品，不需要自己包装，只需要在网上下订单，就可以随时邮寄物品，等等。

图1–5　智能手机与移动互联网的部分功能

“互联网+”对于传统行业的改变给我们带来了意想不到的便捷。人们对于互联网的需求越来越大，很多工作与操作都必须靠网络来完成，并且所有的网络活动也都在向移动端快速迁移，让我们充分享受到了“互联网+”带来的便利。传统企业模式已经持续了太久，以至于人们在得知“互联网+”带给我们便利的方法时所爆发出的需求足以颠覆传统产业的驱动模式。虽然现在“互联网+”的体系还不尽善尽美，但在人们压抑许久的需求这一前提下，未来“互联网+”会以迅猛之势加速发展，这也昭示着又一次工业革命的大爆发。一场颠覆与被颠覆的战役即将打响。

第二章　什么是“互联网+农业”

第一节　一张图读懂“互联网+”

一、什么是“互联网+”

前面提到“互联网+”，“互联网+”其实就是构建互联网化组织，创造性地使用互联网工具，以推动企业和产业更有效率的商务活动。那么，“互联网+”到底如何“+”？其核心在哪里？身处其中的企业又会有什么新的商业机会？存在哪些风险或挑战？

我们可以将这些问题归为两大类：

其一，“互联网+”整体演进过程中，究竟如何“+”？

其二，身处“互联网+”时代的每一家企业，如何正确“+”？

首先，我们可以通过一张图来更清晰直观地读懂“互联网+”：

从这张图，我们可以看到“互联网+”的过去、今天和未来，也可以看到“互联网+”在各个阶段最为核心的体现。把控住整体的演进节奏与趋势，就能更加清晰地了解如何从企业和产业层面实现“+”。

前“互联网+”时代，分为两个阶段，一个是IT信息化阶段，主要是企业经营管理信息化的全面应用。这段时间兴起了非常多的技术公司和实施咨询公司；大量的传统企业开始应用ERP／CRM／SCM等来实现企业内部运营管理的流程化、数据化与管控强化。另一个则是纯互联网时代，包括大量互联网游戏、互联网营销以及电子商务公司涌现，这个阶段与传统企业更多是业务上的交集而不会影响到传统企业本身的商业模式，更别说对整个产业产生改变。

之后进入“互联网+”时代，从演变来看，可以分成三个时代（见图2–1）：

1. “互联网+企业”时代（大致从2008开始），也就是传统企业的互联网化，主要以消费品企业电子商务、互联网化作为前沿阵地，在实践中企业要有互联网化的战略，并需要对企业内部价值链（各部门）进行互联网化再造，同时互联网化也在不断地延展和丰富。在此阶段，从顶层的商业模式的创新，到基础保障层面的组织变革，再到核心业务层面的产品、客户、渠道，以及资本运作层面，都将因为“互联网+”而发生根本性的变化。

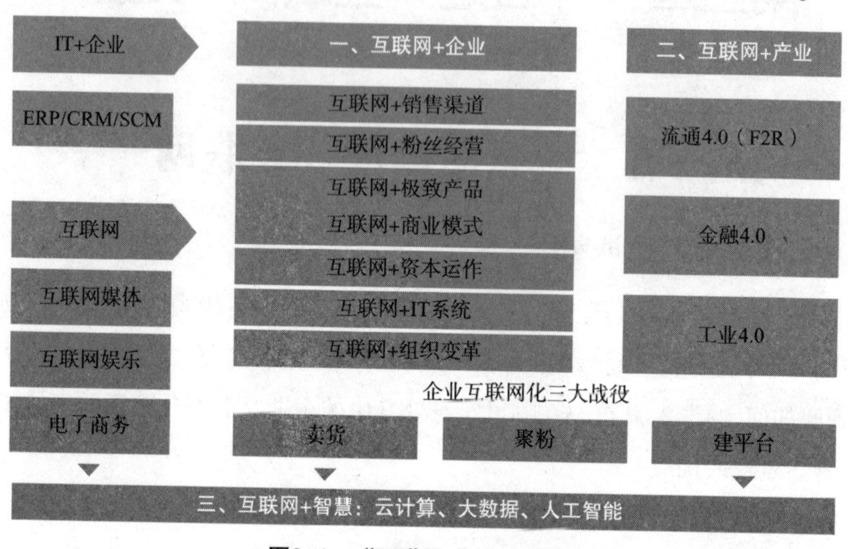

图2-1 “互联网+”三个时代

2. “互联网+产业”时代（大致从2013年开始活跃），也就是产业的互联网化，既是消费品批发分销，更是各领域工业品、生产资料的互联网化，其本质是对整个产业上下游的互联网化改造。而规模将是“互联网+企业”的十倍左右。而对不同产业的互联网化，都存在诸多可能。这里主要有三种典型应用（前两种应用的名称借鉴了第三种应用的说法，同时我们认为前两种能更快实现）：一是流通4.0，其本质是通过互联网把供应商、制造商、消费者紧密联系在一起，实现增收（上游拓展渠道）、节支（下游降低采购成本）、提效（提高整个产业链协同运作效率），在为上下游客户创造价值中实现自身的价值。二是金融4.0，在金融脱媒的大背景下，又能够规避P2P的风险，借助流通4.0中的交易平台提供高效的在线供应链金融。三是工业4.0，由德国率先提出的高度灵活的个性化和数字化的智能制造模式。

3. “互联网+智慧”时代，“互联网+”的未来。从IT、互联网，到企业、产业，所有的事物和经营活动都数字化并融会贯通，基于大数据、云计算等应用，我们将进入智慧的互联，即人工智能的伟大时代。

二、什么是企业“互联网+”

企业层面“互联网+”首先需要了解四大趋势、三大战役和六大价值（见图2-2）。

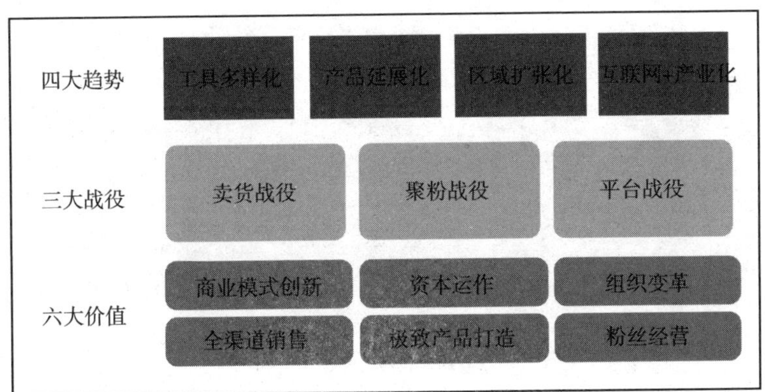

图2-2　四大趋势、三大战役、六大价值

四大趋势引领方向：企业所处的位置及未来的方向。

三大战役明确目标：结合所处行业特性及企业资源能力定义目标。

六大价值指导执行：自上而下落实推进，确保成果及风险可控。

（一）四大趋势引领方向

四大趋势，也就是企业“互联网+”的方向所在（见图2-3）。有不少企业抱着“走在趋势的前沿，不是先驱而是先烈”的想法，总希望等到市场相对成熟的时候再进入，却忽略了另一种说法“站在风口上，猪都会飞”。

企业只有充分了解趋势，并根据自身优劣势做出清醒的判断，知道风往哪个方向吹、知道风口在哪里，把握方向，才不会轻易被淘汰。

已经或者正在发生的“互联网+”四大趋势：

1. 从互联网走向移动互联网，以及今后的车联网、物联网。

2. 从有形的商品互联网化走向无形的服务互联网化，比如互联网金融、交通、旅游、生活服务；以上两点也催生了一个巨大的O2O市场。

3. 从城市互联网化走向农村互联网化，以消费品电子商务为例，农村的渗透率不到10%（对应到城市渗透率在30%以上），这意味着下一步巨大的增长空间，这也是“淘宝”、“京东”、“苏宁”大张旗鼓地进军农村市场的原因。

4. 从消费互联网化走向产业互联网化，从而拉开了第二个阶段“互联网+产业”帷幕。

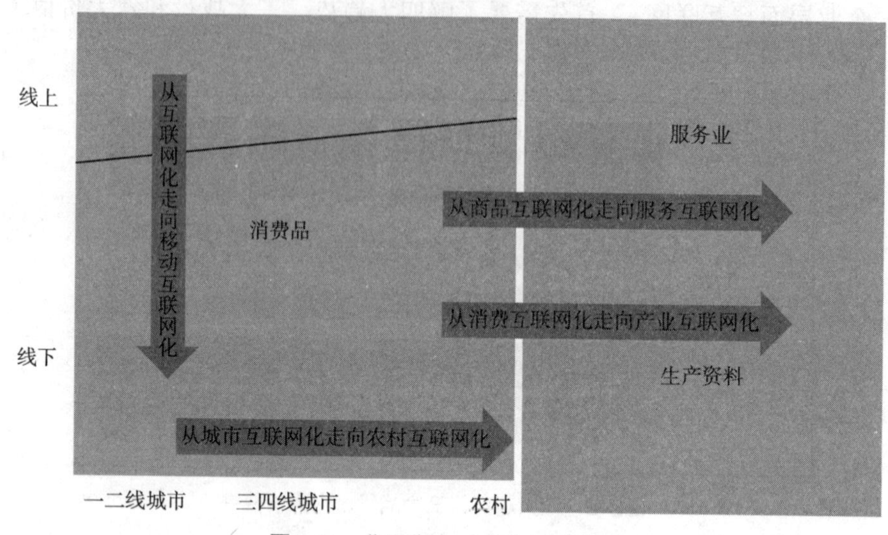

图2-3 “互联网+企业”四大趋势

（二）三大战役明确目标

在对趋势有过充分认知之后，企业需要明确利用互联网做什么。

从最开始大部分传统企业将互联网当成品牌宣传和推广的一个渠道；初次试水电子商务时也大多将其当成清理库存的渠道；紧接着微博、微信等兴起，也就当其类似于“400”电话的另一种客户沟通方式。总体而言，由于面向“互联网+”缺乏总体的战略布局，大多数企业的“互联网+”零散而效率低。

在大家积极尝试、前进以及有所收获和成功的同时，也看到企业面临着越来越多的困惑和挑战。比如：

企业上电商平台开店越来越难。怎么办？

企业上电商平台（“天猫”、“京东”等）开店就实现了企业电子商务吗？

企业电子商务就是企业互联网化的全部吗？

“互联网+企业”，到底可以“+”出了什么？

通过对大量案例的长期跟进与深入分析，对于“互联网+企业”的本质是什么，企业的出路在哪里？我们可以总结为三大战役：卖货、聚粉、建平台。

1. 卖货战役，就是更多地通过互联网来衍生销售渠道，来更好地去消化产能；

2. 聚粉战役，就是通过微信、微博等一些新的互联网或移动互联网的工具来汇聚更大范围内的忠实用户，通过忠实用户的意见反馈，定制适销对路的产品；

3. 平台战役，就是创造性地用互联网工具，来创新行业价值链，来帮助企业构建面向未来的创新能力。

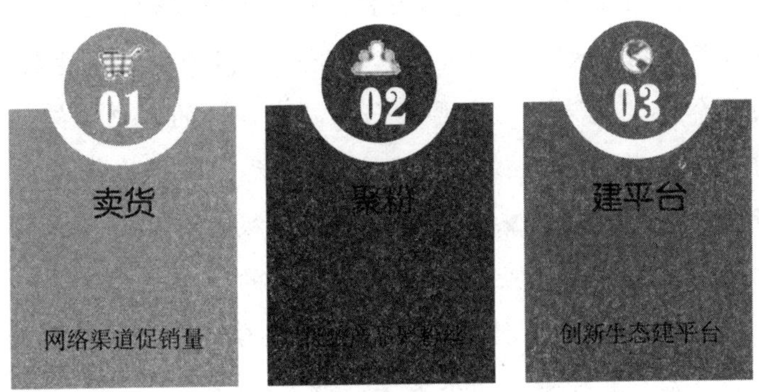

图2-4 “互联网+企业”三大战役

首先来看卖货战役——网络渠道起销量，指消费品企业上“天猫”、“京东”等B2C平台开店做电商业务（也可以指工业品企业上阿里巴巴B2B平台做会员、做销量）。在这过程中涌现出来非常多的成功案例，比如我们可以看到的，宏图三胞通过与天猫电器城的合作，做到了1天1亿元的销售额；比如我们可以看到每年“双十一”“天猫”各大类目销售排行榜的前几位几乎都已经被传统企业所霸占等。

但是，以消费品牌商上平台卖货为例。存在四大瓶颈：

1. 线上线下冲突。

2. 线上规模瓶颈（一般只能做到线下规模的10%～30%）。

3. 牺牲线上甚至线下利润。

4. 线上店铺没有主动权。

同时，线上卖货竞争越来越激烈，后来者更加压力重重。

面对众多瓶颈及重重困难，“易观”帮助企业探寻出路，其中一个出路就是“聚粉”。聚粉——极致产品聚粉丝，用超出想象的产品（或服务）体验，并让用户（粉丝）参与进来共同迭代产品（或服务），形成粉丝对产品（或服务）的狂热甚至宗教式崇拜，进而让粉丝给你打工，主动为你宣传，小众带动大众，最终赢得市场。举几个案例：

1. 大家熟悉的"小米"，就是通过"先聚粉、再卖货、进而建平台（比如小米生活方式）"，实现颠覆性创新并取得巨大成功。试想，如果小米手机先只是在天猫上卖"最快的、性价比最高的手机"，他能实现如此大的成功吗?

2. "酣客公社"企业是茅台镇千千万万酒坊中的一个，通过"线上线下的酣客公社——白酒品酒鉴赏体验和PK经典白酒"聚粉，已经形成了广泛的影响力，得到了包括各大平台的关注，对下一步在平台上销量充满信心。

3. 上面两个是"光脚"的，再举一个"穿鞋"的客户案例：喜临门。床垫上市公司第一品牌，线上销量已经接近1亿元，目前在探索立志做"大米式颠覆创新"，打造大学生床垫、智能寝具等极致产品。那么另一个问题来了，聚粉只适用于消费品企业吗？答案是否定的。举一个案例：科通芯城是中国最大的IC及其他电子元器件交易性电商平台。一个工业品的B2B交易平台，怎么做聚粉呢？其采用了两个方法：

（1）打造基于微信公共服务号的"芯云"，把原来线下客户各个角色（采购员、技术、老板等）通过科通销售随时了解订单和物流信息、新产品新解决方案等服务，搬到了微信上，广受用户欢迎——这就是极致服务的力量！

（2）在硬件创新的背景下，为满足中小企业需要创新技术人才、方案的需求，打造"硬蛋——硬件创新供应链资源链接平台"，通过线下创新大赛等活动，打造粉丝圈。科通芯城凭借B2B交易平台已经成功在香港上市，同时资本方更看好"硬蛋"这个业务和商业模式。

科通原来是一家传统的面向大型企业的高端IC贸易商，2011年上线科通芯城，把同样的产品销售给中小企业（卖货），然后开始经营硬蛋（聚粉），此外科通同时打响第三场战役：建平台——把采销B2B交易商城，开放成为第三方平台，引入中小型IC供应商入驻，从而做大规模、降低运营成本和风险。

讲到平台，大家都知道淘宝做成了万亿元市值的平台，马云也一度成为中国首富，大家都很羡慕。但做平台有巨大收益的同时也有巨大风险，再有能力、再有资源的企业，如果不讲策略只是模仿，注定是失败（2005年腾讯推出"拍拍"，2007年、2010年百度分别推出"有啊"和"乐酷天"，都惨淡收场）。

结论是：单纯模仿是行不通的，必须走差异化路线。通俗地讲，就是"找到大平台的软肋，做大平台做不到（没做好）的业务"。基于这个思路，传统企业建平台存在四大突围方向（见图2–5）：

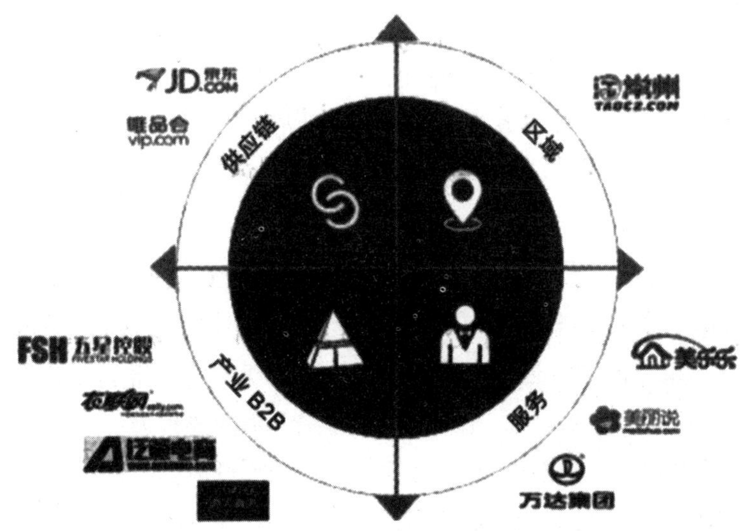

图2–5　传统企业互联网化四大突围方向

1. 垂直行业强供应链模式，例如淘宝软肋是不拿货所以无法保证真正的“正品低价”，靠这四个字，3C行业中的京东、奢侈时尚行业的唯品会、化妆行业的聚美优品、家居行业的美乐乐都取得了成功。

2. 服务模式，大平台普遍软肋是强于交易而弱在交往，所以成就了美丽说（社交电商）、微信，例如淘宝在服务上的另一个软肋是没有线下体验店，美乐乐线下300家家居体验馆就是针对这一软肋的。

3. 区域电商平台模式，大平台的软肋是到了三四级城市有四个做不到（粗重商品、同城速配、生活服务、公共服务），所以成就了类似淘常州（已经获得盛大、君联两轮投资）。

4. B2B模式，大平台软肋是强于零售端弱于供应链产业端。要说明的是B2B模式不仅适用于工业品，也同样适用于消费品：通过B2B把多个渠道环节扁平化，直接供货给线下零售终端，提高供应商销售收入，降低采购成本，提高供应链效率，“易观”把这种模式定义为F2R（工厂到零售商），案例包括家电行业的五星控股、手机行业的天音等。在B2B领域或许现在和将来都无法形成“综合型垄断平台”，所以某种意义上无所谓要和谁差异化，你先做让别人去考虑如何与你差异化吧。

总的来说，传统企业互联网化要有全面考虑和布局，总体规划，分步实施——卖货、聚粉、建平台。哪怕是最早提出“卖货、聚粉、建平台”的“易观”。也需要考虑自身的三大战役，在一次采访中，易观商业解决方案公司执行总裁冯阳松先生就提到“尽管我们专注企业互联网化咨询服务，但某种意义上我们也是一家传统的咨询公司，我们也在打我们的互联网化三大战役：卖货（咨询服务、教练服务、培训服务）、聚粉（天马帮——致力于成为互联网+第一商圈）、建平台（商刻——互联网化人才评测招聘培训在线平台）。”

（三）六大价值指导执行

明确了方向，清楚了具体目标与工作重点，企业的“互联网+”也仅仅是刚刚开始。新旧思维发生碰撞时，很容易让步于既有的体量或成功的历史，而不接受有风险的未来方向，哪怕巨人诺基亚也会犯此毛病并为此付出生存的代价。“互联网+”实施推进的保障，是最基础也是最关键的要素之一。

企业“互联网+”的成功实现需要企业六项内部价值链的再造，分别是：

（1）以商业模式创新为终极目标；（2）线上+线下的全销售渠道；（3）打造极致产品和服务；（4）以粉丝经营为核心的整合营销；（5）组织变革植入互联网基因和文化；（6）资本运作加速企业互联网化。

这六大价值事实上也是“互联网+企业”环境下，企业需要主动寻求的互联网化创新应用六大环节。

1. 商业模式创新首当其冲

商业模式的演变与特定时期的商业环境息息相关。比如20世纪90年代大肆开店、用价格冲击百货商场家电销售的国美和苏宁曾经备受推崇，也曾被其他行业学习和复制；但时至今日，该模式不仅面临产业链上下游的挤压，而且不断遭受垂直B2C网站如京东等的挑战。

引用百度百科的定义，互联网商业模式就是指以互联网为媒介，整合传统商业类型，连接各种商业渠道，具有高创新、高价值、高盈利、高风险的全新商业运作和组织构架模式，包括传统的移动互联网商业模式和新型互联网商业模式。所以商业模式的创新至关重要。商业模式的设计主要考虑以下三点：

第一，目标市场的容量有多大，市场总的容量决定了商业模式是否有可能成功。如果是一个很细分的市场，它可能就不是一个好的商业模式。这个测算可以采用简单的办法来做：有多少人群或者公司有着相似的需求？他们愿意为此付费的意愿和预算是多少？

第二，我们在这个行业里面是否有足够的优势来设立门槛。没有门槛的话这个商业模式是不能成立的，一个优秀的商业模式必须能在较长一段时间内让企业保持竞争优势。

第三，这个需求是否是潜在用户的真实需求。必须要确定潜在用户的真实需求，而不是“我以为”，这也是非常多热爱产品但疏于关注用户的初创型企业的弊端和失败原因所在。

同时，商业模式需要包含以下三部分内容：

（1）要体现客户的价值。即商业模式中产品或服务的价值是满足目标客户的哪种指定需求？其核心痛点在哪里？又是如何满足的？

（2）要有一定的盈利模式。即三个要素的考虑：收益、投入和增长性。收益点在哪里？获取客户的成本会有多高？多大投入或什么时间节点上可以获取到收益？其收益与成本的增长曲线分别如何？是否能产生足够强的用户黏性以获取长期增值收益？

（3）企业本身的资源。是充分利用企业自身的优势资源和能力还是填补企业的某些短板？有哪些是可以让用户为你工作而不影响体验的？

目前，国内互联网商业模式创新主要有两种方式：

其一，模仿式创新。甚至发展到必须要找一个在国外已经尝试并且初步成功的案例来证明该模式的可行。这种商业模式一般很容易受到资本的追捧，但由于在体制、文化、需求、技术等方面存在较大的差异，并不是所有的模仿者都能获得生存与发展。

其二，小而美式创新。虽然没有典型成功案例，但是可在一个相对垂直细分的市场抓住了用户痛点进行商业模式的设计。虽然由于小而吸引不到较大的融资，但也因为小而在初期避开了行业大佬的关注而获得了发展时间窗口。

2. 线上线下全面融合的全渠道销售体系

对于大多数传统企业而言，网上销售依然会是接受度最高的互联网化形式之一。构建线上线下全面融合的全渠道销售体系也越来越成为企业的共识。这个“线上线下全面融合”和“全渠道销售”分别指的是：

（1）线上横向全渠道，自己卖+别人卖+带动线下卖。即构建包括线上自营店、授权线上分销渠道、线上给线下引流路径等1+N+n的多渠道销售体系，对于线上分销体系的管控与业绩推进是其重点工作；

（2）线上线下立体全渠道，线上+线下+O2O。即构建包括互联网、移动互联网、实体店等在内的协同销售。同时线上线下之间的区隔与融合是核心工作之一。

首先，线上横向全渠道，重点在于除了自己卖，还可以让别人帮自己卖，还可以带动线下卖从而逐步进入线上线下立体全渠道阶段。

例如，某企业多渠道销售体系图（见图2-6）：

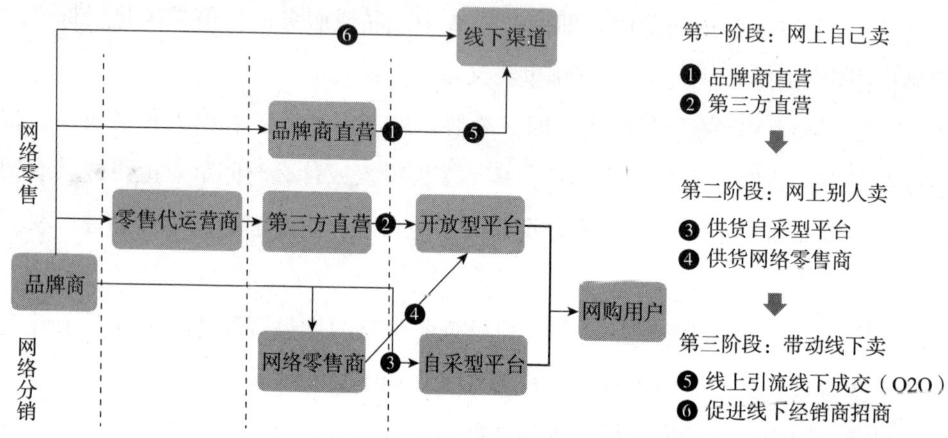

图2-6 多渠道销售体系图

图中共分为三个阶段：

（1）网上自己卖阶段。如今拥有开放平台的综合性电商平台和垂直型电商平台均不少，这跟无数传统百货商场和超市类似。作为品牌商，在这些平台上开店，一方面可以增加品牌曝光度，完成渠道终端铺货率；另一方面也确确实实会带来更多的销售规模。不过多平台旗舰店的开设和管理是一个较大的工程，因此可以选择最重要的一个平台的旗舰店由品牌商直营，而其他平台的旗舰店可以交给代运营商去直营，企业只需要加强对代运营商的管控即可。

（2）网上别人卖阶段。这时候主要有两种形式：一种是直接供货给一些自采型的电商平台，对于产品较好但对于该平台运营环境不是很熟悉时，不妨可以采用先供货给其自营平台，待产品被该平台用户认可后再申请在开放平台开旗舰店的方式，这样相当于是该平台在帮企业进行“暖场”；另一种形式则是供货给一些网络零售商，比如天猫的一些大专营店、淘宝的一个金冠卖家等。这样需要做的就是做好分销商的筛选、谈判、管控和激励等相关运营推进工作，然后就可以充分利用其平台地位、用户规模及优质免费流量等资源了。

（3）带动线下卖阶段。同样也有两种形式：其一是鼓励线下经销商上网开店分销，一方面是巩固与线下经销商的合作关系，另一方面推动其互联网化有助于其更好地接受与品牌商在互联网环境下合作形式等方面的改变。其二是线上引流到线下成交，这更适合一些网购适配度相对不那么高的品类，也适合已经开始构建线上线下立体全渠道的企业。

为什么需要构建线上线下立体全渠道？可以看看商业场景十大用户流失黑洞图（见图2-7），然后对照一下，你的企业占了多少个？

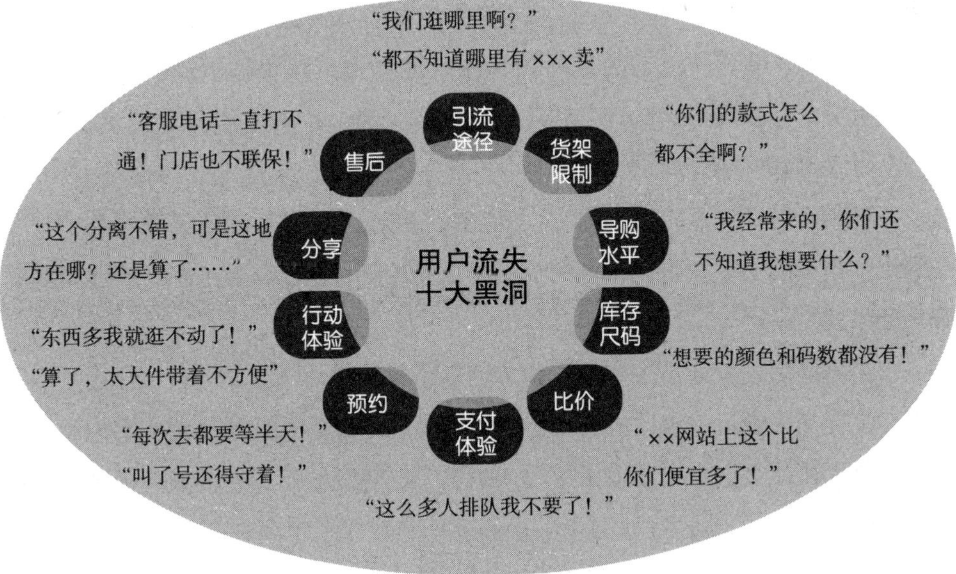

图2-7　用户流失十大黑洞

每个流失的黑洞都会不断传染和扩散，为企业和企业品牌带来难以估计的长期损失，即使线下加强管理控制、线上进行手段补充，对于多数的黑洞仍然束手无策。而移动互联网的大趋势下，消费者已经由PC电商时代的线下线上一分为二，变为边界十分模糊的融合状态，而用户身份的识别和统一，则成为企业提升整体服务和营销水平、中和流失黑洞的关键点。因此，无论企业在线上或是线下有多强，只有打通O2O体系才能适应环境和用户的变化以及未来的发展。

全渠道销售对于企业的升级，本质在于：聚人气、促转化、能留存、快迭代。

1）全渠道规划：根据所处的行业和业务特征，判断实施O2O的可行性和必要性，设计适配的O2O模式，设定O2O目标和计划，设计未来的演进路径。

2）全渠道打造：

线上生态构建：互联网平台生态体系内部的引流、用户互动、支付各端的应用触点整合；跨平台多个生态体系之间的应用触点整合。

线下生态优化：有效货源的控制能力分析和改造整合，线下调货配货能力分析和提升，原有进销存管理体系的梳理和系统对接等。

线上线下打通：支付、用户、库存、渠道、价格等数据的打通，以及数据挖掘分析。

3）全渠道运营：活动的策划和具体落地实施，并根据活动留存的用户数据，进行分析并指导后续的运营和产品迭代。

3. 集合资源与能力打造极致产品与服务

互联网环境下，营销往往被大书特书，相对产品则被放到了靠后的位置，直到小米雷军的七字诀将产品放到了一个更高的地位上：极致产品，产品就是口碑，产品就是品牌。

“小米”的逆袭让不少企业看到了创新路径的成功曙光。通过抓住用户痛点并进一步升华为创造追求，成功打造极致产品从而成为行业颠覆者，实现品牌销量双丰收。这让不少企业开始了学习“小米”的热潮，然而，要成就极致产品成为行业颠覆者，并非易事：

找对方向不易！——本行业的“小米”是什么？

产品转化不易！——如何能做出“小米”式的产品？

成功运营不易！——如何能做到米粉式的运营？

那么，怎么才能集合资源与能力打造属于自身的极致产品或服务呢？

需要遵循四大法则并做好四项工作：

极致产品打造四大法则（见图2–8）：

（1）更关注：尤其是在初期，尽可能做减法；

（2）强体验：可衡量的超出用户想象的体验；

（3）重口碑：有趣可晒，让粉丝来宣传产品表达自己；

（4）快迭代：小步快跑，允许犯错，不断迭代。

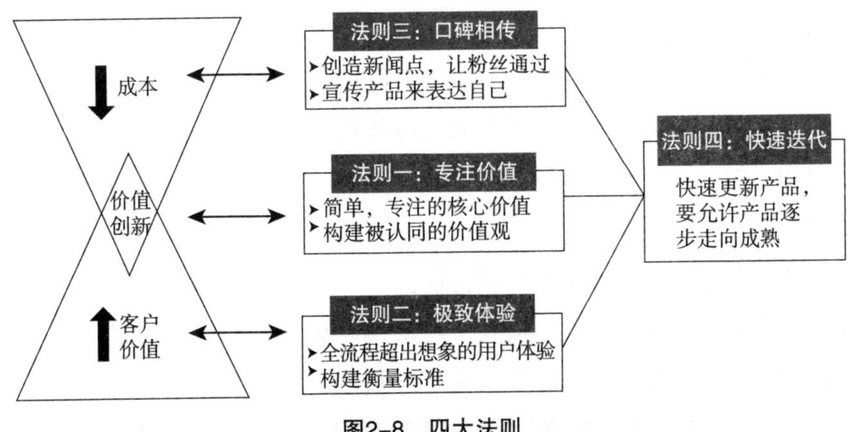

图2-8　四大法则

极致产品打造三项核心工作：

1）明方向：深入诊断分析，准确抓住用户痛点并提炼产品核心价值。

本行业可颠覆性有多大？主要可颠覆点在哪里？

本行业用户需求的频率、变化情况及最大痛点在哪里？

企业发展面临的当前或潜在瓶颈和挑战有哪些？

企业转化及运营极致产品的主要资源能力如何？

2）定产品：完成极致体验产品定位，打造超出用户期望的好产品。

产品价值挖掘：用户痛点挖掘及对应产品价值提炼。

核心价值关注：选择关注最核心价值并细化。

核心价值描绘包装：目标客户群及最核心价值体现。

用户体验设计：用户体验设计及普适认同。

衡量标准定义：提供可评估感性及理性衡量标准。

极致体验呈现：确保用户感知可达及相应价值增值。

3）运营：选择最适合企业的方式，推进极致产品运营实施。

传播要点规划：选择并优化价值传播关键点。

营销策略规划：确定总体营销策略、方式。

营销策划建议：提供初期营销策划建议方案。

产品迭代原则建议：设定基本产品迭代关键原则。

产品迭代方式建议：明确产品迭代具体方式及要素。

产品迭代节奏建议：设计迭代周期方式及具体节奏建议。

4. 以粉丝经营为核心的用户经营

这确实是过去两三年不少传统企业的感受：看不懂了。为什么有些公司有些产品的用户会如同粉丝一般狂热；而以往屡试不爽的渠道为王，似乎突然间失效了。在移动互联网的环境下，企业都被逼着直接面向最终消费者，而企业还没有建立起用户经营的基础。对客户的理解还停留在交易额、频率、积分这些孤立的层面，对用户的互动行为、品牌忠诚行为、社交行为、选择行为还是一无所知。

更可怕的是，传统的用户经营还没做好，已经迎来了粉丝经济的降维攻击，新型的企业经营方式正在颠覆着传统行业！

用户运营对于企业的升级本质在于：从以渠道为支点、营销为支点，转变为以粉丝运营为核心的业务模式转变（见图2–9）。

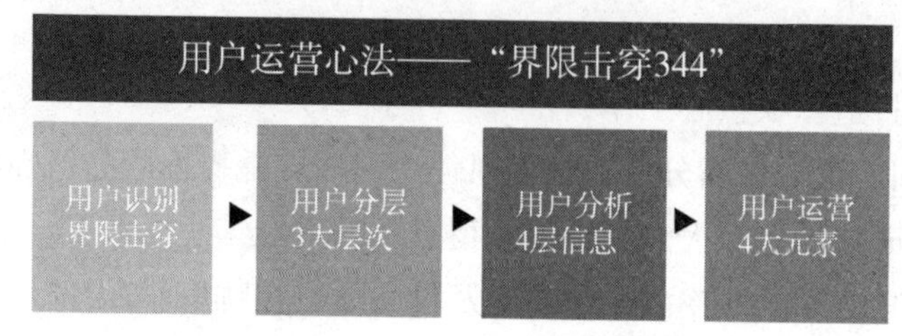

图2–9　用户运营心法

1）用户识别：用户运营的前提，是企业必须知道客户是谁，在哪里，做了什么。

界——定义用户：亿万用户活跃在各种平台上，哪些才是企业需要的用户？

限——寻找用户：如何精确地触达企业的目标用户？

击——接触用户：怎么建立与用户互动的通道？

穿——认识用户：多个平台的用户身份如何统一？

2）用户分层：企业的用户经营有三大层次，企业必须了解自己的用户处于哪个阶段，以及可以到达何种目标。

甄别用户：用户运营有三大层次，分别对应不同的价值模型，用户级（萍水相逢，以交易行为为主）；会员级（呼朋唤友，以互动行为为主）；粉丝级（生死之交，以分享“布道”为主），每个层次还有相应的细分属性和独立进化通道，需要甄别。

适配路径：根据企业的资源、经营现状、行业水平、产品服务形态等方面的因素。决定企业的用户运营适合何种层级和用户运营的路径。

3）用户运营：用户运营架设了一个小世界，用户运营三大层次的升级实现就是一个世界进化的过程，涵盖四大基本要素，分别有相应的运营动作组合和技巧。

创世——信息运营：给予属性，界定用户运营世界观里的角色和分工，运营世界诞生。

土壤——规则运营：规则保证了用户、企业、渠道之间能产生什么样的化学反应，这是生命存在的基础环境。

生命——活动运营：以核心活动为主导，常规活动和热点活动为辅，类型不同，侧重有别，丰富生命活动。

进化——体验运营：流程、感受、认知，触发用户这个主要生命体的进化，最终成为粉丝。

4）用户分析：围绕着用户运营过程中产生的动态数据和信息，不断调整运营动作，甚至能够帮助业务策略的制定。

用户信息：用户属性的变化，会反映出群体的特征。

交易信息：用户在各个平台产生的交易数据，指向消费的趋势和偏好。

互动信息：用户在企业有意识的运营过程中产生交互和反馈，有助于了解深层次的驱动因素。

网络信息：用户在运营的循环里产生的能量，向外部传播和分享的网络，指导企业寻找拓展边界。

5. 组织变革植入互联网基因与文化

组织本质上是企业资源配置的一种方式，也是企业发展战略的有效载体。当传统企业的组织结构不再适用于电商业务的发展，企业在电商组织变革中会面临诸多挑战，主要表现为：

如何打造战略实现所需要的组织互联网能力？如何建设具有互联网基因的组织结构？如何设计互联网机制下的考核激励机制？如何将互联网思维植入企业文化？

一个不断创新、与时俱进的团队是上述一切变化的基础。无论是开拓渠道、开展营销，还是创新产品或服务，甚至是创新商业模式，最终在资本市场上有所体现，都必须是通过组织团队执行来体现。放到日常工作中，其实就是企业各部门以终为始，以满足客户需求为己任，调动整个团队的力量满足客户需求，体现出互联网组织的快速响应力。如海尔通过“人单合一”发挥出小班组员工的积极性，以一线员工为中心，满足市场需求为团队整体目标，倒逼后端满足前端需求。

互联网+组织变革（见图2-10）主要考虑：

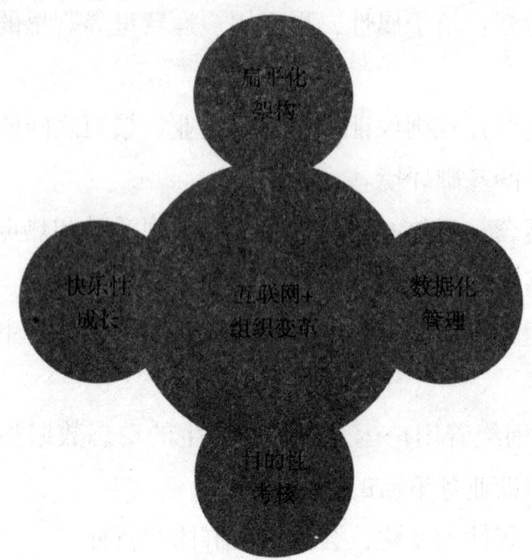

图2-10　互联网+组织变革

1）建立起快速反应行之有效的扁平化架构

根据市场需求建立起清晰有效的组织架构；

选拔出经验丰富、权责清晰的领导层；

根据市场及用户反馈及实际需求不断优化组织结构。

2）进行科学有效、快速决策的数据化流程管理。

针对公司内外部流程进行数据化管理，定期收集业务数据；

快速整理公司数据，并依据数据管理随时优化商业决策；

依据上一年数据，为下一年的公司战略提供决策支持。

3）推行以终为始科学合理的绩效考核体系。

以终为始设定好各岗位主要职责；

设置以满足市场需求为第一目标的绩效考核体系；

根据市场及用户需求变化而不断优化内外部服务体系

4）树立自我实现、快乐成长的互联网公司文化。

形成快乐互助的互联网氛围，让每个人都能通过定期分享获得成长；

让员工学会自我实现，通过项目锻炼及读书学习不断提升自己的价值。

6. 资本运作将加速企业互联网化

企业互联网创新，除了在自身业务层面利益驱动，资本市场也非常认可。不少公司因为渠道、营销、产品、服务、商业模式的创新在资本市场受到追捧；也有不少业务萎缩的传统企业因为开展新业务而获得新生。

在企业互联网创新的过程中，经常需要吸收一些跨界资源，甚至整合上下游资源，形成合力，或者跟随最新的创新技术等。互联网+资本运作中相对稳健的方式主要有并购和独立融资上市两种。

通过并购快速构建自身互联网体系。

1）主动并购本企业上下游关键环节核心企业，以实现企业对整个产业链的把控能力，稳固企业市场地位；

2）当新创企业在本企业所处价值链上构成一定威胁时，通过并购或注资将威胁转化为自身能力。

将部分业务以互联网化形式独立运作，吸引融资乃至上市。

1）将并非最核心部分的业务剥离开来，采用互联网人才，大胆创新模式及运用新技术，在运营上相对独立；

2）当进入新市场或开发新产品时，为了减少对母公司的风险，也会更倾向于独立运作，大多数传统企业的电商业务即是如此。

稳健的做法也意味着不够主动和积极，很容易错失关键时间窗口。因此，越来越多的传统企业一边从内部革新，一边通过资本运作来加快业务拓展步伐。典型的案例如“银泰”。一方面“银泰”积极构建自身的电子商务平台，而且是从董事长沈国军层面就产品、会员等资源予以支撑；另一方面阿里巴巴集团将以53. 7亿元港币对银泰商业进行战略投资。双方将打通线上线下的未来商业基础设施体系，并将组建合资公司。

三、什么是产业“互联网+”

“互联网+产业”阶段，既包括消费品批发分销，更是各领域工业品、生产资料的互联网化，其本质是对整个产业上下游的互联网化改造，而规模将十倍于“互联网+企业”，“易观”认为将大致包含以下三个过程：

1. 流通4.0，其中的一个典型模式是F2R（从工厂（Factory）到线下零售终端（Retailer）），把多个渠道环节扁平化，直接供货给线下零售终端，提高供应商销售收入，降低线下零售终端的采购成本，提高整个供应链和物流流通效率。

2. 金融4.0，主要指在线供应链金融服务，既包括在线平台直接接入银行授信，也包括基于在线供应链的P2P金融服务。

3. 工业4.0，工业4.0智能制造至少包括两个特征：一是数字化，全程所有业务都数字化、互联化，我们可称之为物联网（10T、），从而实现最大可能的资源配置优化。二是个性化，实际上是数字化基础上的一个特征，根据用户的个性化需求进行柔性生产，即大家都在提的C2B。

这三个4.0的统一定义都是起源于工业4.0，为方便归类都起了4.0提法，在实践推进中，工业4.0想象空间最大但也相对“遥远”，金融4.0依赖于流通4.0和工业4.0，流通4.0已经在各行业中如火如荼进行当中。所以在下面的篇幅中，将主要介绍流通4.0。

（一）流通4.0

基于“互联网+”下面的流通4.0显然是一个典型的电子商务平台，以B2B为主，也会有B2C模式（案例中会讲到）。以B2B为例，“易观”2010年就提出了F2R这个说法，我们认为这是继B2C、O2O之后又一个巨大的市场，目前在各行各业中都在积极尝试，遍地开花。“易观”很看好这种模式。

首先，什么是F2R：Factory是指工厂、厂家，Retailer是指线下的零售商。所以F2R模式就是构建一个平台，把厂家的商品直接供货给线下零售商。所以F2R是B2B的一种，但是更垂直，而且流通的商品不仅仅包括工业品，也可以是消费品。

F2R模式成立的一个基本趋势判断是：5年之后，生活资料、生产资料通过网上销售给最终用户的平均比例不会超过30%。那么70%的线下零售是由线下零售商完成的，而分散化、而不是集中化又是未来零售业态的主要发展方向（在电商影响下城市中的社区便利商业的增长将高于一般超市，城镇化发展中更多的中小型零售商将出现在4~6级城市中）。基于以上的所有判断，就可以得出一个结论，F2R面对的是一个规模需求的市场，一个比B2C更大的市场。

F2R模式成立的第二个现实判断是：中国的流通环节多、层层放货、层层加价，中间的“寄生虫”较多，整个流通渠道不够扁平化。有一组数据可供参考。在美国，生活资料批发额约等于零售额，而在中国，这个比例居然能够达到3：1。所以，F2R通过渠道扁平化，对上游供应商、特别是新供应商来说解决了高效渠道开拓的难题（增收），对末端的线下零售商来说能采购到更稳定、更低廉的产品（节支），提高了整个供应链和物流效率（提效），而有可能被颠覆的则是某些中间环节，特别是“干得少、拿得多”的中间环节。实际上，一个商业模式越具有颠覆性，其新商业价值往往就越大。

接下来讲讲与F2R相关的三个案例，一个是快消品F2R案例——“怡亚通”，一个是生产资料F2R案例“找钢网”，一个是快消品中把消费者也融入进来的创新商业模式FRC案例——“壹玖壹玖”。

〔案例导入〕怡亚通：380深度分销平台

深圳市怡亚通供应链股份有限公司是深交所的上市公司（股票代码002183），以“中国供应链服务领导者”为愿景，其越来越重要的一项业务就是“流通消费型供应链服务”，即380深度分销平台。那什么是380深度分销平台呢？

深度供应链服务（流通消费型供应链服务），将传统渠道代理商模式转变为平台运营模式，服务网络覆盖中国城镇，战略定位为整合型平台服务企业。通过整合资源，构建集物流、商流、资金流和信息流一体的供应链整合服务平台，为客户实现供应链管理的优化，从而帮助企业提供供应链效益，推动企业供应链创新。深度供应链是公司最近几年重点发展的战略业务，深度分销380整合平台是其最重要的组成部分，通过搭建全国性的直供终端平台，有效地解决了企业渠道下沉的成本、人才、运营三大难题，帮助品牌企业高效分销、快速覆盖终端网点，提高商品流通环节的效率并降低流转成本。380平台从2009年开始启动，目前已在全国近200个城市先后落地运作，并已成功导入上游品牌客户近千家，其中宝洁、中粮、联合利华、雀巢等在内的世界500强企业品牌和细分行业前三名客户共计60多家。截至目前，380平台服务涵盖大卖场（KA）、中型超市（BC）、药店、母婴店、批发商等在内的各种终端门店系统共计55万多个，已经实现了重点业务区域的全渠道覆盖，并为京东商城、唯品会等电商客户提供产品。380平台在2011年、2012年和2013年分别实现营业收入1 8.34亿元、26. 62亿元、44. 67亿元，业务运作规模保持快速增长。380平台的商业价值主要包括：实现渠道扁平化，提高流通效率；整合营销，提升市场规模；实现总成本领先，提高产品竞争力；目标终端全覆盖，终端制胜。通过几年的运作，380平台的商业价值愈发体现并被上下游客户、市场广泛认可。初具规模的地域网点、优质的上游客户及广泛的下游终端渠道以及极高的商业价值，为380平台的后续业务发展奠定了良好基础。业务领域包括日化、食品、母婴、酒饮等。——摘自《深圳市怡亚通供应链股份有限公司2013年度报告》

2013年，怡亚通公司整体营业收入为116亿元，380深度分销平台占比为38.5%（44.67亿元），2014年，380深度分销平台的营业收入剧增到130亿元（年增长率191%），2015年在l30亿的基础上翻了一番，达到260亿元~270亿元左右。

同时，怡亚通也在全面布局以380深度分销平台为基础的线上线下结合的战略：两天两地一平台。尽管怡亚通在业务开拓当中也会有碰到各种挑战，比如“拿货”这种重模式在快速扩张中带来的经营风险，进入快消品B2C领域和乐网（“两天两地”的其中一个“天”）是否时机合适或步子太大？但不可否认，怡亚通的380深度分销平台已经阶段性地实践了F2R模式的商业价值。

〔案例导入〕找钢网：钢铁行业的京东

2015年2月11日，第三方钢铁全产业链电商平台找钢网CEO王东向外公布找钢网已完成了1亿美元的D轮融资。此轮融资是由IDG资本、华晟资本联合领投，雄牛资本、红杉资本、经纬中国跟投。

找钢网成立于2012年初，以变革钢铁流通贸易模式、助力钢铁行业转型升级为愿景，两年来取得了爆炸式的增长。每天有万余家有库存的客户在找钢网平台上发布现货信息，有近两万家的买家群体经常使用找钢网平台搜寻现货或委托找钢网找货，随着找钢商城的上线，找钢网已经与全国70多家钢厂展开合作，成立上海、杭州、宁波、南京、无锡、武汉、乐山、郑州、天津、松江、西安、福州、沈阳、广州、常州、成都、重庆、合肥、邯郸、安阳等20个分公司，正在形成覆盖全中国的钢材分销网络。2014年，找钢网共计完成交易总吨位2042. 5万吨（交易总额688亿），较2013年431万吨（交易总额1 53亿）提高374%，其中找钢商城全年累计销售304万吨，实现销售收入95亿，较2013年49万吨（销售收入17.6亿）提高520%。截至2014年年底，找钢网日均交易吨数已经达到15万吨。——摘自找钢网官方网站www. zhaogang. com

找钢网在所有钢铁B2B平台中，是最坚定、也是最典型的F2R模式实践者。钢贸行业流通毛利率本来就低，再加上多层渠道，所以呼唤去中介化的F2R平台，而为了能吸引越来越多的终端买家（特别是在前期为推广平台），给到他们令人尖叫的价格显然是办法之一。不过这会导致上游厂商的抵制打压，找钢网不惜拿钱推广，不断推广投入也需要一系列风险资本的进入，所以也就有了“钢铁行业的京东“这一说法。找钢网和京东这两家企业和所处的行业有巨大差异，但找钢网通过不断创新开拓，有可能在钢铁产业的新旧势力博弈、竞合中，最终达成某种均衡，拥有广阔的发展前景。

〔案例导入〕壹玖壹玖：流通4.0的创新模式FRC

1919酒类直供，国内酒类O2O电商领导品牌、国内酒类流通行业首家公众公司。集16年酒水行业营销经验，以8年业绩增长超百倍的市场表现，成为国内酒类流通行业的领军企业。1919既不同于传统经销商，也不同于传统连锁商，更不是传统B2C电商，而是线上线下一体化的酒类O2O平台服务商。1919专注于酒类行业，致力于打造从厂家到消费者之间层级最少、服务最快捷、成本最低、推广最精准的集订单处理、采购供应、仓储物流、数据营销四位一体的专业数字化服务平台。1919旗下拥有线下门店、线上商城、移动终端、呼叫中心等4大核心战略平台。凭借先进的管理理念、领先的营销战略和完善的信息化管理体系，1919已在15个省、36个城市拥有近200家直营、直管实体店，2015年将覆盖全国31个省级行政区。目前，1919已名副其实地成为行业内门店规模最大的O2O电商领导品牌。——摘自1919公司官方网站www.1919.cn

从“易观”的分析看，1919既不是简单的垂直B2C，也不是到处都在喊的O2O。从零售终端（1919称之为“直管店”）的视角看：1919模式首先解决了零售终端的供应链问题（不压货、1919直接从厂商拿到的货源又能保证最有竞争力的进货价）；其次1919模式为零售终端带来了新的订单（通过电话、网络等订单自动就近分配给零售终端），而这个由门店到家的物流费用远低于一般的B2C物流（城市区域仓到家）。最后一点，1919诞生到O2O成立很重要的一点是其线下直管店都是以社区商业业态为主。所以，1919的模式，我们可以认为是互联网流通4.0的创新模式FRC。

（二）金融4.0

讲金融4.0要先从供应链金融开始讲起。百度百科对供应链金融的解释为：银行围绕核心企业，管理上下游中小企业的资金流和物流，并把单个企业的不可控风险转变为供应链企业整体的可控风险，通过立体获取各类信息，将风险控制在最低的金融服务。所以说，供应链金融是一个系统化概念，是面向供应链所有成员企业的一种系统性融资安排，一般可以形象地描述为“I+N”。

有了在线交易平台（无论是B2B还是B2C），就有了在线供应链金融。特别是B2B由于涉及资金大、主要面向企业所以更是在线供应链金融的热点所在。

在线供应链金融与传统的供应链金融相比，存在以下两个特点：

1）在线供应链金融虽然源于传统的线下供应链金融，但却不是简单的供应链金融的线上版，而是随着互联网技术和大数据应用的日趋成熟诞生出来的一种金融创新。

2）线下供应链金融“I+N”中的1升级为在线的平台后，其主导力大大增加：在互联网、大数据技术基础上如果再引入风险管控体系和能力，理论上就可以摆脱与银行的合作，比如直接构建平台的P2P服务。

〔案例导入〕天物大宗：在线供应链金融的P2B尝试

天津物产电子商务有限公司隶属于世界五百强天津物产集团有限公司。集团经营领域涵盖大宗商品贸易、现代物流、地产开发、金融服务等。其中大宗商品贸易主要包括金属、能源、矿产、化工、汽车机电五大板块，是国家商务部全国重点培育的流通领域20家大企业集团之一。集团成功入选2014年财富世界500强，排名第185位。天津物产电子商务有限公司依托于天津物产集团的渠道优势、资源优势和品牌优势，充分利用电子商务所具有的沟通交流便利、产品服务快捷等特点，开拓企业运营模式的新领域。天物大宗（www. tewoo. com. cn）是天津物产集团依托自身世界五百强（2014年排名185位）的销售网络和行业背景，集合内外部优势资源。创建的电子商务平台，主营业务品种涵盖了钢铁、煤炭、矿石、化工产品、有色金属、石油制品等品种，通过现货交易、在线融资、物流服务和信息资讯等综合服务，为行业客户提供大宗商品电子商务一站式解决方案，打造专业化供应链集成服务平台。——摘自天物大宗官方网站

天物大宗的在线供应链金融服务，除了常规的订单融资、合同融资、仓单融资、应收款保理融资服务之外，天物大宗也在积极尝试各种创新的在线供应链金融服务，与民生易贷在2014年底共同推出的一个P2B产品就取得了不错的业绩：天物大宗和民生易贷的满溢20号—2014—0138项目上午9时开始发售，仅仅用了半小时，1000万项目总额即被疯抢一空，满标结束。

（三）工业4.0

18世纪引入机械制造设备为工业1.0；20世纪初的电气化为工业2.0；20世纪70年代大规模、大批量的简单化生产模式为工业3.0。

“工业4.0”概念由德国人提出，指的是在制造领域，将资源、信息、物品和人相互关联的“虚拟网络—实体物理系统（Cyber-PhysicalSystcm，CPS）”，德国人称其为“工业4.0”，也称为“第四次工业革命”。“工业4.0”描绘了一个通过人、设备与产品的实时联通与有效沟通，构建一个高度灵活的个性化和数

字化的智能制造模式。

“工业4.0”是德国政府2010年正式推出的《高技术战略2020》十大未来项目之一，其目的在于奠定德国在关键工业技术上的国际领先地位。项目由政府出资，注重中小企业，西门子等大公司也有参与。“工业4.0”在德国已不仅是一个概念，德国不少领先的企业已在“智能工厂”等“工业4.0”的主题下规划了技术演进的轨迹，并提出了自己独特的系统或理念。

德国“工业4.0”计划强调，未来工业生产形式的主要内容包括：在生产要素高度灵活配置条件下大规模生产高度个性化产品，顾客与业务伙伴对业务过程和价值创造过程广泛参与，以及生产和高质量服务的集成等。物联网、服务网以及数据网将取代传统封闭性的制造系统成为未来工业的基础。

2014年11月25日，以“工业4.0”的名义，华中数控、沈阳机床、京山轻机、海得控制等数控机床股票涨停。涉及工业4.0传感器的上市公司有，苏州固锝、汉威电子等，涉及相关软件的上市公司是鼎捷软件、宝信软件等。传统的3D打印是：光韵达、金运激光、大族激光等。物联网上市公司则有远望谷、新大陆、厦门信达和晶科技。

而本书介绍的这个案例则来自山东青岛的一家企业：红领和它的红领模式。

红领是一家服装企业，成立于1995年，2003年开始转型，转做个性化定制的实践和研究。随着多年的发展，传统工业和互联网深度融合，形成了互联网工业。在其创始人张代理看来，互联网工业具备四大要素：第一是信息化与工业化的深度融合；第二是工业化满足个性化的智能系统，用工业化的手段来制造个性化产品；第三是组织再造、流程再造；第四是可跨界复制推广的方法论。

红领模式到现在还是凤毛麟角的C2B模式，而红领官网则把这种模式概括为“数字化大工业3D打印模式”。（内部也概括为C2M模式，即消费者到制造商模式。）

红领将3D打印逻辑思维创造性地运用到工厂的生产实践中，整个企业就是一台数字化大工业3D打印机，解决了个性化与工业化的矛盾，这也正是美国和德国正在研究中的解决方案。

数字化3D打印模式支持全球客户DIY自主设计；款式、工艺、价格、交期、服务方式个性化自主决定，客户自己设计蓝图。

实现了研发设计程序化、自动化、市场化的初步智能体系。计算机系统建模、智能匹配，可满足99.9%消费者个性化需求。

数字化3D模式，全程数据驱动，来自全球的所有信息、指令、语言、流程等通过智能体系转换成计算机语言。

一组客户数据驱动所有的定制、服务全过程，无需人工转换、纸制传递，数据完全打通，实时共享传输。

全员在互联网端点上工作，从网络云端上获取数据，与市场和用户实时对话，零距离、跨国界、多语言同步交互。

据了解，红领集团最近也成立了子公司凯瑞创智公司，目标是向外推广C2M模式，就像红领的使命所描绘的一样，“互联网工业的缔造者、设计者、推动者”，参与到今天和未来中国制造业波澜壮阔的工业4.0的浪潮当中。

第二节 “互联网+农业”全景

基于前面对于“互联网+”的理解，我们可以用一张图来理解农业的“互联网+”，农业同其他行业一样，从农业企业的信息化开始，经历着农业的企业互联网化，一些有资源、有实力的企业已经开始尝试农业产业的互联网化布局，未来的农业也必将走向“互联网+智慧”的新时代（见图2-11）！

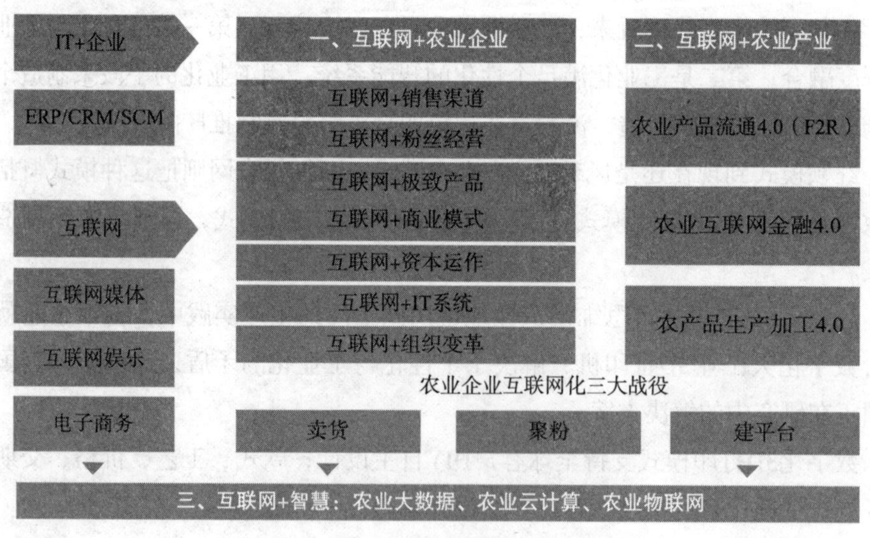

图2-11 “互联网+智慧”示意图

一、互联网+农业企业

农业是看上去简单却蕴藏着巨大商机的大产业，根据国家统计局和联想控股的数据显示，中国每年农产业及食品总规模为9.3万亿元，农资总市场为2.2万亿元，其中数据显示2014年中国社会消费品零售总额为26万亿元，农业产业链占据将近一半的份额。但与此同时农业所面临的挑战也非常多（见图2–12），信息沟通的瓶颈、组织能力的低水平、产业链上下游分散等问题比比皆是，并且农业的规模化和标准化程度也比较低，整个上下游供需之间的信息存在着相当程度的不对称。另外，物流水平落后、金融资源不充分、品牌意识相对薄弱、食品安全风险等问题都是农业行业急需解决的挑战。

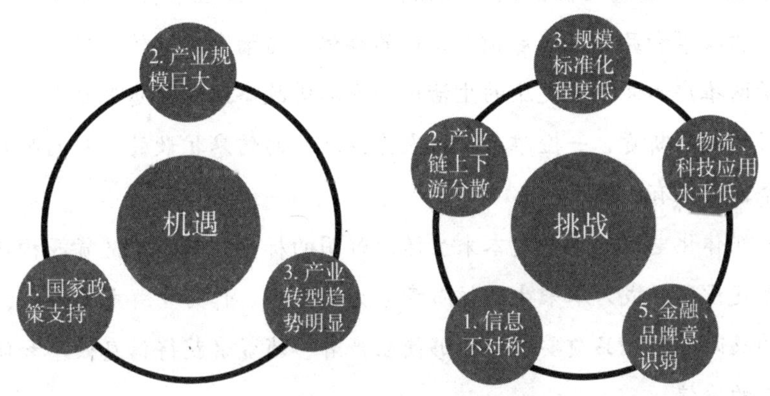

图2–12　农业发展的机遇与挑战

资料来源：易观商业解决方案

在当前机遇与挑战并存的现状之下，众多企业已经开始行动，逐步探索农业企业互联网化新兴商业模式，如果聚焦在“易观”所提出的卖货、聚粉、建平台三大战役方向之下，可以看到行业内也不乏一些值得关注的案例。

［案例导入］本来生活：保证食品健康和体系建立

本来生活网是由鸿基元集团于2012年在北京投资创立的，致力于改善中国食品安全现状，成为中国优质食品提供者。在食品安全备受国民关注的今天，能够保证食品供应链的透明和安全已经成为消费者最为敏感的需求点。

本来生活通过成立品控委员会，沿着生产者、相关环节部门、认证标准、监控手段、检测方法和消费者体验等环节建立一套有效的管控体系。将产业链上下游通过互联网的方式连接起来，并且通过相互的反馈和信息的透明可视性，有效实现信息传递的高效率。

在此基础上配备符合专业标准的冷藏库（0~4℃）和冷冻库（-18℃），依据每种商品独特的保鲜需求分别储藏，提供8小时以上全程冷链配送，从全国各地筛选优质的供应商和农业基地，剔除一切冗余的中间环节，真正实现基地直供的无缝储运和产业链资源整合的优势塑造，以完成对农业产业链条的推进与效率提升。

农业产品的营销模式，一直以来都缺少对于品牌和资本能力的构建。而本来生活网则异军突起，通过互联网信息传播效率的极佳应用，将农业产品的营销模式拉升到一个新台阶。

本来生活网上线之初，便通过微博的“大V”效应和热点话题，迅速引爆“褚橙”的故事和品牌。随后铺天盖地的媒体自传播和硬性软文混杂在一起，将本来生活网推广的简单、健康的生活理念和品牌故事编织得越来越大，导致“褚橙”一时间都卖断货，一橙难求。把农产品源头的信息扩散效率和品牌塑造能力推到一个前所未有的高度。

这种媒体化电商的运作是本来生活网鲜明的标签，而产业链货源构建和冷链配送体系建设同样成为本来生活核心竞争力的保证。作为生鲜电商平台，保证产销两端的及时效率和品质要求，能够使生产者、消费者获得信息效率和使用效率最为核心的价值。

“媒体化运作，基础能力塑造”是本来生活网营销模式的关键，而金融资本运作能力更是这种模式有利的支撑。2015年1月20日本来生活网刚刚进行了B轮融资，其融资规模在千万美元量级，这已经是该网站的第二轮融资。正是这样的资本运作手段保证了本来生活网有效进行产业两端的信息与能力整合，确保其核心价值能够推动农业产业链向互联网化过渡和提升关键环节效率。

［案例导入］云农场：主推中国农业3.0

云农场是依托中国农业部老科协，由中国现代农场联盟、北京天辰云农场共同组建的全国最大的农资交易平台，同时也是全国最大的农场主互动社交圈。平台拥有数万农场主资源和包括化肥、种子等多个品类的农资产品，使农场主购买质高价廉的农资更加方便、快捷。

云农场的商业模式（见图2-13）：

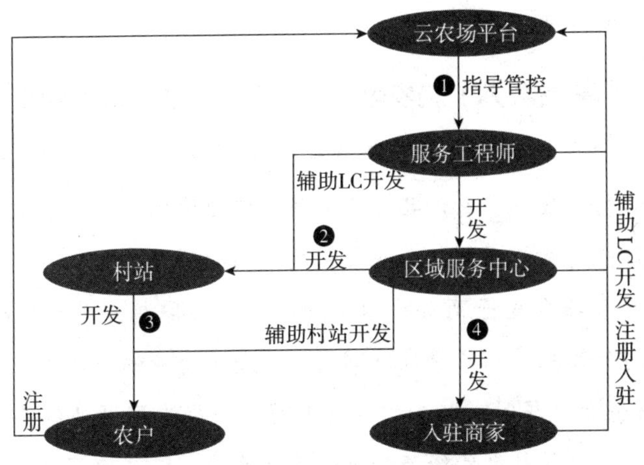

图2-13　云农产的商业模式

目前，云农场已建立县级服务中心300多家，村级服务站点25000多个，注册用户100余万。消费用户近百万，市场覆盖山东、河南、河北、江苏、黑龙江等13个省份，服务土地面积约3亿亩，发展成为全国最大的网上农资商城，领跑"互联网+"农业企业。

据云农场相关部门负责人介绍，2015年6月云农场已成功完成A+轮融资，获得春晓资本逾亿元投资。这是云农场继2015年3月获得联想控股千万美元战略投资后再次获得资本市场青睐，为公司进一步发展注入了资本力量。

具体到"互联网+农业企业"如何打好卖货、聚粉、建平台三大战役，后面有章节进行介绍，这里不再赘述。

二、互联网+农业产业

中国农业产业的互联网化应该说仍处于刚刚起步和初步探索阶段，更多的是在企业层面进行卖货、聚粉、建平台方向上的布局。覆盖农业产业链上下游，在农产品流通、农业互联网金融、农产品生产加工方面尚未出现颠覆式的创新商业模式。即便是目前参与者众多的农产品流通，也仅停留在农产品流通的2.0、3.0模式下，尚未真正借助互联网实现全部农产品从生产企业／农户直接到零售终端或直接到达消费者手里的模式，但相信随着农产品监管政策、溯源体系、仓储物流体系等一系列制约因素的健全和完善，"互联网+"农业产业的大潮将很快到来，现阶段相信已经有众多企业在酝酿和筹划相应业务，以"易观"所服务的客户尚农网为例，很快一个以北京区域市场为核心的农业产业互联网平台将登上舞台。

〔案例导入〕尚农网：区域型农业产业互联网平台

尚农网正在筹备建设中，定位于区域市场的农业产业服务平台，主要业务将由农产品仓储物流服务、农产品在线交易、农业休闲旅游和农业互联网金融四个板块构成，目标是希望通过四大业务板块之间的联动效应，打造北京市场第一家农业产业综合型服务电子商务平台。现阶段已经取得一些阶段性成果，其中包括政府层面的政策支持以及北京范围内农业龙头企业的响应，北京范围内共有176家农业龙头企业，届时80%左右的企业将会与尚农网开展线上合作，同时北京周边的各个区县合作社也已经与尚农网展开洽谈，这将使实现农产品从龙头企业、农户直达零售终端/消费者成为可能，使根据北京市民日常消费偏好、消费习惯、消费量制定北京农产品生产计划成为可能。同时，还将提供农产品溯源、农产品仓储物流实时查询监控等一系列智能服务，基于农产品业务之上的农业旅游、农业互联网金融业务也颇具亮点，尚农网的商业模式简要分析（见图2–14、图2–15、图2–16、图2–17）。

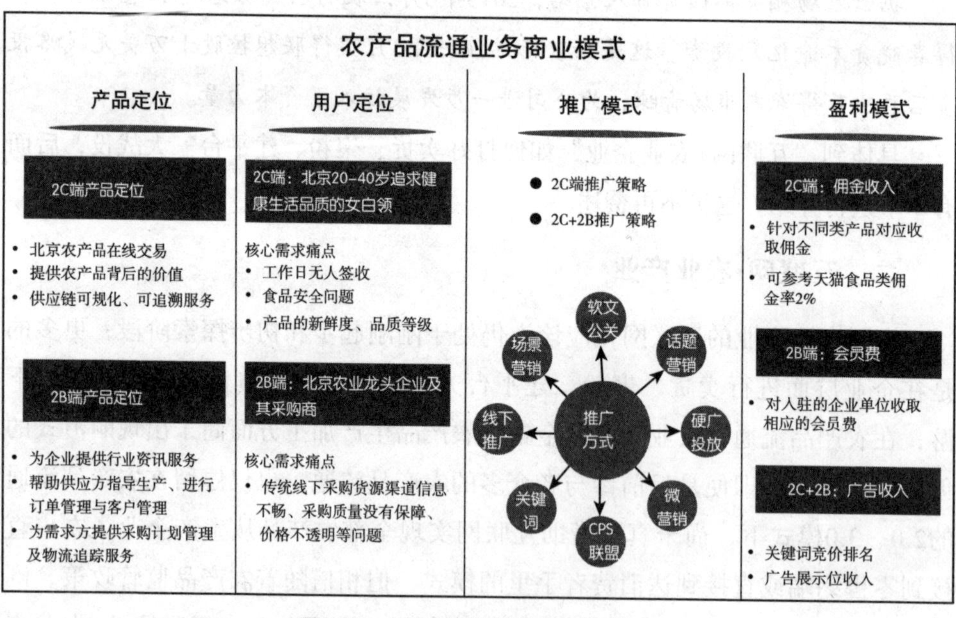

图2–14 农产品流通业务商业模式

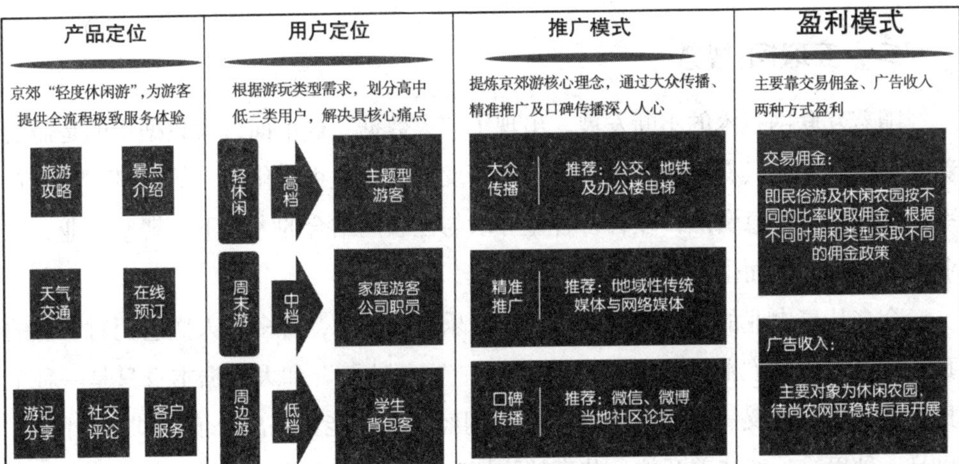

图2-15 农业游业务商业模式

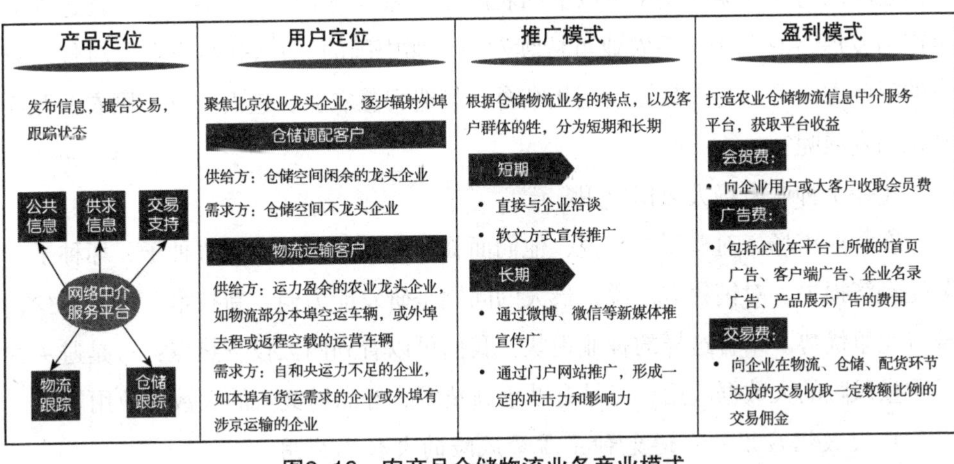

图2-16 农产品仓储物流业务商业模式

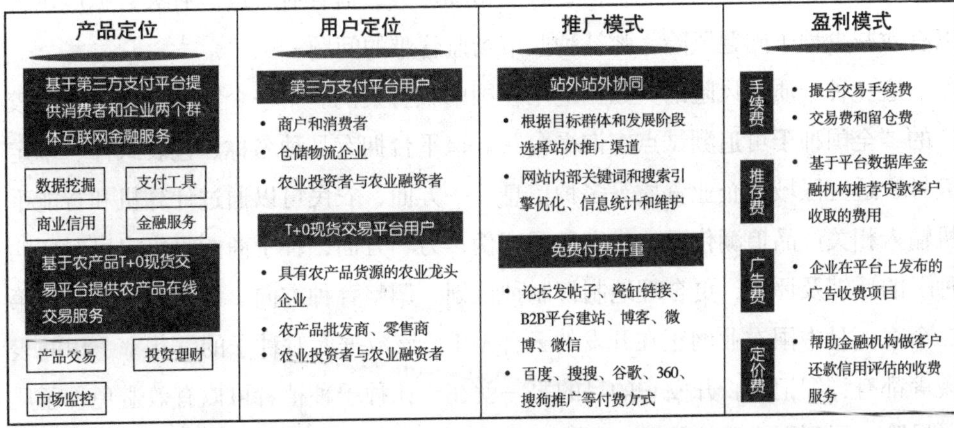

图2-17 农业互联网金融业务商业模式

三、互联网+智慧

随着互联网技术的不断发展，出现了“大数据”这个词，大数据指的是需要新处理模式才能具有更强的决策力、洞察发现力和流程优化能力的海量、高增长率和多样化的信息资产，在各行各业寻求与互联网结合的大势下，智慧农业、农业大数据也应运而生。

众多从事农业的人对大数据一词津津乐道的同时，有多少人懂它们对农业的真正意义？中国农业网专家庄定云认为，“互联网+”和大数据本身只是一种工具，没有特殊意义，只有准确作用在实用经济上才能显现出价值；“互联网+”也是一种思维，意味着开放、共享的胸怀和创新、和平共赢的精神。在农业领域中，互联网与大数据的应用可以节约农产品资源、增加农产品流通率、促进农业生产力发展，有利于实现农业可持续发展。那中国的“互联网+农业”时代，农业的哪些方面可以与大数据应用相结合，打造智慧农业，进而引领中国农业互联网化的发展呢？

（一）种业市场大数据应用

在种业市场，对购买方来说，他们面临的最大问题是买到假种子、坏种子，蒙受经济损失。对销售方来说，最大的问题是研发能力弱，新技术、好品种少，没有竞争优势。结合这样的种业现状，我们可以看到两大投资热点：一是避免种子质量风险的大数据应用；二是有助于新技术、好品种交流的大数据应用。

1. 大数据应用一：避免种子质量风险的大数据应用

假种子、坏种子很常见，但是种子市场庞大，监管有难度。有大数据应用可以有效减少种子问题风险，弥补种业市场监管难的问题。

避免种子质量风险的大数据应用在国内就有案例。第一个案例是涉及面比较广的“全国种子可追溯试点查询平台”。该平台拥有品种名称、包装式样、审定编号、适宜区域、企业资质等多种信息。一方面，农民可以通过计算机和智能手机输入相关产品追溯代码，辨别种子真伪；另一方面，种子商能收集农民对所购种子的反馈及评价，更合理地制订制种计划、调整育种方向、维护知识产权。第二个案例是中国农业网正在开发的云种APP，该数据库对种子的发芽率、田间表现等都有详细记录，开发它的目的之一就在于让种子种植者可以有效避免种子质量风险，买到更优质的种子。

2. 大数据应用二：有助于新技术、好品种交流的大数据应用“研发能力是种企的核心竞争力。”大数据应用可以快速帮助实现种企对于新品种、好品种的开发、研究和交流，增强种企核心竞争力，各大种企必定推崇这样的数据库应用。

国家种业科技成果产权交易平台就是一个新技术、好品种的交流平台。通过该平台不仅能知道种企所需要的品种和技术，而且也有科研机构提供的科研成果，这个平台的目的是最大化发现品种和技术的价值，不仅让种企拥有更多新技术和好品种，也让育种专家拓宽自己的研究方向。

（二）种植过程大数据应用

城镇化不断推进，我国农业人口日渐减少，人力成本增加，传统种植模式不适于农业可持续发展，这对农作物种植提出了新要求，在减少人力成本的基础上，提高农作物种植效率，适应新农业发展的需要。作用于高效率、低风险种植的大数据应用成为种植领域的投资热点。

1. 大数据应用一：大数据智能控制，实现高效种植

从土壤分析到作物种植，从水分分布、天气监测到施肥撒药等数据的智能控制，智能化农业可以有效节约人工成本，提高种植效率。

北京“农场云”智能系统通过数据进行智能化管理。该系统通过参数传感器实时监测大棚内的空气温度、湿度及土壤干燥度等并设置预警信号，把作物生长、温湿度、病虫害等视频及图片信息实时上传到农场云系统。“农场云”还专门分析了每种蔬菜每个月的市场需求量和合作社的排产供给量，以及两者相差的缺口量，这些数据通过“云农场”系统变成了合作社排产计划的缺口分析统计图，有了这个分析图，合作社的供给就有计划了，积压蔬菜的问题明显减少。针对病虫害问题，有一个专门的APP，当哪个棚里的作物有了病虫害，或者到了成熟期，农户都可以在APP上拍照并注明，生产部门在电脑或手机上打开农场云看到后能及时做出判断和处理。

2. 大数据应用二：天气数据预见农作物损失

厄尔尼诺影响下极端天气常见，对农作物影响巨大，如果能对整个天气数据进行整合处理，预见天气数据对农作物的损失程度，对农民来说，既可以提前做好预防工作，也可以做好保险工作，把损失程度降到最低。

The Climate Corporation是一家意外天气保险公司，他们每天从250万个采集点获取天气数据，并结合大量的天气模拟、海量的植物根部构造和土质分析等信息

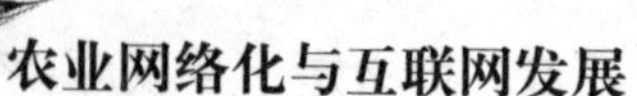

对意外天气风险做出风险综合判断，以向农民提供农作物保险。

在中国，虽然一直在加强对农业保险的政策补贴力度，但是如果有数据库应用能像上述案例一样实现对农民面临的风险进行综合判断，这对农民的参保更有参考意义，这也能帮助农民防御极端天气灾害。

（三）农产品市场大数据应用

1. 大数据应用一：对接生产和市场信息，缓解供求矛盾

近年来农产品滞销情况频现，农民卖不出，市民买不起，主要是生产和市场信息不对称导致农产品资源分布不平衡。利用生产数据和市场数据的整合，让生产信息和市场信息有效对接，平衡各地农产品供求数量，成为解决资源分布不平衡的关键。对接生产和市场信息，缓解供求矛盾的数据库成为投资热点。

将各地农产品滞销情况和各地农产品市场需求情况转化为可以利用的数据库，对滞销地区、滞销产品、滞销数量以及各地对农产品的需求量等进行准确记录，并且利用这个数据库，点对点分销，既可以及时解决滞销问题，又可以实现市场资源平衡。

2. 大数据应用二：保证农产品品质的可追溯系统

农产品市场竞争激烈，不良商家动歪心思，农产品质量无法保证。“可溯查”农产品追溯系统旨在以信息化数据追溯来改善人们的食品安全隐患，通过农场到餐桌的数据采集与收集，为人们在生鲜与蔬菜的消费过程中提供标准化的选择依据。可追溯系统有利于增加农产品附加值，增强农产品竞争力。实现最准确、最值得信任的农产品可追溯系统也成为农业投资热点。

3. 大数据应用三：大数据管理控制生鲜损耗，向损耗要利润

生鲜市场越来越火，损耗大成为生鲜市场发展的瓶颈。将生鲜损耗控制在最低，也成为生鲜企业盈利的关键。这样的背景下，大数据控制农产品损耗成为农业投资热点。

宁波M6连锁生鲜超市在宁波地区已长达10年，拥有40多家店面，他们的秘诀是向损耗要利润。8年前M6开始数据化管理，“物品一经收银员扫描，宁波总部的服务器马上就能知道哪个门店，哪些消费者买了什么。”十年来的数据积累在M6精准订货、存储和精准配货等环节发挥了关键作用。

整个大农业生产围绕农民、土地、农资、农产品交易等都会产生大量的数据，可以产生土地流转数据库、土壤数据库、农资交易数据库、病虫害数据库、

农产品交易数据库等，除大数据外，农业行业的物联网、云计算技术也将发挥同等重要的作用，如何更全面地将农业互联网化、智慧化，需要在不断的发展中去发现和探索。

第三节 “互联网+农业”产业链

伴随着土地经营进一步规模化，家庭农场、专业合作社等新型经营主体的崛起，从国内外农业发展趋势来看，互联网与农业已开始加速融合，以提高种植效率和产品品质，并实现农产品优质优价销售。可以判定，互联网正潜移默化地改造着中国农业产业链，农业互联网的时代已然到来。

到底互联网对中国农业将会产生怎样的影响和改变，首先我们来看看当前农业的产业链（见图2-18），从产业链入手，来探寻产业链各环节中目前的“互联网+”现状。

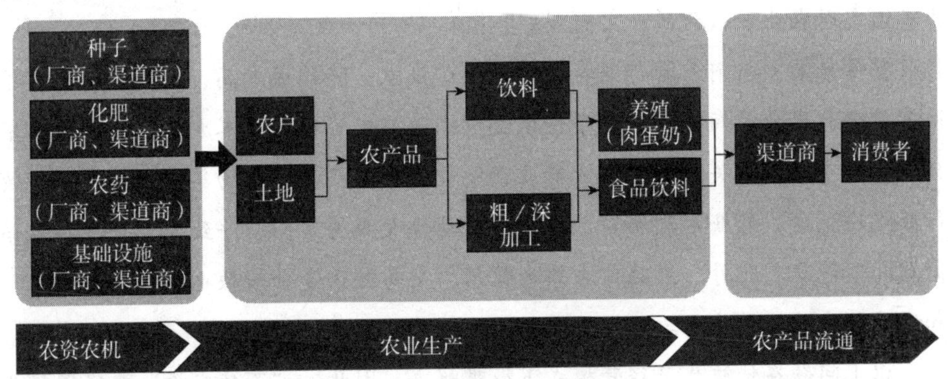

图2-18 农业产业链示意图

一、互联网+农资农机

我国农资行业流通环节繁多、交易成本较高，很大程度上制约着农业产业的整体效益。而农资电商可有效压缩中间环节成本，消除假冒伪劣生存空间，解决农资行业当前矛盾。农资行业进入电子商务领域至少比其他行业晚了10年，正是“互联网+”领域中大有开发价值的“蓝海”。上文中所提到的“云农场”等农资电商平台经过近期的发展和改进，对传统农资流通模式造成很大冲击，已经为农资电商行业的发展树立了典范，此外也涌现出了一些农资农机行业的其他典范：

〔案例导入〕河南万庄：击破农资“互联网+”4大痛点

河南万庄农资物流集团是由万庄农资物流有限公司、万庄农业生产资料有限公司、万庄农资电子商务有限公司、万庄投资有限公司、万庄化肥交易市场5家全资公司组成的集团公司。

河南万庄是河南省本土流通企业中唯一承担国家化肥淡季商业储备的企业，国家农业部的定点农资市场，全国化肥物流业民营企业综合实力第一，已经建成了1个物流枢纽和40个区域物流中心，是公认的区域性农资物流总部基地。

长期以来，农资流通模式是：从生产企业，经过市、县农资部门，再到乡镇、村经销商，最后才到农民手中。由于流通环节多渠道，产销两端不见面，厂家不能按农民的需要生产，农民也不能对厂家施加影响。更为严重的是，生产厂家、经营企业、基层经销户，都各自为战，自建网点，自寻仓库。如此层层加价，成本提高了，农民负担增加了，优质农资产品竞争不过质量差、价格低的假冒伪劣品种，农民深受其害。显然，这种几十年一贯制的农资流通模式，已经成为我国实现农业现代化的一大瓶颈。

整体来看，当前农资行业存在四大核心痛点：终端成本高、价格波动大、信用不健全、资金常短缺。从整个价值链看，当前农资渠道成本太高，利润分配不合理。从市场供求关系看，农资行业产能过剩日益凸显。市场集中度较低，导致行业无序竞争，行业毛利率较低。价格波动较大成为常态，导致生产企业和经销商利润不稳定。此外，产品体系缺乏信用、交易链条资金短缺也是农资行业生产和流通领域的较大痛点。

以上问题在传统生产经营模式下很难解决，因此，“万庄农资”要实现行业经营方式的转型升级，就需要迭代运营思维和模式。但农资行业线上业务仍处于探索期，呈现出参与主体少、业务不精深、交易规模小等特点，没有从根本上解决行业四大问题。

为从根本上解决行业痛点，“易观”帮助“万庄”设计电商平台模式的出发点是满足原料厂商、化肥生产厂家、县市级经销商、乡镇级经销商、合作社/种植大户等各环节主体的利益诉求。针对不同的业务主体，设计出多元化的服务内容和盈利模式。概括起来，河南万庄农资是一个集合了交易流、货物流、信息流和资金流的综合电商服务平台（见图2-19）。

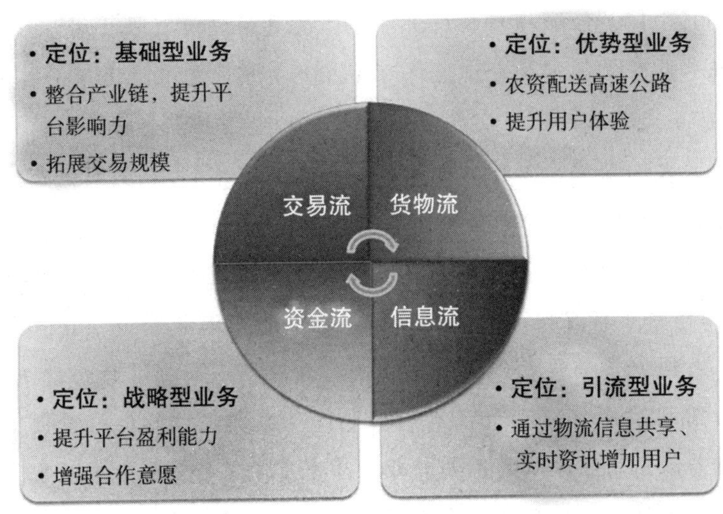

图2-19 河南万庄农资电商平台商业模式

河南万庄以建设仓储物流体系为核心，可为农资流通至少减少一个环节。以化肥为例，每吨化肥流通成本至少下降150元。仅此一项，每年为河南农民和企业增收节支20亿元以上。企业最头痛的还有公关费用巨大，且不可控。比如货物到站、铁路运输等各种关系的协调，以前都由企业一对一地应付，费用由企业支付，现在有了综合电商平台体系，全由“河南万庄”协调，货物周转快了，库存少了，大大降低了流通成本。

“河南万庄”构建的完整农资物流供应链，配有具备自主知识产权的信息平台作为支撑，保证了仓储物流的专业、及时、精准。每家企业的信息、每一笔交易流程都清楚地显示在平台上。通过GPS定位系统、视频系统，“河南万庄”分散在全省各地的仓库和门店可随时看到货物从下车到售出的全过程。该系统还能帮助农民及时掌握农资从生产厂家到自己手中的动态信息，能有效杜绝假种子、假农药、假化肥等坑农害农事件，从根本上保证了农民利益。

与此同时，“河南万庄”还与银行合作，为上游生产企业、中间代理商、终端零售商提供融资服务，解决拖欠款顽疾。

〔案例导入〕农集网：农资分销平台

2015年3月31日，诺普信农资销售B2B平台“农集网”上线公测。致力打造国内领先的农资分销互联网平台。

深圳诺普信农化股份有限公司于1999年9月经深圳市工商行政管理局批准注

册成立，2005年10月经深圳市政府批准整体变更为股份有限公司，2008年1月17日经中国证券监督管理委员会证监许可（2008）96号文批准上市，其A股于2008年2月18日在深交所正式上市交易（股票代码002215），公司是目前中国农药制剂领域规模最大的企业、唯一的上市公司，至2015年3月农集网上市，诺普信迈出了农资行业与互联网集合的坚实一步。

诺普信农集网平台主要针对农资零售商，以B2B模式为主。依托公司现有AK渠道产品体系（标皇兆品牌农药、润康等品牌水溶肥等）、物流配送和专业服务能力，打通农资销售的线上线下，同时在品牌布局上继续与传统CK渠道形成分隔。目前网站公测仅限于AK合作零售商（服务工作站），首日测试效果良好，后续随着注册用户权限的不断放开，公司直供零售商和大农户客户将不断得到拓展，同时有助于分销数据收集管理。

据媒体报道，公司打造的手机应用软件（APP）正处于测试中，定位为B2C终端农户互动服务平台，结合此前公司公告入股农发贷平台，在互联网工具运用上，公司有望形成手机APP、PC电商平台和金融P2P平台相互补充的较完善格局，打造兼具专家咨询、农资分销，农资终端服务、农产品销售、金融服务等功能的全链条O2O体系。

综上，诺普信农集网商业模式（见图2-20）：

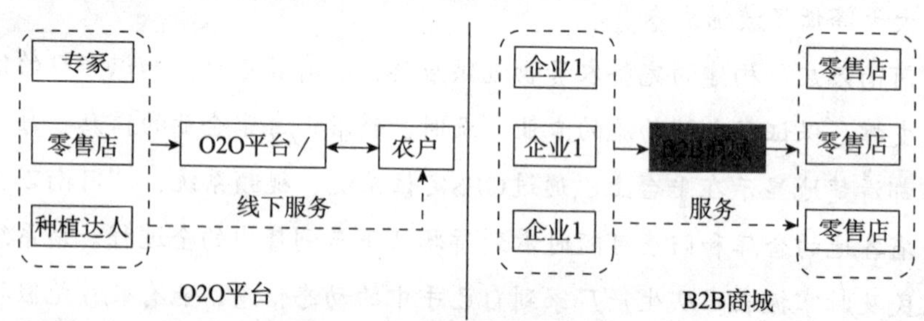

图2-20　农集网商业模式分析

〔案例导入〕农一网：农药产品网上直销平台

农一网于2014年11月1日在北京钓鱼台国宾馆宣布正式上线，旨在为种植大户、专业合作社、农业公司、农垦基地、家庭农场、统防统治、政府采购、零售商等提供优质农药产品。

农一网是由中国农药发展与应用协会牵头组织，业内五个大型企业共同组建的农一电子商务（北京）有限公司投资建设，一期投资2000万元。农一网希望通过开展强强联合，实行优势互补，整合行业优质的农药产品资源，同时利用互联网的传播力和影响力，简化农药流通环节，减少经营成本，以有信誉的品牌产品，有竞争力的价格，以及完善的在线植保技术为支撑，为农户提供便捷高效的专业服务。

此外，农一网还计划在未来三年发展2000个县域工作站运营中心与20万个村级植保信息化服务站，通过线上线下相结合，解决配送、技术服务及信息传递问题，以推动农药电商的快速发展。

农一网于2014年11月22～23日举办了首届中国农药电商“光棍节”，近50款“特价农药产品”血拼48小时，两天订单已过亿元。农药品牌商与农一网的合作意向强烈（百强里面的80%的企业有合作意愿），县域工作站的招商计划进展顺利，原计划当年招商100家，实际签约400家，进展远超预期。

农一网主要是一个资源整合平台，通过整合上游产品、用户数据、金融服务、农资渠道和农资经销人才，同时建立农一网建立县域工作站和农村信息化服务站，从而解决从产品代购服务和植保信息推广，到由县域工作站完成植保产品的配送和种植技术的指导服务。其中，植保信息化的公益性建设，可借助在线专家，及时为用户免费提供区域性的作物解决方案，取得用户信赖与支持，将入驻企业产品推向农户。

二、互联网+农业生产

作为农业产业链上的关键环节，农业生产承载着产业链上下游的农资、农产品流通两大领域的发展，在互联网快速改变各行各业的今天，农业的生产环节同样没有被遗忘，与互联网结合下的农业生产更具活力和效率，GPS、遥感、物联网、溯源体系等一系列的互联网技术已经开始应用于农业生产环节。

［案例导入］联想佳沃：物联网技术下的工业化种养殖

佳沃集团是联想控股的现代农业板块公司，主要从事现代农业和食品领域的投资及相关业务运营，目前佳沃集团是中国最大的水果全产业链企业，在海外及中国拥有规模化的蓝莓和奇异果种植基地，领先的种苗繁育中心、工程技术中心、分选加工中心、冷链物流平台和品牌营销网络。同时佳沃也正在茶叶、葡萄酒等领域进行投资和业务布局。

联想佳沃进军农业以来，一直在做的一件事就是利用物联网技术下的精准农业有效解决农业工业化种养殖的问题，让农民学会标准化种养殖。现在，精准农业已经在一些规模化农业企业得到应用，尤其是一些已经具有良好市场基础的高端农产品，在这种种养殖模式下，全程可追溯成为非常容易执行的解决方案，由于种养殖全过程都处于物联网监测和控制下，同时可进行全程数据采集，使得消费者最关心的安全问题得到解决。例如北菜园的有机果蔬就全部可通过扫描二维码实现全程追溯。

[案例导入] 七星农产：互联网+实现农业现代化

七星农场是黑龙江农垦总局系统国有农场，隶属建三江管理局。位于黑龙江垦区东部，福前铁路通过场区，因农场南部的七星河得名。

七星农场在现代农业发展进程中，始终把“科技是第一生产力”贯穿整个水稻生产种植全过程，通过智能项目研发、示范和互联网技术的推广、应用，这使得农场内广大种植户切身感觉到了科技种田带来的高效和便利，也进一步促进了农业的可持续发展。

目前，在七星农场水稻高科技示范园区，运用物联网技术，现在稻田缺水已不需要人工操作，安装在田间的水位传感器会自动检测水层深度，通过无线传输设备，将采集的数据实时传输到智能灌溉控制系统，水就会自动灌入稻田。据介绍，这个系统以云数据为平台，实现了对农田作物长势、养分诊断、灾害预警监测与评估。

随着互联网向农业领域的不断拓展，像这样的智能化控制系统已不再是什么难事。通过近几年的不断研究实验，七星农场科研人员已经把物联网、GPS卫星定位检测以及RS卫星遥感等技术逐步应用到农业生产中，使作物的种植、估产、病虫害预警等方面实现网络化、数字化管理。

随着智能手机和宽带网络的逐步普及，在开展智能项目研发、推广的同时，七星农场广大种植户们也开始将互联网信息服务逐渐地应用到农业生产中。在生产中种植户遇到问题，就可以在“七星农业信息交流平台”上进行交流提问，会有专门的技术人员详细解答，广大种植户可以通过此平台及时获取农业生产各个阶段的科技信息。由于互联网传输技术不受时间和空间限制，七星农场许多种植户通过使用微信、QQ等工具与农技人员进行线上信息、技术交流，同时利用这些信息平台，实现资源信息的共享，更加方便快捷地解决种植过程中遇到的问题。

下一步，七星农场还将利用大数据、云计算等技术，逐渐建立起农业信息网络监测体系，实现灾害预警、耕地质量和农作物生长种植的全程监测，将继续发挥互联网技术在农业生产种植中的应用，让更多的“互联网+农业”技术给农业插上腾飞的翅膀，让互联网成为农业发展和种植户增收致富的新引擎。

〔案例导入〕贵州龙里县：农业重上“云”端

龙里县，隶属于贵州省黔南布依族苗族自治州，位于黔中腹地、苗岭山脉中段，黔南布依族苗族自治州西北。境内丘陵、低山、中山与河谷槽地南北相间排列，县城海拔1080米。

2015年年初以来，龙里县紧抓贵州大数据产业发展机遇，积极搭建物联网络平台，投资1 50余万元新建了园区环境信息与病虫信息感知监测系统、蔬菜质量产品溯源系统、信息平台展示中心、测土配方施肥平台，充分采集农业生产各个环节的数据，通过物联网海量收集、整理、分析，实现了农业智能化生产管理。

龙里县湾滩河高效生态示范农业园是贵州省级生态农业示范园区，目前购买安装了农林小气候信息采集系统、虫情自动采集系统、孢子信息自动捕捉培养系统、太阳能电源、监控设备、创建质量安全追溯体系、信息服务设备软件、测土配方施肥工作等智慧农业软硬件设备，园区农业物联网基础设施进一步完善。

目前，示范园区内的农户可以足不出户，就能对田间的苗情、墒情、病虫情、灾情、生态环境、质量追溯等进行实时监测、预警并自动防控，做到全天候、无人值守、连续自动工作，真正实现了生态农业的现代化和智能化。

在生产过程中，湾滩河高效生态农业示范园还积极构建了园区农业物联网络体系，集成应用感知技术、GIS技术、无线网络技术、控制技术。实现园区内蔬菜生产信息的定位、采集、传输、控制和管理，对农作物生长的土壤养分、墒情、苗情、病虫害、灾情等进行监测与展示。通过物联网、云技术，将实时采集的信息进行数据提取、综合、分析、总结，最后提出可行性处理方案，及时帮助农业生产者、管理者做出有效决策。

同时，园区建立的产品追溯系统可以记录下蔬菜生长的每一个环节数据，形成蔬菜“标签”。用户通过电脑或手机等扫描终端，便可以查看蔬菜的生长地理位置、品种信息、生产环境、肥水投入、病虫害防治、修剪以及贮藏、质检、

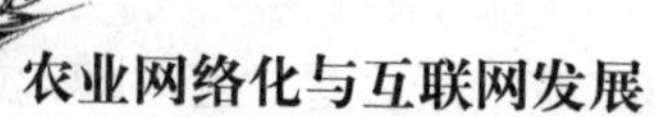

运输、销售等资料信息，无论蔬菜生产销售的哪个环节出问题，根据这条信息主线，都能精准定位，找到问题的根源。

三、互联网+农产品流通

在中国，农产品流通对于互联网的应用，自1995年以来，主要经历了三个发展阶段：

第一阶段：1995~2005年

1995年郑州商品交易所集诚现货网成立，开始探索农产品网上交易。

1999年全国棉花交易市场成立，2000年中华粮网成立，2005年开创中央储备粮网上交易探索。此阶段主要是一些资讯网站，也有部分大宗商品的网上交易。

第二阶段：2005~2012年

2005年易果网成立，2008年出现了专注做有机食品的和乐康和沱沱工社，这几个企业开始都是做小众市场。2009 ~ 2012年涌现出一大批生鲜电商。随着大量商家进入这个行业，行业泡沫逐渐产生。当时的市场需求尚小，而生鲜电商模式也只是照搬其他电商的运作模式，最终导致很多企业倒闭。

第三阶段：2012年至今

2012年被誉为中国生鲜电商元年，生鲜电商风起云涌，成为电商领域的浪潮之巅。当时刚成立一年的本来生活凭“褚橙进京”事件营销一炮走红，随后又在2013年春挑起了“京城荔枝大战”，从此生鲜电商引发人们热议。在此期间，市场中涌现出顺丰优选、1号生鲜、本来生活、沱沱工社、我买网、美味七七、甫田、菜管家等一大批优秀的生鲜电商，B2C、C2C、C2B、O2O等各种模式也竞相推出。与此同时，大批电商下线，且绝大多数生鲜电商目前仍处于亏损状态。

中国农产品流通电商起步至今，经过多年的发展，中国农产品网站电子商务功能和信息服务日益增强，不少优秀网站也不断涌现出来。数据显示，全国涉农电子商务平台已超3万家，其中农产品电子商务平台已达3000家，而通过电子商务流通的农产品只占流通总额的1%左右。同期，我国服装电子商务占整个服装零售业的17%，3C产品电商占总零售约为15%。相比较而言，农产品电商发展潜力巨大。2013年，我国农产品电商交易额突破500亿元，2014年农产品电商突破了1000亿元，生鲜电商达到262亿元。农产品电商大潮初起，增速虽猛，但因物流条件所限，整体尚处于试水阶段，并没有真正意义的大规模爆发，亏本运营也是行业普遍现状。

截至2016年9月，全国农产品电商交易额突破1700亿元。下一步商务部将通过促进农商互联，统筹五大联通工作，提高整个农产品流通供给体系的质量和效益。商务部数据显示，我国农产品在线经营企业和商户达100万家，预计2016年全年交易额将超过2200亿元，占整个电商交易额的比重从4.6%上升到6.2%，增幅达35%。

综合分析，我国农产品流通电商亟待解决的主要有四大问题：物流配送问题、标准化问题、品牌问题以及信任问题。

1. 物流配送问题

目前，我国仅有7万余辆冷藏车，平均2万人一辆，而日本则有15万辆，美国有25万辆，平均800~1200人就拥有一辆冷藏车，可以认为每个社区有一辆专属冷藏车，其冷藏运输率高达80%~90%，而我们国家恰恰相反。冷链物流体系的不发达制约了农产品电商的发展，造成了大量损耗，也造成了物流成本的高昂。

据统计，中国果蔬、肉类、水产品流通腐损率分别达到30%、12%、15%，而发达国家的果蔬流通损耗率则控制在5%以下。在我国，蔬菜流通成本占总成本的比重达54%，果蔬在流通环节的成本是世界平均水平的2~3倍，仅果蔬一类我国每年损失就达到1000亿元以上。

另一方面，高昂的物流成本让农产品电商相比较传统的超市分销模式变得缺少竞争力。目前生鲜电商每单物流成本在25～40元左右（见表2-1）。

表2-1 每单物流成本比较

企业	模式	物流方式	物流成本	备注
顺丰优选	购销电子商务	自建冷链物流	大于40元／单	全新冷链体系。质量有保障，但成本高
淘宝生态农业	电商平台	商家自己解决	高低不一	商户自己解决
我买网	购销电子商务	自建普货体系	大于25元／单	冷媒，无法保障质量
多利农场	农场基地	外包冷链（黑猫）	25元/单	黑猫亏损

市场的不成熟也造成了物流成本的高昂，以黑猫物流为例。黑猫做一号店的水果配送，提货地与物流公司相距60公里，一辆4. 2米的冷藏车提货成本要400

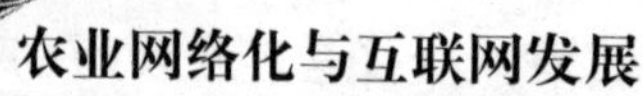

元，但每次只提100多单，提货成本很高。黑猫做多利农场的提货最多时一次也只有200～300单，成本依然很高。

2. 标准化问题

据不完全统计，顺丰优选、易果、正大天地、本来生活、天天果园等生鲜电商平台，进口食品品类都超过了40%。这和我国农产品的非标准化息息相关。

初步分析，农产品标准化可分为三个方面：

（1）品质标准化。向原产地靠近，考虑相关的认证配套，考虑作业流程标准化，用综合的方式及数据指标来固化产品质量。

（2）工艺标准化。比如把鱼剁碎了卖或还是切片卖，肥瘦搭配适宜。

（3）规格标准化。比如重量有300g和500g或1 000g之分，外包装有简易装或礼品盒之分，这些需要根据市场定位做调整。

但从中国农产品行业现状来看，市场上缺少农产品标准，短期之内上述问题仍然难以被解决。

3. 品牌问题

我国农产品品种多，产量高，不同地域特色催生了一大批特色农产品。比如神农架野生板栗、东北大米、山西小米、西湖龙井等等，但纵观这些农业品牌，只有地域品牌，无企业品牌，而且存在以次充好、品牌混乱、质量参差不齐的情况，这样很难形成规模效应和经济效应，更难以形成标准化产品。而国外农产品不同，同样是香蕉、菠萝，就产生了全球知名的“都乐”（Dole）品牌，相比之下，中国地域品牌如“东北大米”、“海南香蕉”等在品牌传递的价值方面就显得非常乏力。

4. 信任问题

农产品很难解决信任问题。任何一个“三标一品”（绿色、有机、无公害、地域品牌）产品，都有无数店在销售，但消费者很难鉴别哪个是真的，哪个是高品质的，市场上也缺乏有效的认证手段。滥竽充数、以次充好的产品很多，电商企业在采购时也面临同样的问题。

我国农产品电商起步较晚，整体还处于市场的探索期，一方面欧美成熟的农产品体系值得我们深入学习与借鉴，充分与互联网结合，另一方面也应在发展过程中注意以下问题：

（1）农产品电商发展前景广阔，但应谨防泡沫。

我国农产品电商规模飞速扩张的同时，应当谨防出现农产品电商泡沫。近年来，农产品电商市场的竞争者越来越多，同质化明显，未来可能面临泡沫风险。因此，我国应当谨防农产品电商市场风险和泡沫，农产品电商企业应当明确供应链的综合一体化发展以及技术的投资是获得市场竞争优势的源泉。

（2）农产品电商企业专业化经营是可参考的发展方向。

针对我国农产品电商企业同质化经营的问题以及电商泡沫风险上升的现状。美国农产品电商发展过程中呈现出的专业化经营为我国农产品电商的发展提供了很好的借鉴。由于农产品种类繁多，储存、运输条件各不相同，所需要的电子信息技术也有所不同，因此随着竞争的加剧，大而全的电商企业将会选择将有限的资金集中投入到某一个或某几个行业中，实现产业链的优化和竞争优势的培育，最终将形成像美国农产品电商市场的行业格局，即电商企业的专业化经营，以及单个农产品行业中电商企业集中度的提高。

（3）发展多样化农产品电子商务交易模式。

随着基础设施建设的逐步完善，电商企业技术水平的逐渐提升，我国初步具备了多领域发展农产品电子商务交易的基础。一是可将农产品电子商务与农产品期货合约相结合，推动我国农产品期货市场的发展。二是可设置农产品国际贸易平台，提供信息、交易谈判、支付、物流等服务，减少农产品国际贸易中的谈判成本、信息搜寻成本和支付成本，提高农产品贸易效率。三是注重农产品零售业对电子商务交易的应用，建立起区域内或跨区域的农产品零售网络商店，提高农产品零售业电商交易规模。

（4）推动农业电子商务的整体协调发展。

对比美、英两国可以看到其信息化及电子商务贯穿于整个农业，不仅包含营销、流通等农产品电商环节，还包括上游的供应方农场采购和日常管理。通过全面配套的农业电子商务体系来保障下游营销及流通端的农产品电子商务健康有序发展。其次，农场化的集团运作组织方式有利于发达国家农产品电子商务的发展，减少了农产品电商供应链的管理难度，降低了供应链成本。第三，健全完善的冷链物流体系、高效的管理模式带来的低损耗率促进了农产品电商的快速发展。

第四节 “互联网+农业”创新模式

一、互联网+休闲农业

目前，我国的游客，尤其是来自城市的广大游客，已不满足于传统的观光旅游，个性化、人性化、亲情化的休闲、体验和度假活动渐成新宠。农村地区集聚了我国约70%的旅游资源，农村有着优美的田园风光、恬淡的生活环境，是延展旅游业、发展休闲产业的主要地区。

据农业部2014年年底统计数据显示，全国约有8.5万个村开展休闲农业与乡村旅游活动，休闲农业与乡村旅游经营单位达170万家，其中农家乐150万家，规模以上休闲农业园区超过3万家，年接待游客7.2亿人次，年营业收入达到2160亿元，从业人员2600万。在“互联网+“已经上升为国家战略的当下，面对如此规模的市场，互联网与休闲农业的结合已经势在必行。

〔案例导入〕乡村游网

乡村游网依托成都市旅游促进中心、成都市旅游呼叫中心成立，致力于为消费者提供最全、最新、最准、最实惠的乡村旅游网上服务平台（见图2-21），热心、周到、客户至上是平台永远追求的宗旨。

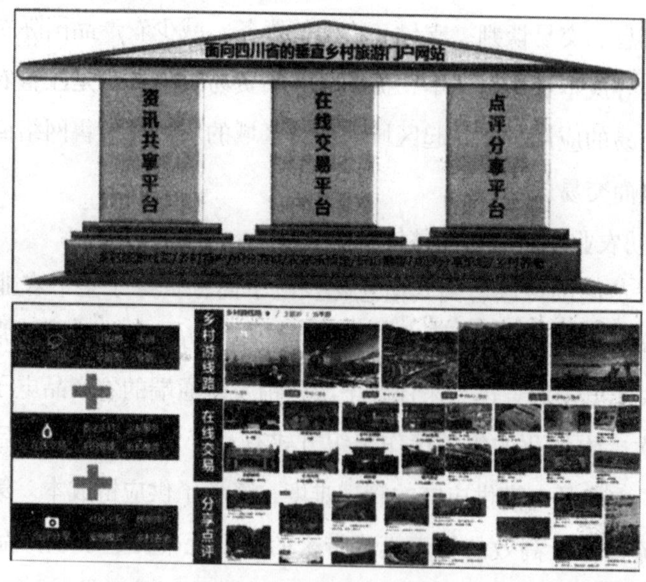

图2-21 面向四川省的垂直乡村旅游门户网站

乡村游网在线服务平台有着海量信息，不仅实现了为乡村旅游爱好者提供资讯查询，还实现了在线预订、电话预订、手机短信和WAP平台等服务，满足了消费者“吃农家饭、品农家菜、住农家院、干农家活、娱农家乐、购农家品”等全方位需求，用户可以在获取广泛信息的基础上，通过强大的地图搜索、360度全景、真实的最低折扣消费和用户真实点评等在线服务，做出最佳消费选择，用超低折扣价值就可实现都市时尚达人对新旅游、新体验、新潮流的生活追求。

乡村游在线服务平台不仅为个人用户提供了资源丰富、信用度高、使用性强的精准信息平台，同时还为商家建立了以网站、广播、电视、报纸、杂志展架、LED广告屏“社区公告”等多项服务的全方位的市场营销解决方案，它将成为人们到乡村旅游最为依赖的休闲生活平台，目前已有14万会员，但网站排名及流量均偏低，初步判断主要由于后期网站运营推广工作不足导致，但此案例商业模式具备一定创新价值，值得关注和借鉴。

〔案例导入〕去农庄网

去农庄网号称全国首家专业的乡村旅游综合平台，是中国第一款“互联网+农业”的大型网站平台和手机APP，目标是把城市周边的农家乐、果园、苗圃、钓鱼场、民宿、游乐场、生态园、观光园等整合在一个平台上，满足城市居民对于休闲农业和吃住行、生态农副产品购物的需求和消费。

去农庄网目标覆盖到全中国所有的城市，让所有城市人不再为节假日去哪儿发愁，让孩子跟着父母亲回到大自然，让全天下所有的父母亲回到美丽的乡村，让相濡以沫的情侣沐浴在乡村的气息里，让所有人来一次说走就走的旅行，通过数以百万的乡村旅游商铺和种养殖商铺的大量入驻，通过客户的评价体系，从而提升乡村旅游的硬件、环境、卫生和服务水平。

2015年12月8日正式上线运营。该平台以构建休闲农业与乡村旅游网络生态系统为核心，为全球休闲农业与乡村旅游经营主体提供吃、住、游、购、娱等休闲体验产品和特色农产品的网上展示、宣介、预定、销售和结算服务，满足消费者在线购买，线下消费的需求，提升行业线上线下的营销能力。着重解决消费者寻找休闲目的地困难，经营主体缺乏推广能力、缺乏客源、缺乏宣传平台等问题，促进行业健康快速发展。依托该平台，聚合行业专家，为行业企业提供营销指导、人才培训、规划设计、活动创意、企业咨询等服务，提升行业企业产品质量，优化企业生产经营。

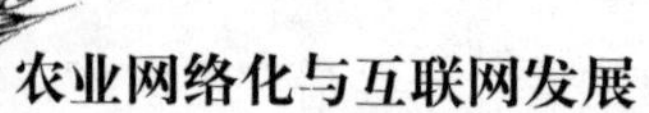

目前，“去农庄网”电商平台已有近2500家休闲农业与乡村旅游经营主体入驻。从2016年起，农业部农村社会事业发展中心、中国旅游协会休闲农业与乡村旅游分会将加大对休闲农业与乡村旅游企业（园区）的培训力度，增强企业（园区）网上营销意识，掌握电商平台的运用技能，力争三年内，使全国1万家以上休闲农业与乡村旅游企业（园区）入驻平台。

该平台的成功上线运营，成为“互联网+现代农业”的具体实践，标志着全国休闲农业与乡村旅游行业正式进入电子商务服务时代，必将全面提升行业的信息化服务水平，“改变行业企业的营销方式，改变城乡居民休闲旅游的消费习惯。

综合来看，农业休闲旅游行业市场空间巨大，但与互联网结合尚处于探索阶段，一方面由于互联网化刚刚起步，另一方面也受限于线下中国休闲旅游实体发展的相对滞后，目前来看，行业内还未出现具备一定影响力和规模的标杆案例，大多数平台属于信息发布、交易撮合型电子商务平台，在与互联网相结合的模式上创新性不足，但可以预判休闲农业势必在互联网的推动下飞速发展，这一市场非常值得期待和关注。

二、互联网+淘宝村

随着互联网的飞速发展，在整个农业产业链条均在尝试互联网化的同时，不断有新兴的商业模式或新型的商业群体涌现，淘宝村便是基于旧农村基础，通过与互联网的紧密结合衍生出的新型农村业态。

淘宝村在量化的定义中是指活跃网店数量达到当地家庭户数10%以上、电子商务年交易额达到1000万元以上的村庄。2013年，阿里发布了20个中国淘宝村，仅仅一年过去，2014年年底这一数据就被刷新到了211个，同时首批19个淘宝镇（拥有三个及以上淘宝村的乡镇街道）也随之涌现。曾经那些以“种田”为生的农户，如今以“种网”为生。互联网改变了农户的命运，也改变了整个村庄的命运，互联网让一个个“封闭村”变成了远近闻名的“淘宝村”，小小的村庄旧貌换新颜，散发出勃勃生机。

淘宝村在中国走过第一个十年，截至2016年8月底，在全国共发现1311个淘宝村，广泛分布在18个省市区。其中，浙江、广东和江苏的淘宝村数量位居全国前三位。全国淘宝镇的数量达到135个，其中，浙江、广东和江苏淘宝镇数量位居全国前三位。在过去的一年间(2015年9月至2016年8月)，在全国淘宝村服务的消费者中，超过4700万人购买T恤、超过1600万人购买玩具、超过350万人购买太阳镜、超过290万购买面膜、超过730万人购买双肩背包，等等。

淘宝村是阿里巴巴集团农村战略的重要组成部分。阿里农村战略已经形成“双核+N”的架构，“双核”指的是农村淘宝和淘宝村，“N”则指的是阿里平台上多元化的涉农业务，如特色中国、淘宝农业、淘宝大学、喵鲜生、淘宝农资、满天星、产业带等。阿里希望通过贯彻执行农村战略，实现“服务农民，创新农业，让农村变美好”的目标。

随着电子商务蓬勃发展，淘宝村的经济社会价值日益显著，孵化出大批草根创业者，创造规模化就业机会，部分网商增加收入，摆脱贫困。《中国淘宝村研究报告（2016）》指出，一个淘宝村就是一个草根创业孵化器。截至2016年8月底，全国淘宝村活跃网店超过30万个。电子商务已经成为草根创业的重要方向。淘宝村平均每新增1个活跃网店，可创造约2.8个直接就业机会。按此估算，截至2016年8月底，全国淘宝村活跃网店直接创造的就业机会超过84万个。

山东菏泽市曹县是省级贫困县，由于缺少支柱性产业，当地扶贫攻坚的任务十分艰巨。2009 年以来，以曹县大集镇为源头，当地兴起了演出服饰网销产业，在互联网上找到了巨大的市场。2016年，曹县网商开通网店20000余个，电商销售额近25亿元，直接带动4000多名贫困人口脱贫。

［案例导入］青岩刘村：中国淘宝第一村

青岩刘村位于浙江省金华市义乌市江东街道，大约28万平方米，当地人口总共不到2000人。村道的两端一侧是环城路，另一侧是小商品集聚地。青岩刘村是一个面积不大的住宅小区，有200多幢农民房、586个楼道、房屋1800间，公寓楼清一色乌青颜色外墙，几乎每一幢楼的一楼都是仓库。现在却容纳了8000多人，开出了1000多家淘宝网店，拥有2家金冠店、数十家皇冠店。2010年成交额超过20亿元，成为名副其实的淘宝村。

青岩刘村所处的义乌市是全球最大的小商品集散中心，被联合国、世界银行等国际权威机构确定为世界第一大市场，更有全球最大的小商品批发市场——义乌国际商贸城。

［案例导入］揭阳军埔村：缔造淘宝村财富神话

军埔村隶属于广东省揭阳市揭东区锡场镇，军埔村本是一个“食品专业村”，随着食品加工厂生存艰难，村中村民也多出外谋生。随着村中一些在外做服装生意的青年开始回乡创办淘宝店，军埔村于2013年6月引起地方政府关注，揭阳市提出要打造“电子商务第一村”，揭阳市政府协调金融机构拿出了1000万元的贷款，财政贴息50%。不到半年的时间，这个村庄很快就发展成“淘宝村”——490户2690人的小村，开办了超过1000家网店，在不到半年的时间里交易额翻了数番。2013年“双11”网购节过后，这个村子创造了超过1亿元的销售记录。

［案例导入］北山村：“北山模式”从无到有

北山村位于丽水缙云壶镇镇北山脚下，2010年底村庄合并后，由上宅、下宅和塘下三个自然村组成，有700多户人家。其中拥有800多人的下宅自然村就有200多家淘宝店铺，集中了全村绝大多数电商企业。在这200多家淘宝店铺中，皇冠级别的就有27家。2013年，全村实现电子商务销售额1亿元。

北山村是丽水市首个农村电子商务示范村。短短几年间，该村从“烧饼担子”、“草席摊子”发展为“淘宝村”，已逐步形成以北山狼公司为龙头，以个人、家庭以及小团队开设的分销店为支点，以户外用品为主打产品的电商发展模式——“龙头企业示范带动+政府推动引导+青年有效创业”，北山村发展农村电子商务事迹被中国社科院有关专家概括为“北山模式”。

未来，淘宝村将很可能变成常态化，在未来5～10年中，淘宝村的数量在自然复制+政府推动的双重作用下势必保持快速增长，也必将成为农村经济的必备生产力要素，在提高农村收入、提升乡镇经济实力、改变农民消费习惯、加入城镇化进程等方面都将起到积极推动作用，进而深刻改变中国农村经济生活面貌。

三、互联网+农村金融

2013年以来互联网金融出现“井喷式”发展并引发社会各界广泛关注，引用百度百科对于互联网金融一词的解释：“互联网金融（ITFIN）是指以依托于支付、云计算、社交网络以及搜索引擎、APP等互联网工具，实现资金融通、支付和信息中介等业务的一种新兴金融。互联网金融不是互联网和金融业的简单结合，而是在实现安全、移动等网络技术水平上，被用户熟悉接受后（尤其是对电子商务的接受），自然而然为适应新的需求而产生的新模式及新业务。是传统金融行业与互联网精神相结合的新兴领域”。互联网金融的出现在一定程度上解决了多年来传统银行始终没有解决的中小微企业融资难的问题，但同时也对传统金融形成较大冲击。

回到农业行业，对本书中所提到的“互联网+农村金融”需要做两点解释：

1. 农村金融不是指扶贫金融、慈善金融。不可能要求金融机构不顾自身的盈利一味地扶持农村金融。扶贫金融和慈善金融可以作为农村金融的有益补充，但绝不是农村金融的全部。

2. 农村金融也不完全是农业金融，而是涵盖了农村、农业和农民的“三农金融”，相较传统金融，互联网+农村金融更加强调生态系统的概念，能更好地将农村、农业和农民作为一个整体提供服务，从而更充分地发挥出金融服务的大协同作用，促进农村新经济实现跨越式发展。农业电子商务的浪潮已经形成，客观上要求与之相匹配的金融服务，这就如同工业革命进军的号角鼓舞了传统金融的高歌猛进一样，农业新经济也呼唤着可以引领新时代的金融弄潮儿！

传统金融在过去一个世纪中发展出了令人眼花缭乱的理论体系和创新产品，然而，从本质上看，金融的核心功能无非资源配置、支付清算、风险控制和财富管理、成本核算几大类，下面将基于上述几个维度对传统农村金融与互联网农村金融进行对比，探寻互联网农村金融较传统农村金融的优势所在。

（一）资源配置维度

无论是传统的农业生产还是如今的农业互联网经济，获取资源的主要渠道都是信贷。然而，传统金融在保证农村大企业信贷供给的同时，对小微企业和普通农户的供给明显不足。作为农村金融服务核心部分，对农村住户贷款业务面临三个方面的现实挑战：一是农村住户储蓄转化为对农村信贷的比例不高；二是农村住户信贷中转化为固定资产投资的比例不高；三是农村住户贷款与农村住户偿还能力的匹配度不高。这三个“不高”集中反映了传统金融在农村资源配置方面的能力不足。

贷款转化比例不高说明农村住户的储蓄资金逃离农村的现象突出，统计数据显示，东部和中部地区普通农户的存贷比分别仅为1.7%和2%。

购置固定资产的比例不高显示出贷款用途进一步复杂化，在银行类金融机构不掌握相关数据的情况下，这一变化将增加贷后管理的难度和潜在的坏账风险。有数据显示农村信贷资金用于购置固定资产的比例仅为0.8%，几乎可以忽略不计。

贷款与偿还能力的匹配度不高会直接导致违约风险上升。从实际情况看，目前农村信贷的贷前管理主要强调抵押和担保，也就是强调农户的还款意愿。强调还款意愿是信贷中一项重要技术，然而，仅强调还款意愿而忽视还款能力，也很难保证农户按期还款。一旦短期借款远远超过农户的短期收入，就会造成违约的

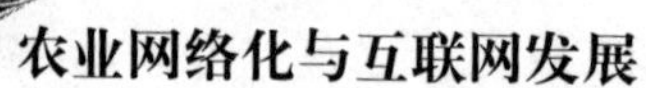

发生，在实践中即使存在合格的抵押品，金融机构的处置难度也很大。由于一旦坏账发生就会带来较大的损失，金融机构借贷的意愿很难提高。

而互联网金融在农村资源配置方面则要优于传统金融。首先，互联网金融基本不会产生传统金融“抽水机”的负面作用。相反，由于农村地区的项目能够提供更高的回报率，互联网金融会吸引来城市的资金，转而投资在农村地区，从而创造出比城市、大企业高得多的边际投资回报率。需要指出的是，虽然利率较高，但是由于期限和金额相对灵活，放款速度快，互联网金融发放的信贷资金实际成本未必很高。其次，从匹配的准确性角度看，互联网金融掌握海量的高频交易数据，可以更好地确定放贷的客户群体，通过线上监控资金流向，做好贷中、贷后管理，在很大程度上克服了农村金融中资金流向不明、贷后管理不力的问题。

（二）支付清算维度

我国农村地区长期以来存在着现金支付的传统，现金支付比例长期居高不下。从支付本身的角度看，现金支付的成本很高。从国际经验上看，现金支付比例高的地方，经济的正规化程度就低，经济中灰色区域就大，偷逃税的现象就多。更进一步说，现金支付比例越高，网络经济、信息经济的发展就会滞后，会影响农村地区的产业升级和城镇化进程。我国农村地区现金支付比例高首先是长期以来形成的传统，其次是传统金融没有发展出适合农村支付的“非现金化”模式。邮政储蓄的按址汇款、农行的惠农卡以及各商业银行都在努力推进的无卡交易改善了农村的支付环境，也降低了现金使用的比例。但是，这些“创新”还是要基于网点的建立和电子机具的布设，没能很好地适应农村地区对现代化支付手段的需求，也就无法切实解决农村的支付问题。

“互联网+金融”在支付方面已经做出了巨大突破。在互联网金融中，支付以移动支付和第三方支付为基础，很大程度上活跃在银行主导的传统支付清算体系之外，并且显著降低了交易成本。在互联网金融中，支付还与金融产品挂钩，带来丰富的商业模式，这种支付+金融产品+商业模式的组合，与中国广大农村正在兴起的电商新经济高度契合，将缔造出巨大的蓝海市场。

（三）风险控制维度

“三农”领域风险集中且频发。人类的科技发展至今没能改变农业、农村“看天吃饭”的问题。旱涝灾害、疫病风险以及市场流通过程中的运输问题都会导致农民的巨大损失。传统金融采用农业保险+期货的方式对冲此类风险。2007年以来，国家对农业保险给予了大量政策性补贴，取得了一定的效果，但总体看作用不明显。互联网金融“以小为美”的特征在这方面将大有作为，新的大数据方式将非结构数据纳入模型后，将为有效处理小样本数据、完善风险识别和管理提供新的可能。

（四）财富管理维度

传统金融经过多年努力，在农村地区建立起了“广覆盖”的服务网络，但是这种广覆盖不仅成本高，而且“水平低”，其“综合金融”覆盖也基本不包括理财服务。对传统金融机构而言，理财业务门槛高，流程复杂，占用人力资本较多，在农村地区的推广有限，互联网金融已经做出了很好的尝试。类似“余额宝”的创新产品开创了简单、便捷、小额、零散和几乎无门槛的全新理财模式。早在该产品推出的第一年（2013年），余额宝用户就覆盖了我国境内所有的2749个县，实现了全覆盖和普遍服务。最西端的新疆乌恰县有1487名用户，最南端的三沙市有3564名用户，最东端的黑龙江抚远县有7920名用户。最北端的黑龙江漠河县有2696名用户。在提升了农民财富水平的同时，也进行了一场很好的金融启蒙。

（五）成本核算维度

一般可以将成本分为人员成本和非人员成本。对于传统金融机构而言，非人员成本主要指金融机构网点的租金、装修、维护费用，电子机具的购置、维护费用，现金的押解费用等；人员成本主要指人员的薪金、培训费用等。从下列数据可以看出成本是造成农村金融困局的主要原因之一。如：一家6~7人的小型租用网点，一年的总成本超过150万元。相比之下，互联网金融在农村可以不设网点，没有现金往来，完全通过网络完成相关的工作。即使需要一些业务人员在农村值守并进行业务拓展，其服务半径会比固定的银行网点人员的服务半径大得多，从而单位成本更低。另外，互联网金融通过云计算的方式极大地降低了科技设备的投入和运维成本，将为中小金融机构开展农村金融业务提供有效支撑。

互联网金融本身是新生事物，在农村发展的时间相对更短，但由于互联网金融与农村场景天然的耦合性，目前在我国已经出现了若干种“互联网+农村金融”模式，并可主要分为传统金融机构“触网”、信息撮合平台、P2P借贷平台、农产品和农场众筹平台以及正在探索中的互联网保险等五种主要形式。

1. 传统金融机构“触网”

农村金融改革的12年来，传统金融机构做了很多有益的尝试。农行的助农取款服务就是一种接近“O2O”的业务模式。通过与农村小卖部、村委会合作，利用固定电话线和相对简易的机具布设，农户就可以进行小额取现。例如安徽农信社，其手机银行通过短信进行汇款，方便快捷，用户基础广泛，目前累计用户238万，日均转账8亿元，累计转账1349亿元，已经形成了一定的规模。

2. 信息撮合平台

信息撮合平台是利用网络技术将资金供给方和需求方的相关信息集中到同一个平台上，帮助双方达成信贷协议的一种方式，是一种比较初级的互联网金融业务模式。

3. P2P借贷平台

相对于简单的信息共享平台，P2P平台要复杂得多，资金需求方会在网站上详细展示资金需求额、用途、期限以及信用情况等资料，资金提供方则根据个人风险偏好和借款人的信用情况进行选择。借款利率由市场供需情况决定。目前我国农村P2P平台中，宜信和翼龙贷是代表型企业。

（1）宜信：该公司在2009年开始进入农村金融市场，经过多年探索，发展出了一条适合中国农村的互联网金融O2O模式。早年的宜信是通过传统的“刷墙”方式下沉到农村的，“刷墙”既把金融信息带给农民，也搜集了农民的信息。2010年，他们开始在农村开设服务网点，并推出以提供小额信用贷款服务为主“农商贷”业务。与宜农贷不同，农商贷所提供的贷款额度更高，并且主要用于支持农民的生产和创业（比如开店）。宜信在过去几年中还发展出了独有的“带路党”，该群体具有很强的农村属性，不仅帮助拓展了渠道，还提升了征信的可信度，缓解了农村金融征信难问题。宜信已经在133个城市、48个农村地区建立起协同服务的网络。

2015年1月，宜信在北京发布了第二个五年计划——“谷雨战略”，旨在打造并开放农村金融云平台，通过农村金融服务生态圈，开放宜信小微企业和农户征信、风控、“客户画像”等能力，并将自建1000个基层金融服务网点，提供包括农村信贷、农村支付、农村保险在内的综合性互联网金融服务。

（2）翼龙贷：和宜信不同，翼龙贷走出了一条“同城O2O模式”或者更通俗地说，加盟商模式。他们从互联网获得资金，通过线下运营加盟模式，并且形成了一套农村特色的风控体系。

翼龙贷在农村金融方面更强调熟人社会的作用，强调加盟商的本地属性。如果加盟商是本地人，要向翼龙贷提供身份证、户口本、结婚证等文件以及无犯罪记录证明。如果是外地人在本地做业务，则要提供居住五年以上的证明。加盟商开展业务之前，首先要把自己的房产抵押给翼龙贷，并且向总部交保证金。加盟商负责县级市的业务要交50万元保证金，负责地级市业务要交200万元保证金。一个县级市加盟商可以获得50万元放大30~50倍的资金量，即至少可以放贷1500万元，同时公司会不断考核加盟商的还款能力和坏账率，有了坏账和违约的情况，都得加盟商自己承担。通过加盟商模式和独特的征信、风控方式，翼龙贷的业务有了较快发展，风控水平较高。2014年一年的交易量20亿元，坏账率0.98%。

4. 农产品和农场众筹

众筹是一种互联网属性很高的融资模式，充分体现了互联网自由、崇尚创新的精神，早期主要服务于文化、科技、创意以及公益等领域。简单来看，众筹类似一个网上的预订系统，项目发起人可以在平台上预售产品和创意，产品获得了足够的“订单”，项目才能成立，发起者还需要根据支持的意见不断改进项目。众筹更加注重互动体验，同时回报方式也更灵活，“投资收益”不局限于金钱，而可能是项目的成果。就农业方面而言，可能是结出的苹果、樱桃甚至挤出的牛奶，也可能是受邀前往“自己”的农场采摘。如果项目失败，则先期募集的资金要全部退还投资者。

“尝鲜众筹”于2014年3月上线，是中国第一家农业领域专门性众筹平台，是品牌东方集团旗下的众筹平台网站，为农业项目的创业发起人提供募资、投资、孵化、运营的一站式专业众筹服务。农产品和农场众筹是一个新的概念，由于参与、回报方式更加个性化，满足了“小众”需求，尊重了投资者意愿，将是未来农村金融重要的发展方向。

5. 农村互联网保险

目前来看，农业保险和农产品期货发展迅速但作用不大，究其原因主要有两方面：一方面是中国的农业保险产品对中央财政补贴具有依赖性，商业化运作匮乏；另一方面是小农经济长期存在，大农场、标准化农产品少，在大工业基础上发展起来的传统金融在对接零散农业需求时显得力不从心，实事求是地说，真正对接农村的互联网保险还在探索中。

国内首家网络保险公司——众安在线于2013年推出的高温险有部分的“自然灾害”保险属性，而且投保方便，理赔灵活。理赔时，投保人无需提供相关证明，保险公司会根据中央气象台的天气预报进行自动赔付。

可以预期，随着互联网技术的进步，大数据、云计算和保险精算的进一步融合，基于农村的互联网保险产品会大量涌现，并更好地服务于国内农村新经济环境。

第三章 “互联网+”时代，传统农业的转型与变革

第一节 站在风口上的“互联网+农业”

自从“互联网+”一词出现在2015年的政府工作报告中，“互联网+”的热度便一直不减，在多个垂直领域汹涌澎湃地开展起来。目前，除了教育、医疗、交通、饮食、娱乐等领域外，农业也站在了“互联网+”的风口之上（见图3–1）。

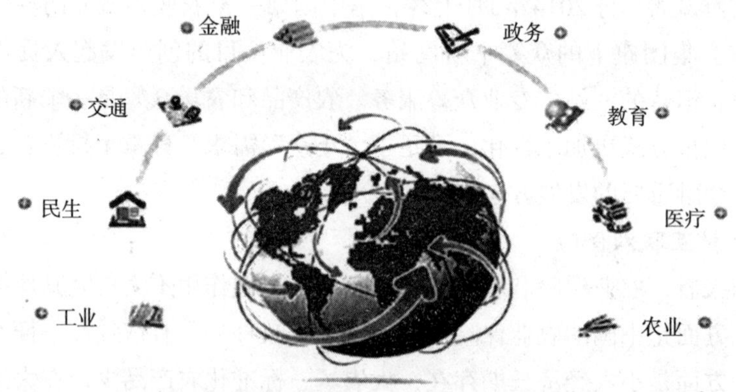

图3–1 “互联网+”可以结合的领域

资料来源：价值中国网

一、传统农业遇上互联网

近几年，农业仿佛成了一个“香饽饽”，资本大佬都纷纷“不务正业”地布局农业。例如：阿里巴巴旗下的基金尝试奶牛养殖；乐视推出了自己的线上食品电商平台——“乐生活”；联想以蓝莓等产品为切入点，构建了全新的农业产业生态圈……

当传统农业与互联网融合后，其在营销、流通、资金、商业模式等方面都会发生变化。例如：农产品的营销可以借助互联网新媒体；农产品的流通可以借助农产品信息平台；农产品供求关系的分析可以参照大数据；农企融资可以借助互联网金融；个人承包制趋势增强；等等。

（1）个人承包制趋势增强

新希望集团的当家人刘永好曾经提过一种设想：当农户饲养新希望的奶牛时，通过摄像头就能够实时对奶牛的情况进行监控，养殖系统会自动地根据饲养室的温度、湿度、光照等进行调节，并定时为奶牛喂食物和水，当奶牛开始产奶后，农户通过微信就可以与顾客联络，并将牛奶快递给客户。

虽然说目前这种设想仍然在规划中，但随着互联网与农业融合的推进，这种设想也必将成为现实。

在上面的设想中，刘永好规划的商业模式其实是家庭定制化承包奶牛，而这种模式可以说与阿里巴巴2014年推出的“聚土地”的设想不谋而合。“聚土地”业务即用户通过网上预约的方式认购土地，获得土地的使用权后自行进行农作物生产。

随着人们生活水平和经济能力的提高，人们对放心、健康产品的需求将会日益迫切，而如新希望和阿里巴巴推出的模式正是针对消费者的切实需求所设，因此也具有比较理想的市场潜力。

综观中国的乳制品市场，蒙牛、伊利等品牌具有绝对的竞争优势，凭借明星单品、规模、奶源、品牌等资源能够获得比较长远的发展。而新希望等企业，为了谋求自身发展，就必须采取差异化策略。所以，对新希望来说，通过互联网实现创新发展是最佳的策略。

（2）流通借助农产品信息平台

从农企和农户的角度来看，农产品价格的波动性是一个非常大的问题。由于买卖双方信息的不对称，不仅会使农企和农户的收益受到严重影响，而且容易造成巨大的资源浪费。虽然国家从政策层面引导农产品的流通，但落后的信息沟通方式仍然使得农业的发展受限。

农产品信息平台的崛起，从根本上为这个“顽疾”开出了“处方”。农产品信息平台最大的特点就是数据大，通过互联网将海量的农产品信息汇集到一起，覆盖全国的价格信息和供求关系都一目了然，极大地缩减了买卖双方获得信息的

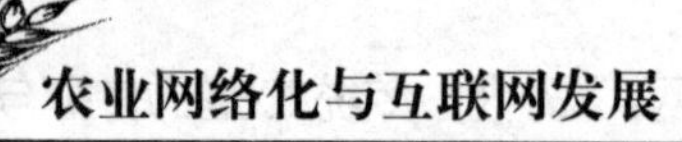

成本。

另外，通过农产品信息平台之上的供需关系，还可以预测投资的机会和可能的风险，指导农产品的结构生产。

（3）营销借助互联网新媒体

自从互联网，尤其是移动互联网获得发展以后，企业营销的方式就不再仅限于在平面媒体和电视上投放广告。相比传统的营销方式，互联网营销更容易以低成本获得好效果，而这对于推动企业和行业发展而言至关重要。

目前，中国的主要消费群体已经是伴随互联网成长起来的“80后”“90后”，他们更容易受到互联网营销的影响。从这个角度来说，企业也更应该在营销时选择互联网新媒体。

2015年初中央下达的一号文件，再次对农业问题进行了强调。例如：加快农业产业化和信息化，土地制度继续推进，农垦改革首次成为改革重点，农产品生产应重视食品安全等。其中农业信息化的重要形式即互联网农产品信息平台，其在流通端的体现是农业电商，在生产端的体现是精确农业的应用。

与其他产业相比，农业不仅投资周期长、收益低，而且面临的风险更大，但由于农业事关国计民生，因此得到国家政策的支持。而互联网与农业的融合，将会给农业注入新的动力，使得传统农业发生变革。

二、“互联网+”怎样链接农业

就以往的经验来看，互联网确实具有链接其他行业的属性。例如，实体经济与互联网的链接，催生了电子商务。这不仅使实体经济焕发出了新的生命力，使老百姓的生活、购物变得更加便利，而且孕育出了一批优秀的互联网企业，阿里巴巴、京东等都因此而发展壮大。

由于农业本身固有的特点，一直以来并未与互联网发生实质性的链接，但这并不意味着“互联网+”无法链接农业。

村村乐的创始人胡伟就是“互联网+”链接农业的探索者。他打造的村村乐平台，目前已经成为国内最大的“扎根农村、服务三农、惠及三农”互联网综合性平台，而且由于紧随行业潮流和切合用户需求，村村乐也更进一步推动了“互联网+”链接农业的进程。

通过不断地发展，村村乐已经越来越“接地气”，其覆盖的村庄已经超过了

60万个，招募的网络村官也超过了20万人。另外，通过帮助农民售卖农产品、代理化肥、电影下乡、路演巡展、墙体广告等形式的经纪人模式，村村乐已经为广大农村引进了多方面的战略合作，在资金统筹、保险理财、农村贷款等方面给农民提供了极大的支持。

为了尽可能地采取多样的方式接近农村，增加与农民的沟通，更好地为农民服务，村村乐正努力打造一个以村庄小卖部为据点的集物流代办中心、信息交流中心、服务中心、销售中心等为一体的覆盖农村的连锁超市系统。

虽然过去数十年农业互联网化的口号一直存在，但由于农业易受交通、环境等多种因素的影响，因此相比其他领域并不具备链接“互联网+”的优势。但随着互联网的进一步发展和新农人理念的改变，农业互联网化的趋势正在蓬勃发展。

村村乐的发展属于“互联网+”与农业的链接和融合。“互联网+”与农业链接的根本目的在于用互联网的要素带动农业的发展。

第二节 “互联网+”重构农业全产业链

若想在这个“大众创业、万众创新”的时代创出一片天地，必须对固有的模式进行改造。在这一创新理念的推动下，“互联网+农业”的模式逐渐受到了众多上市公司的青睐，开始成为农业依托互联网发展的新模式。目前，这一模式已经在农业信息化、农业电商发展以及农村网络金融三大领域逐步展开。

一、“互联网+”深入农业产业链：从生产到销售

中央一号文件要求电子商务进驻农村，对于如何加快农村电子商务的发展，商务部展开了一系列的研讨活动，研究的重点在于以信息化手段对传统的农村流通网络进行改造，以建立优质的电商平台，整合农业生产资料，开拓电商覆盖领域，从而加速农村整体电子商务的发展。

目前，这项政策已经在广大的农村地区得以推广和实施，政府一方面大力推动京东、淘宝等大型电商平台大面积入驻农村商业市场，另一方面也在推进农村的传统商业同网络平台实现线上和线下相互融合的发展模式（见图3-2）。

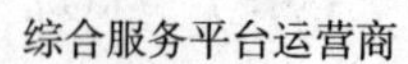

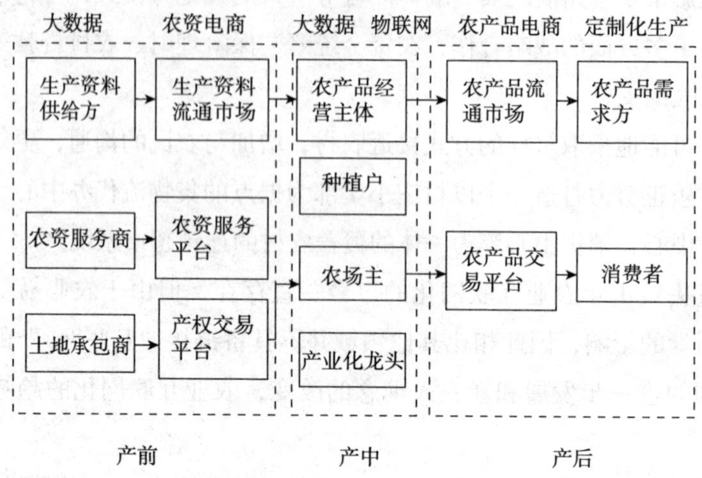

资料来源：证券时报网。

图3-2 “互联网+”重构农业全产业链

如今，与农业相关联的网站已经达到了3000多个，仅在淘宝网进行注册并经营的乡镇以及行政村的网店就超过了163万家，其规模让人惊叹。而在这163万家网店中，主营农产品的网店就达到近40万家，这充分说明农业在电商平台上的蓬勃发展。

不仅如此，在全国许多省份如山东、江苏等，它们的农产品通过网络销售出去的数量也与日俱增，这给广大农民，尤其是广大青年农民带来了极为广阔的就业前景。

“互联网+农业”的模式是一项可持续发展的经营战略，不仅在于它为农村提供了销售途径，而且它已经深入到了农业的整条产业链，从生产到加工，再到销售，互联网都可为其“保驾护航”。

二、发展方向：“互联网+农业”的未来

“互联网+农业”的发展模式逐渐渗透到传统农业发展的各个环节，影响力与日俱增，许多上市公司都瞄准了这一块肥沃的土地，正在拼命抢夺资源，而它们的目光也大多投向了农业电商、农村互联网金融以及农业信息化这三个领域，所以，这也被人们看做是“互联网+农业”的三个发展方向（图3-3）。

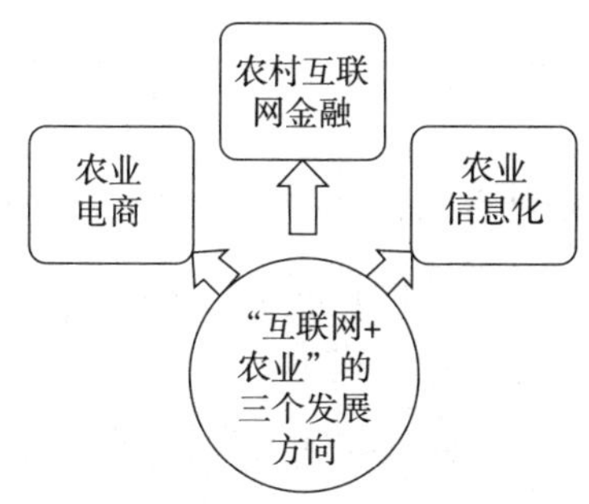

图3-3 “互联网+农业”的三个发展方向

（1）农业电商

金正大集团[①]在农业电商这个领域起到了带头的作用，作为一家上市公司，它们在农业电商这一方面已经大大地扩展了自己的行业布局。金正大的董事长万连步在接受采访时曾表示，金正大首先要做的是对现在其所拥有的销售渠道进行进一步的优化升级，在此基础上实现与农资电商的完美对接。

金正大集团现有二级经销商10万多家，这将是发展农业电商的优质资源。通过提高效率、降低成本等，此类经销商将为线上和线下实行有效融合打实基础。此后，进一步实现农资电商与种植园、农场、养殖生产基地等的面对面直接对话。

（2）农村互联网金融

中国人民银行发布了《中国农村金融服务报告》，深入解读了互联网与农村金融服务的关系，显示了对农村网络金融的高度重视。

新希望集团[②]是我国农业产业化的重点企业之一，其同样认为“互联网+农业”是大势所趋，因为农民的数量大和农业的基础坚实两大条件无可争辩，如若能借助这一优势，必然能极大地开拓公司的主营业务以及互联网金融业务。

为此，新希望集团专门在天津注册了金融保理公司，希望能够推动养殖业和食品业的网络化发展。新希望集团在产业链上的优势十分明显，依托这样的优势，新希望集团与线上进行融合来发展自己的互联网业务，其根据不同的养殖户所承担的不同风险来实行不同渠道、不同风险的资金注入，从而降低了养殖户所

① 金正大集团：成立于1998年，是一家集科研、生产、贸易于一体的生态化工集团公司，主要从事复合肥、控释肥、叶面喷施肥料、生物有机肥及土壤改良剂的科研开发和生产经营。

② 新希望集团：中国最大的饲料生产企业，中国最大的农牧企业之一，拥有中国最大的农牧产业集群，是中国农牧业企业的领军者。1982年，由刘永言、刘永行，陈育新（刘永美）、刘永好四兄弟创建。

承担的风险以及融资成本。

（3）农业信息化

农资龙头的成长空间是巨大的，其中一个重要的原因就是农业信息化的不断发展。不少商家都抓住了这一重要的信息点。大力介入农业物联网、农业地理信息系统等领域中，为此注入了大量的资本。

比如芭田股份[1]，早已用了资金4000万以及部分股份来介入这一领域。同样不甘示弱的还有新梦想集团，通过对各大养殖场进行不同的数据分析与比对，提出具有针对性的发展方案。

三、“互联网+”创造农业新模式

改造旧模式固然是必经的一个环节，但“互联网+”更多的是在创新，创造新型农业发展模式。“创新”原本就是当今时代的核心词语，对于创业者来说，“互联网+”无疑给人们提供了更多的创业契机。

与传统农业形成鲜明对比的是高端农业。现如今土地资源、水资源等都十分紧张，加之人们对食品安全的问题日益关注，因此发展以互联网技术为核心的农业被许多人认为是未来农业的发展方向。

但是相比传统农业，高端农业的发展所需技术条件较为苛刻，成本投入也更大，经过层层累积，最后的价格可能会让消费者望而却步，因此销售又是一个问题。所以，如何尽最大可能地削减中间成本以压低价格，是高端农业所要关注的。

在解决途径中，创新销售渠道无疑是不错的方式，比如通过微信平台，由厂家直接销售，出厂价和售价相同，免去了中间店铺等一系列费用。而且，这样的销售方式比较便捷，还能够通过微信这个平台进行品牌宣传。

这里有一个例子便是青年菜君[2]，其以半成品的生鲜销售为主营方向，客户可以通过网络进行预订，而后在线下的营销点进行自提，这样就省去了中间的物流费用，节约了成本，而且有利于增加客户的信任度。此外还有光和生态农场等，都在创新发展模式，以尽量缩减成本，使“互联网+”的模式得到最优化利用。

① 芭田股份：成立于1989年7月21日，公司主营业务为复合肥产品的研发、生产和销售，主要包括无机复合肥、有机复合肥、控释肥等。

② 青年菜君：半成品生鲜电商。2015年3月，获平安创投、真格基金和策源创投三家机构数百万美元的第三轮融资。

一直以来，传统农业都在寻求一个更加科学的发展模式，努力创新发展途径，其中一个比较棘手的问题便是中间环节太过烦琐导致成本无法压缩，而互联网新技术恰好解决了这个问题，把众多中间环节搬到线上省去了线下的许多操作。在互联网的推动下，农业商业模式正发生巨大的变化，从事涉农互联网的创业者在未来将得到投资者的更多关注。

第三节　农业1.0模式到4.0模式的跨越

2009年，“网络三剑客”之一的丁磊开始了其“第三代养猪模式”的探索；2011年，京东的当家人刘强东开始“不务正业”种植大米：2013年，备受瞩目的“褚橙”“柳桃”纷纷上市；2014年，乐视宣布进军农业，并落户山西生态农业基地……可以说，这几年农业受到互联网大佬的青睐，已经“遍地开花”。

另一方面，从2013年十八届三中全会到2016年的中央一号文件和“两会”，有关农业的政策红利不断下发，困扰农业发展的土地流转问题等得到解决，农村土地赔偿新政策条例发实施，互联网农业的时代已经到来。

一、农业1.0模式到4.0模式的跨越

纵观国内外农业发展的模式，我们可以大致将其归为以下几类（见图3-4）：

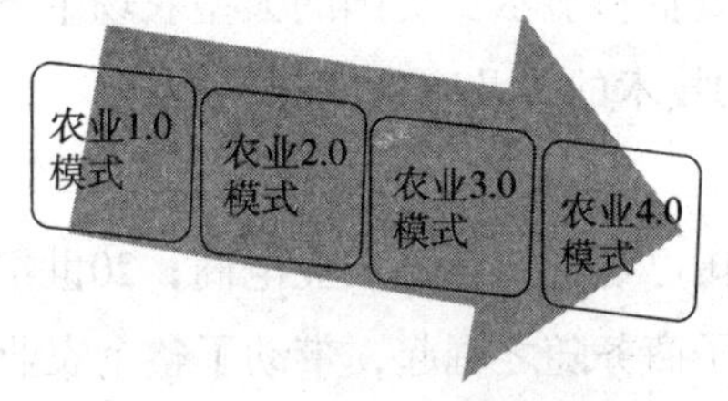

图3-4　农业发展模式变迁

1. 农业1.0模式：主要依靠体力劳动，以家庭承包责任制为基础；
2. 农业2.0模式：以大型机械农场的出现为标志；
3. 农业3.0模式：以高度自动化、机械化精确生产为主要特点；
4. 农业4.0模式：与互联网相融合，达到高度智能化。

目前，欧美等发达国家和地区的农业发展模式已经从农业3.0模式向农业4.0模式进化，而我国农业的发展模式仍然以农业1.0模式和农业2.0模式为主。

落后的农业发展模式具有两个主要弊端：一是制约了生产力的发展；二是阻碍了农业的流通体系。这在中央电视台播出的美食纪录片《舌尖上的中国》中有比较直观的体现，无数鲜美天然的食品由于生长在偏远闭塞的大山里，难以被大山外的人们所品尝。

而中国的农业要摘掉贫穷落后的帽子，就应该打破生产和流通的阻碍，改变农业的发展模式。随着相关政策的推进和互联网的发展，相比其他产业，农业更应该与互联网融合，实现从农业1.0模式到农业4.0模式的跨越。

二、农业互联网革命的两大领域

借鉴发达国家的农业发展模式，农业互联网革命主要体现在以下两大领域（见图3–5）：

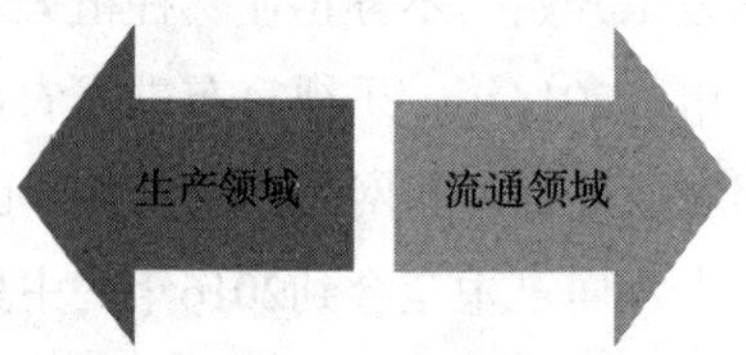

图3–5　农业互联网革命的两大领域

1. 生产领域

20世纪80年代，美国就已经诞生了精准农业的构想；到20世纪90年代，美国的农业物联网获得了飞速发展，在农业物联网的带动下，美国的精准农业达到了世界先进水平。根据调查资料显示：美国的大型农场主要采用高度自动化的机械设备进行生产，农业ITO技术的普及率达到80%。

2. 流通领域

20世纪80年代，美国已经开始尝试农业电商；20世纪90年代，互联网浪潮兴起以后，美国的农业电子商务随之崛起，带动了整个农业经营效益的改善。

相比美国，中国农业互联网的发展虽然相对滞后，但仍具有诱人的增长空间。

互联网对农业的渗透，主要体现在对四大基本要素的改变上：

（1）劳动力。互联网与农业相互融合后，农业生产的劳动力将由面朝黄土背朝天的农民，转变为具备现代经营理念、掌握先进技术和知识的互联网新农人。

（2）劳动工具。互联网与农业相互融合后，农业生产的劳动工具就不再是传统的机械和农具，而是以物联网为基础的智能机械。作为互联网的延伸，物联网能够自动对农业生产过程中涉及的温度、土壤、空气、水分等进行调节，最大限度地提高农业生产的效率。

（3）劳动对象。虽然互联网与农业相互融合后，农民劳动的对象仍然是土地，但土地的状态发生了实质性的变化，不再是零散无序的状态，而转变为更加集中适合规模化经营的土地。

（4）劳动成果。随着劳动力、劳动工具和劳动对象的变化。劳动成果也会由依靠农药等不健康的农产品，转变为产量更高、质量更好的无公害产品。

三、农业互联网革命的两大驱动力

1. 顶层设计和政策红利

近几年，随着互联网的快速发展，多个行业都搭上了互联网发展的“顺风车”，而农业作为我国经济发展的命脉，也迫切需要互联网为其注入新的活力。

从近几年政府下发的与农业发展相关的文件中可以看到：互联网已经成为解决农业问题的重要手段，在有关农业的顶层设计中，互联网的地位正在逐步提高。

实际上，与农业发展相关的很多因素，比如：信息服务、农业综合服务平台、农业科技创新、农业信息化、电子商务、物流等，都与互联网有着密切的联系。有关“互联网+农业”的顶层设计已经越来越清晰，而与“互联网+农业”相关的政策红利也越来越多。

（1）中央一号文件《关于加大改革创新力度加快农业现代化建设的若干意见》中明确提出：“创新农产品流通方式，支持电商、物流、商贸、金融等企业参与涉农电子商务平台建设，开展电子商务进农村综合示范。”

（2）交通运输部同农业部、供销合作总社、国家邮政局联合印发的《关于协同推进农村物流健康发展、加快服务农业现代化的若干意见》中明确要求：加强邮政快递、供销、交通运输等农村物流基础设施的衔接，完善农村物流基础设施网络体系；根据当地的实际情况，建设包含快递配送、再生资源回收、日用品分拨配送、农资及农产品仓储、客运服务等功能的农村综合运输服务站。

2. 互联网产业

政策利好提高了农业领域的吸引力，使得大量新兴的创业公司投身到互联网与农业的融合中，进一步促进了互联网农业的发展。

在众多的新兴企业中，既有农产品电商，也有农产品溯源管理、农业智能化机械制造和农业物联网系统研发和集成企业。

能够极大地带动农业生产的物联网系统尤其引人注目。elan：奥地利一家企业推出的农业物联网系统，不仅能够自动地采集信息、实时监测，而且成本极低，能够覆盖的范围比较广泛。目前该系统在国内已经投入使用，前景十分广阔。

而农产品电商的表现也非常活跃。在京东、阿里巴巴等电商巨头的带动下，农业互联网的双向流通都已经逐渐成形：一方面，城里的消费品能够更加顺畅地进入农村；另一方面，来自农村的丰富的农产品也可以及时向外输送。由于拥有人才、技术、资金等丰富的资源，电商巨头与政府和地方企业的合作也逐渐增多，不仅激活了农村的电商生态系统，而且增加了农村地区的就业，提高了农民的收入。

四、“互联网+农业”迎布局良机

目前，我国的经济结构正面临调整，经济的整体增长速度也基本放缓，居民的消费需求已经发生了变化。农业作为我国经济的主要支柱。迫切需要改变粗放型的生产方式，与互联网技术进行整合升级。

对农业来说，互联网不仅能够提升农业的信息化运用，而且可以打通农业发展的物流链、资金链，更新销售渠道，拓展农业的下游消费。

在这样的背景下，不管是互联网巨头还是农资公司，都已经加快了布局互联网业的步伐。

1. 互联网巨头方面的布局，最重要的一方面在于电子商务。例如：京东已经与陕西省长武县政府等订立了战略合作协议，计划从多个方面推进农村电子商务的发展；而阿里巴巴的“淘宝村”“淘宝镇”也变得越来越密集，多个村级服务站都已经挂牌运作。

2. 农资公司布局的主要方向包括三个：农业信息化、农村互联网金融、农资电商。其中，农业信息化方面的代表是芭田股份，它已经通过入股金禾天成的方式投入农业地理信息系统、种植业投入品平台、农业移动互联应用、农业物联网、农业大数据等领域，并开始探索农业信息化方面的产品组合；农村互联网金融方面的代表是大北农，其农信网便是提供P2P、小贷等金融服务的；农资电商方面的代表是金正大，其布局已经比较成熟和完善。

第四节　“互联网+”引领“智慧农业”新时代

进入2015年，中央一号文件继续聚焦“三农”问题，足可见中央对其的重视。2015年2月，华尔街投资大师罗杰斯在接受记者采访时表示，尽管近期中国股市有走低的趋势，但就农业板块来说，已经持续走低好多年了，2015年对农业来说是一个新的机会。

农业互联网的时代已经悄然到来，尤其在国外，互联网已深入到农业产业链的各个环节，以网络资源等优势给农业以强大的技术支持。

一、“互联网+农业”是未来发展趋势

众所周知，美国向来是大农场机械化和互联网联合生产，其所用到的人力资源要远低于我国。举例来说，在美国，一个种植7万亩玉米的家庭农场，整个环节下来只需要3个人，而在我国黑龙江，仅种植这一环节就需要多达1000人，差距明显的同时意味着互联网农业在我国有着巨大的发展空间。

相比发达国家，我国的产业信息化还处于发展的初级阶段，技术方面还不是很成熟。但由于我国政府对网络科技发展的重视和支持，使我国即将步入农业信息化建设的飞速发展时期，其契机主要有以下两个：

第一，政府不断出台相关政策来鼓励农业信息化的发展，这对其产生了刺激作用。在2011年，我国国务院出台了《全国农业农村信息化发展“十二五”规划》，此后连续四年，中央一号文件都提到了农业信息化的问题。

第二，农村信息化基础设施不断完善，互联网不断深入覆盖，电商平台的建立也帮助农民进一步了解了互联网的巨大价值，这为农业信息化的理念在农村的传播打下了坚实基础。信息渠道的畅通和基础设施的逐渐完善为农业信息化提供了条件。拿电商平台来说，仅在“十二五”期间，农村电商就从不到1000家增加至6000家，此外在淘宝领域农业产品的销售额也呈递增趋势，这充分说明电子商务的概念已经被农民所普遍接受，互联网思维开始在农村市场上活跃开来，在很大程度上推动了农业信息化的发展。

2015年3月16日，中央电视台新闻联播对“互联网+农业”进行了报道，报道

中提及了物联网、电商、大数据等由互联网催生的新生名词，并说明这类互联网技术正与农业不断进行结合，为我国传统农业的改革注入新鲜血液，农业商业化有望在这种模式的带动下早日实现。

二、互联网思维席卷农业领域

互联网思维正以其先进的理念迅速深入我国各个行业，传统农业领域也可见其身影。从农业整条完整的产业链来看，每一个具体的环节互联网都或多或少地有所涉足，比如农资销售、土地流转、农产品销售等。互联网正从细节上来提高农产品种植效率、优化产品品质、拓宽销售途径等。

就国外而言，互联网与农业的融合已趋于完善，其对农业产业链进行了全方位、立体化的改造，提高了农业生产的整体品质。

对于国内来说，我国农业还存在不少问题，其中粮食安全和食品安全的问题尤为突出。粮食安全方面，我国耕地面积呈减少趋势，粮食产量相应降低，不仅如此，农民的数量不断降低并呈现老龄化的趋势。种种不利因素导致我国农产品对外的依附度不断加大，本土生产力遭遇“瓶颈”。食品安全问题更是经常登上各大新闻的头条，使得民众对于食品安全的信任度降低，十分不利于农业的发展。

针对这些问题，2015年中央一号文件提出要提升农产品质量和食品安全水平，锁定“三农”新定位，明确了“强富美”三大方向，把粮食安全和食品安全放在了重要位置。

为了尽早解决农业发展存在的问题，我国正在实行关于土地制度和经营体制的深刻变革。家庭合作社、私人农场等农业经营新主体的规模不断扩大，土地流转的速度不断加快，使得农资服务商的运行模式亟待改变。因此，许多企业把目光转向了互联网，借助网络资源和技术实现优化转型。

三、“智慧农业”凸显重要价值

农业是一个基础性的大产业，生产总体规模大，长久以来所储存的资金底子雄厚，所以一旦对它进行升级改造，对于信息化需求的影响是惊人的。

农业信息化贯穿于农业产业链的各个环节——资料流通、生产管理、产品流通等，所以整个产业的规模决定了信息化发展的广阔程度。2013年，我国农林牧副渔业生产总值超过9万亿元，这样庞大的生产基础无疑为农业信息化提供了难以估量的发展前景。

传统农业的升级改造无疑是一场革命，而在这场革命中，农业信息化是不可缺少的支撑和动力。无论是未来土地确权市场、精准农业市场还是农产品追溯体系市场，农业信息化都将有巨大的发展空间。尽管农业信息化在这几个环节中刚刚起步，但其前方的道路是无比宽阔的。不少公司正是认准了这条路的前景，纷纷追随农业信息化的脚步早早起步，这些公司有望在竞争激烈的发展浪潮中占得先机。

2015年，中国大种植业板块股权投资迎来了发展的新时期，呈现出黄金增长的趋势。我们推测，在未来“土地、化肥、种业、农药、农机”五位一体的农资综合服务平台很有可能会孕育出一批优秀公司，这些公司的估值将达到千亿元规模。

四、前景广阔的生物农业

农业的发展也受到科技和工业发展的影响。在进入大工业化以后，化学产品逐渐被应用到农业当中并产生了重要影响，如化肥。我们不可否认，这些化学产品在提高产量等方面做出了巨大的贡献，但随着时间推移，其造成的不良影响也日渐凸显出来，比如土地生产力降低、水源污染、产品有害物质含量超标等。目前，生物技术受到农业专家的青睐，他们在考虑如何加快促进生物技术与农产品的融合，在保证农产品产量和质量的基础上尽可能降低生产成本、减少污染。

具体来说，生物农业又细分为三个子行业（见图3–6），其分别面临着新的发展机遇。

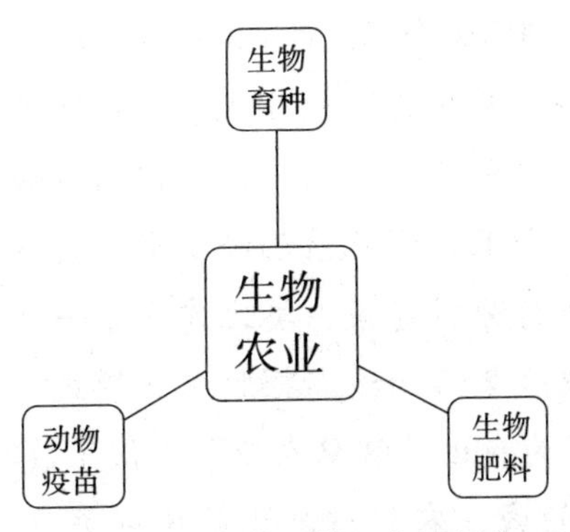

图3–6 生物农业的三个子行业

（1）生物育种技术。我们所熟知的转基因技术引起了激烈的讨论，其核心问题便是食品健康安全问题。就目前形势来看，转基因生物技术的实施和运用是大势所趋，尤其是转基因的商业化，在发达国家中已经加速发展。

（2）生物肥料板块。上面提到，化肥在农业生产中起到了至关重要的作用，但化肥的危害显而易见——土地肥力下降、水污染、大气污染、农产品质量下降等。我国单位面积化肥的使用量为437千克/公顷，几乎为发达国家的两倍，因此找到一种肥料来代替化肥便显得尤为急迫。提高肥料使用率和减少废料的污染是未来发展的趋势，而生物肥料则很好地满足了这一条件，如缓控肥、微生物肥、有机肥等。

（3）动物疫苗行业。我国的动物疫苗行业已经走得很远了，但在未来其势必要进行三个方面的变革：第一，销售渠道上，由政府招标苗向市场苗演变。历史上政府招标起到过积极的作用，但在市场经济高度发展的今天已凸显出严重的弊端。第二，在工艺方面将进一步升级，以国际化的标准严格要求。第三，营销模式朝着一体化的方向发展。

五、“智慧农业”的布局

什么是智慧农业？所谓与现代紧密结合的“智慧”，无非是指现代信息技术成果，具体来说有物联网技术、音频技术、无线通信技术等。具体放到农业上，是指专家通过可视化远程技术对农业生产的各个环节进行监控和操作，对于可能出现的灾害以及其他紧急情况做出及时乃至提前的应对措施，利用此类先进技术从根本上解决粮食安全和食品安全两大基本问题。

就目前的情况来看，投资农业板块还是一个新领域，因此了解农业产业链上的某些公司是如何与互联网进行融合的，对于未来投资方向的把握有很大参考价值。

1. 就肥料生产这一环节来说，最具代表性的莫过于芭田股份。该公司收购了金禾天成20%的股权参与到了农业信息化的领域，使传统的复合肥向农资综合服务平台转变。金禾天成此前已经积累了大量的种植业生产大数据，在此基础上，对数据进行分析建模，类比建立了一个完整的信息分析处理系统，经过大规模的数据收集后而逐渐摆脱这一模式，朝着指导种植业生产实践方向转变。这一进步为我国“智慧农业”提供了最有价值的服务。

2. 在农业IT服务领域，农村信息化是值得关注的点，神州行就由此出发，进一步完善“智慧城市+智慧农村”布局。中农信达在农村信息化领域已经发展了十余年，有着十分丰富的经验和广阔的市场，实力和专业性极强。神州行收购了中农信达，希望借此机会尽快融入农地确权和农村信息化市场，使战略布局进一步扩大，产业链也更加完善。

第五节 运用互联网思维改造传统农业

“三农”问题多年来一直备受人们关注。随着时代不断向前发展，传统农业的发展遭遇了种种“瓶颈”，要想有所突破，必然要改变发展模式。互联网恰恰凭借其强大的流程再造能力，给农业注入了新鲜活力。

互联网的思维方式是系统化的，同时也具备网罗信息资源、搭建优质平台的能力，其与农业的结合可以对农业进行一个系统的产业优化升级，从产业链的每一个具体环节入手，注入现代理念，最终突破农业发展的“瓶颈”，形成符合时代发展潮流的互联网农业模式，其优势主要体现在以下五个方面（见图3–7）。

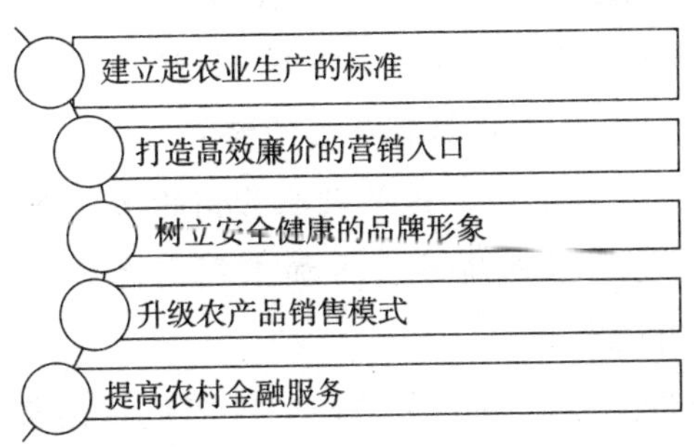

图3–7 互联网农业的五个优势

一、建立起农业生产的标准

以往的农业生产往往没有标准，多数流程都是靠农民自己的经验进行操作，这样带来的不稳定因素太多，比如温度、光照、降水、土壤等环境参数，一旦出现偏差就会带来难以估量的损失。而且，人工操作的效率太低，不足以满足大规模的生产需要。于是，“智能农业”这一理念便应运而生。

所谓“智能农业”，其核心便是物联网在农业生产中的应用。这种技术可以把农业生产中的诸多因素通过无线传感器进行实时采集，然后及时迅速地将信息进行整合，从而做出精确判断，来决定农业设备是否开启。这样便极大地提升了效率，降低了可能的损耗。

另外，物联网可以从生产这个环节对农业进行彻底改造，目前这种方式还未流行，但必然会成为一个发展趋势。

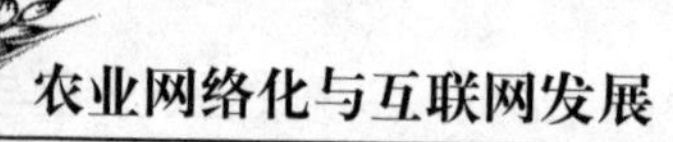

二、打造高效廉价的营销入口

营销是互联网最常用也是最擅长的手段，网上的营销模式层出不穷，如体验营销、服务营销、饥饿营销等。营销，换句话说就是利用客户的消费心理来推销商品。

对于农业来说，互联网营销最大的优点便是成本极低，通过移动信息工具等入口，可以建立多种多样的营销入口，比如微信、微博、QQ等。互联网通过此类入口可以在客户与行业之间搭建桥梁，并且是相当受消费者信任的桥梁。

此外，营销打响品牌的能力也不容小觑。最令传统农业头疼的一个问题就是品牌问题，缺少品牌效应，农产品的附加值就上不去。而营销借助互联网产生了极大的推广效应，因为成本低，所以宣传的覆盖率就可以极尽所能地扩大。苹果品牌“潘苹果”为什么能迅速蹿红？其中营销的力量功不可没。

农业若要建立高效廉价的营销入口，切不可盲从，需要遵循以下几条原则：

1. 不能泛化营销。任何产业都有自己的潜在客户，这些客户就是销售的重要目标。整合数据、精确定位，这是农业营销的第一课。

2. 质量与服务并重。狠抓质量，再加上利用客服保持与客户的紧密联系，营销才能起到应有的作用。

3. 适当控制产业链。不贪多也勿狭隘，既不能试图覆盖整个产业链的经营，也不能只着眼于其中的一个方面。合理分配，优化利用，生产环节中严把质量关与产品标准化生产结合才是最重要的。

三、树立安全健康的品牌形象

食品安全问题广受关注，人们对食品安全的信任呈降低趋势。如何重拾客户的信任，是传统农业亟待解决的问题。

要想使人们恢复对农产品的信任，最直接的办法便是恢复农产品生产链条的透明化，这在传统农业中几乎是一个不可能完成的课题，但互联网农业却以其强大的线上交流模式弥补了这一缺陷。

可追溯系统是从食品行业中延伸出来的，人们可以通过一个小小的二维码实现对整个生产过程的追溯，包括耕种地点、生长环境、采摘日期等，这样便实现了产业过程的透明化。当然，其实现还需要互联网的支持。

由此一来，人们因为了解得多，信任感自然增强，再加上权威机构给予肯定认证，安全健康的品牌形象便可以建立起来。

四、升级农产品销售模式

目前，电商平台的发展为我国农产品的销售提供了更加便捷的途径。在此之前，农产品生产规模小，与大市场的对接有困难，加之农产品从种植到收获需经历一定时间，受气候等不可抗力因素影响大，因此“销售难”现象时有发生。

电商平台的建立则直接拉近了消费者与生产者之间的距离，使地域问题对农产品的影响相对削弱。距离的缩小意味着成本的降低，从而压低了商品的最终价格。价格降低，销售成本减少，销量增大，企业的利润当然也就随之增长了。正如新华社特约经济分析师马文峰所说：“企业能做大的，都是流通环节所减少的。”

此外，电商平台清货的能力也是可圈可点的。2013年11月25日，“淘宝网·特色中国海南馆”（由海南省农业厅和阿里巴巴集团联合打造的电商平台）正式上线，仅椰子饭便销售掉了以往线下全海南岛一年销售量的63%，成果显著。

不仅如此，互联网一个极大的优势就是可以利用强大的数据分析帮助农业生产定位客户群，分析客户的需求，这使得生产具有了一定目的性，实现了利润的最大化。

五、提高农村金融服务

金融问题一直是经济发展的核心问题，农村金融服务却一直未能跟上经济发展的脚步，不能够满足村民的需要。

农村金融产品种类较为单一，供给方面不足，虽然金融机构创新的脚步从未停止，比如2000年以来，中国人民银行和银监会鼓励涉农金融机构展开小额信贷、村镇银行等方式多样的金融产品及服务的创新，但是由于受地域问题、产业结构等多方面因素的限制，原来存在的问题依旧比较突出，创新之路还很艰难。互联网农村金融服务在未来还有很长的路要走，具体来说主要是两个方面。

1. 小额信贷

小规模的经营者是农村小额贷款的主要服务对象，如零食零售、餐饮业等。这类贷款业务数额不大，且相对较为分散，但优势在于资金安全问题与大规模贷款相比更加有保障，也更能吸引贷款者的目光。

更为重要的是，农村城镇化的脚步日益加快，随着越来越多的农村城镇化，对银行的依赖会更大，银行的数量将不断增加。

P2P贷款公司在农村发展良好，最引人注目的莫过于贷帮，它被称为首家银行资金监管平台。贷帮通过互联网来出借资金，但具体的贷款业务是在线下进行，这样可以确保贷款人资金以及信息的安全。贷帮的贷款程序十分严格，不但会对贷款人的资质进行亲自上门审核，而且还在各地农村开设办事处，并规定贷款者与当地办事处的路程不得超过半个小时。

贷帮利用互联网外加自己的风控体系对贷款人进行审核筛选，建立起了对接交易的商务模式（见图3–8）。

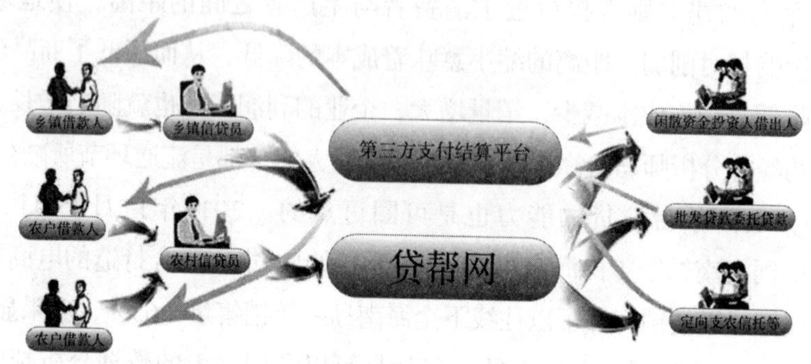

资料来源：中国经济网。

图3–8　贷帮的商业模式

2. 农业保险

自古以来，农业生产的成败便与自然环境息息相关，与之相应的，农业生产者们从投入生产那一刻起便承担着自然和经营两方面的风险，规避风险最有效的方式便是投保。

从大体上来说，保险的形式有两种，一种是政策保险，另一种是商业保险。虽然我国素来重视农业发展，政策上对农业的保障从未有过间断，但是仅凭政府之力是远远不够的，因此商业保险必不可少，何况政策给予的补贴也会减轻农民投保的压力。2007年到2012年，我国农业保险的收入达到600亿元，市场活跃度仅次于美国。

但农业经营存在着风险大、赔率高的特点，因此许多保险公司在这一方面的积极性不是很高，直接导致了农业保险种类单一，主要是小麦、玉米、棉花三种农作物。

而现今，借助互联网强大的数据流进行分析，对各种可能出现的灾害等问题进行网络模拟，便可以使农业保险赔付率大为降低。例如，美国加州的The Climate Corporation公司，凭借其网络数据采集与分析平台，对各种风险进行模拟和判断，来作为提供农业保险的依据。在这个农业保险赔付率高的时代，该公司能以一已之力获得不菲的风投，足可见互联网农业保险具有相当好的发展前景以及丰厚的商业价值。

第四章 “互联网+”是传统行业的唯一出路

〔案例导入〕格力与奇虎360传出“绯闻”

俗话说，“三十年河东，三十年河西”。在互联网还未兴起时，传统行业中新闻最多的当属房地产行业，而最不被看好的就是互联网，就比如马云的阿里巴巴。但是现在，在互联网时代，新闻最多的当属互联网信息。

自从李克强总理在政府工作报告中提出制定“互联网+”行动计划后，“互联网+”一时间成为人们谈论的热门话题。对于“互联网+”战略，马化腾是这样解释的，“互联网+”战略就是利用互联网平台，利用信息通信技术，把互联网包括传统行业在内的各行各业结合起来，在新的领域创造一种新的生态。

这一行动计划的提出，得到了中央政府的高度重视与支持。各大企业也开始了战略部署，尤其是各大巨头企业。他们开始实施了“拉帮结伙”的战略方案，随即各大媒体网站就传出了行业巨头“恋爱”的各种“绯闻”。只要有苗头，各大新闻媒体就开始猜测，就像奇虎360公司董事长周鸿祎率队参观格力电器的消息一经传出，就引起了业界的各种猜想，新闻铺天盖地。由于消息的真实性并未得到当事双方的证实，双方都保持了回避态度，这更加令人们感到好奇，不断地猜测他们是否已经在一起了。

无论是已经在一起的，还是没在一起的，新闻媒体对于大企业“牵手”的消息一个都不落下，即使是相对来说比较低调的海尔与魅族也没有被漏掉。当然，对于公开的“恋人”媒体就放得更开了，海尔爱恋阿里巴巴、美的则左牵小米右牵京东，看似简单地在一起，实则是门当户对的联姻。这是互联网和家电企业相互融合、共同进步的发展策略。

这些“暧昧”总会令人浮想联翩。2015年1月13日，周鸿祎参观了格力电器的珠海总部后还在微博上称：“向格力的董总请教如何做产品，董总的经营哲学和直率、真诚、自信和果断的风格令我印象深刻：没有创新的企业没有灵魂，没有精品的企业丑陋，没有核心技术的企业没有脊梁。希望360做产品特别是做路由器、儿童手表、智能摄像机等智能硬件的同学认真学习领会。参观格力后才知道格力的技术产品内功很深。”这样的内容，让人不禁联想，是不是周鸿祎在暗示什么，或是在向格力示好。

格力电器副总裁望靖东的回复，让一直想看到他们能够在一起的人们有些失望了。望靖东表示：“目前并没有手机方面的合作，至于其他方面的合作，尚不清楚。”

虽然他们还没有在一起，但是从周鸿祎的微博上可以看出，周鸿祎所推出的智能硬件正好与传统家电企业可以互补，而360的净化器也正是格力电器的优势所在。这是否是一个暗示呢？互联网时代，“互联网+”要颠覆传统行业，而传统行业也急于转型，正好是“情投意合”。

看到这些急于联姻的大家大户，还在传统行业中坐等奇迹的企业，你们还能坐得住吗？你们还在等什么？“互联网+”才是传统行业的唯一出路。

互联网时代与智能科技的到来，让移动互联网在人们的生活中开始渗透。也正是因为移动互联网的浪潮让“互联网+”成为主流，虽然不是所有人都能跟上主流，但是所有人还是在不断地向主流靠近，这是一个趋势。这个趋势使我们的生活被颠覆、被彻底改变。

要想立足于信息科技时代，就要拥有超前思想与愿景计划。而如何让仍在传统行业挣扎的企业跟上时代潮流呢？那就是让互联网渗透传统行业。只有结合潮流才能够步入潮流社会，才能够共发展，所以说，“互联网+”是传统行业的唯一出路。

第一节　互联网浪潮下，行业格局正在改变

在互联网时代，就必须要有互联网思维。随着移动互联网的大发展，每个人都拥有一部甚至多部手机，当然必不可少的就是智能手机。这说明移动互联网随处可在，这就要求我们具备互联网思维。

在互联网未兴起前，传统营销模式大都是各大企业的成功营销案例的结晶，

是通过总结与实践形成的营销模式，一般都是“克隆”成功案例。但是，在“互联网+”时代，这种传统营销模式将被淘汰，因此必须用互联网思想主导企业。这几年，人们一直在讨论“三个苹果”改变世界的故事，一个诱惑了夏娃，一个砸醒了牛顿，另外一个被咬了一口改变了时代（见图4–1）。

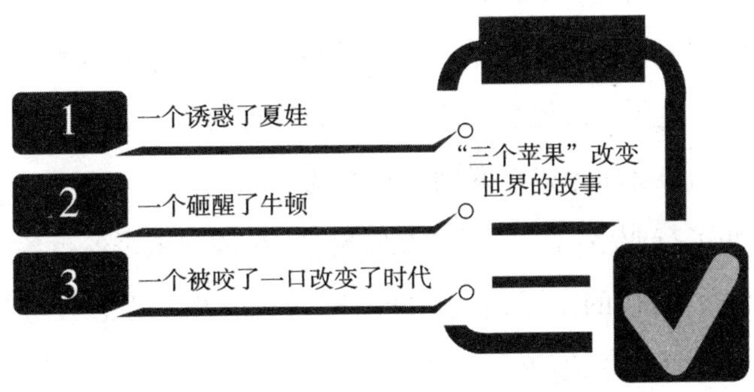

图4–1 “三个苹果”改变世界的故事

自从被咬了一口的苹果在世界上开始风行时，智能手机的发展潮流便开始了——手机不再只是简单的通信终端设备了，它可以收发视频，可以上网，可以阅览资料，还可以隔空瞭望。这也标志着移动互联网时代的到来。

试问下，现在还有多少人为了新闻而跑去报刊亭买报纸？还有多少人为了看最新新闻，在整点时等在电视机前？还有多少人会每月订购报刊读物？很少！这是为什么呢？因为移动互联网时代的到来和智能机的普及，使我们可以随时打开手机看新闻，并得到最及时的消息。我们再也不用为了知晓最新的消息坐等着看新闻；再也不会为了看一部电视剧，提前坐在电视机旁等着却什么事情都做不成。

近些年来，互联网发展之迅速出乎我们的意料，从2011~2014年的数据来看，中国网民增长了1. 4倍，移动广告额增长了11倍。移动支付额增长了100倍，移动互联网投资额度增长了22倍。

在2015年的两会政府工作报告中也透露出这样的信息，“互联网+”已经被正式确立为国家战略。互联网的存在不仅仅是生活工具，也不仅仅是媒介，它是将无界限的信息能源汇集在一起的渠道数据库，随时可查阅，方便快捷。人是具有懒惰性的动物，但是他们能用智慧来掩盖住这种懒惰性的存在。

互联网正在改变许多行业的格局，例如：教育培训、餐饮、零售业，等等。格局的改变就意味着行业发生巨变，也意味着有了新的生机。

近两年，教育培训开始疯狂而至，从最开始的英语培训机构，到现在各学科、各语言的培训，无论大人还是孩子都有适合自己的培训课程。

就连百度、阿里、腾讯这些互联网巨头也看中了互联网教育培训。在线教育成为了人们追捧的新型互联网模式，可以在家上课，不浪费时间，不拘泥于时间，还可以在线沟通，这些无不令广大学子们兴奋。互联网教育的备受欢迎，让传统培训机构坐不住了——以新东方、学大教育等为代表的巨头也开始积极拥抱互联网。未来的趋势必将是以互联网为核心的。

互联网改变了行业格局，说明“互联网+”将成为未来各行各业的新形态。格局的改变意味着时代的变迁，也意味着时代在进步、思想在进步。拥抱互联网，才是各行各业最为紧迫的任务。

第二节　互联网对传统行业来说既是“危险”也是“机遇”

人们常说：“磨难是最好的老师，你战胜了磨难便是成功，被磨难打败便是失败。”“互联网+”对于传统行业来说就像是一场磨难，生死存亡就取决于你如何面对。

为什么在危难时刻会存在“危机感”？危是危险的意思，机是机会的意思，就是说危险和机会是并存的，你战胜了危险就迎来了机会。如果你没有战胜危险，那么你就真的危险了。

2015年6月24日，国务院常务会议通过了《“互联网+”行动指导意见》，“互联网+”正式成为了国家行动计划的一部分。这表明时代在随着互联网的发展而一步步地改变，这对于企业来说既是一个转机也是一个危机。

互联网是将企业引入互联网时代的指向标，而互联网思维是企业存活的基础，信息与数据相结合进行创新与融合是企业成功的必要条件。

如果每个人都能在传统行业结合互联网的基础上懂得互联网思维，合理利用互联网的信息化与传播性，懂得专注、口碑、品质与速度是成功的必要因素

（见图4-2），相信企业会随着互联网思维的进步与实施，最终迎来良好的发展与机会。

图4-2　合理利用互联网成功的必要因素

互联网是时代变革的标志，在“互联网+”成为国家行动计划的一部分时，各行各业就应该开始重视这一重要信息，一旦企业没有看透未来的发展前景，那将会有非常恐怖的结局。现在，互联网时代正在冲击着各行各业，最为直观的就是手机行业，就拿联想来说，30年的努力换来的只有100亿美元的市值；而巧妙运用“互联网+”的新秀小米，只用了短短3年多的时间就做到了100亿美元的市值。

这说明了什么问题？传统行业的思想观与价值观需要改变了，如果再不改变就会被时代所遗弃，被潮流淹没在茫茫大海中。就如诺基亚一样，曾作为传统手机行业的龙头老大，但因为一直无法超越自我，缺乏创新，就被一直注重互联网、做电脑出身的苹果打败了。

思想决定未来，不断创新实践才能够让企业更持久地发展。互联网是潮流，是趋势，这一点，传统行业应该接纳并且融入，虽然不容易，但是为了企业的发展与未来，就必须接纳并融入互联网，只有这样才能够让企业转危为安。

很多企业仍然相信传统行业还是有市场的，并且执着地坚持着。那是因为他们站在传统行业的模式下时间太久了，不想改变，害怕改变，所以他们仍然在传统行业中挣扎。但是他们不知道，打败他们的并不是竞争对手，也不是市场，而是他们自己。一个不懂得改变的人，是无法超越自己的。

国美电器，1987年成立，发展到2009年时，成为中国世界纪录协会中国最大的家电零售连锁企业。截止2013年，国美门店总数（含大中电器）达1063家，覆盖全国256个城市。国美在家电行业保持了20年的霸主地位，但是，在2012年的时候，国美的财务报告显示出现亏损。原因是京东商城的成立，极大地抢占了国美的市场份额。

京东商城作为电商抢占了传统行业的地位，令国美陷入了危机。国美意识到了问题所在，也开始了“互联网+”业务，在2013年终于转亏为盈了。

另外一点，国美家电缺乏创新也是其业绩下滑的原因之一。而京东则能够灵活利用互联网思维方式并注重创新，所以京东能够快速抢占市场。

传统行业要想转型，就必须要迎合互联网思想，摆脱掉传统行业的旧思想、旧模式。这不仅是一项挑战，也是一个突破。传统行业必须要以不在战斗中胜利，就在战斗中死亡的精神来融入互联网。

有人说互联网时代是最好的时代，也有人说互联网时代是最坏的时代。不管是好与坏，我想它都属于一个颠覆的时代，一个激动人心的时代。

第三节 “互联网+”倒逼传统行业转型升级

很多人都认为，互联网只是一个工具而已，没有必要非依靠一个工具去达成什么成就，于是沉浸在传统行业中不走出去。传统行业发展根深蒂固，即使想要互联网渗透传统行业，也需要一个过程，是需要时间来一点点推进的。所以在这个转变的过程中，传统行业还是有发展空间的。

但是一旦互联网全面渗透传统行业，那单一的只在传统行业中发展的企业将会面临着巨大的挑战。“互联网+”对于传统行业的颠覆不能说不好，但是对于一时无法接受它带来的改变的传统企业来说，确实会觉得这个转变令人愤怒。时代在进步，科技在不断发展，我们就必须适应社会，如果我们不去适应社会，就等于将自己隔离在时代之外。虽然这样我们仍然能够活下去. 但是发展却只能是止步于此了。

这样的结果令传统企业不得不开始强制性地转型。其实任何一个改变都有它的价值所在，所以只要你顺应社会的变化，慢慢适应其发展需要，那么你就不会被淘汰，甚至会有意想不到的结果。

从国内外的经济情况来看，经济市场已属于和谐融洽的模式了。这样的形势导致了经济的快速发展。这就迫使企业加快转型升级，只有这样才能融入快速发展的经济大家庭中。

财经作家吴晓波在一次演讲中说：“今天的中国，没有夕阳产业，没有传统产业，有的是生生不息的创新与对旧模式的颠覆。未来所有传统制造业、服务业都将经历非常痛苦的转型和升级，我认为起码超过一半的人5年后会离开这个会场。但是留下来的人会看到一个焕然一新的中国。”

这段带有预见性的话语，让我们不得不思考，未来的5年里中国会发生什么样的变化？传统行业的转变与升级会如何改变我们的生活？未来传统行业是否全部都会互联网化？诸如此类的问题都是值得我们思考的。如果看到这段话的您也是一位企业领导人，如果您的企业还没有转型升级，而且还没有考虑企业未来5年的变化与发展，那么请您马上去思考。

科技发展速度之快令我们措手不及，我们没有时间去思考它的胜算有多少，但是至少应该懂得，如果尝试至少还有50%的机会赢，但是如果不尝试，那企业只有慢慢地被社会蒸发掉。尝试就是一种成功，不管成功与否至少我们要放手去做，做了我们才会无怨无悔。

在传统行业发展的年代里，刺激中国经济发展的是以不动产为主的居民消费。在早年间，有固定的工作单位是非常了不起的，进入单位后，会有单位分房，会有福利，等等。但是后来取消单位分房后，大家就只能自己去谋出路、自己买房。那个时候，我们看到富豪榜的前几名大多是房地产商。而现在，再看富豪榜，许多是搞互联网的。

这说明了什么问题？时代的变化影响的不仅仅是经济发展，也影响着人们的思想与观念，更影响着体制改革与行业发展方向（见图4–3）。互联网未兴起时期，房地产大亨们可谓是最有成就感的，但在互联网时代，搞互联网的才是大亨。他们不仅带来了经济效益，也带来了引领时代的使命。

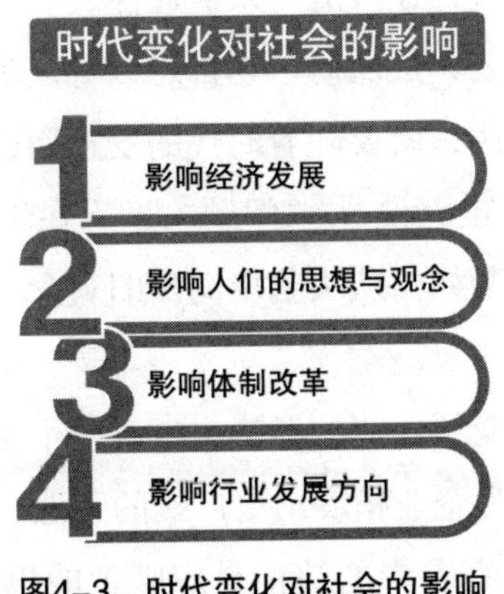

图4–3 时代变化对社会的影响

现在，人们都知道，企业要融合互联网才会有更大的发展。但是互联网是怎样被带动起来的呢？最初互联网的发展并不是由企业带动的，而是由广大的人民群众带动的，所以以互联网为中心发展企业是最佳的选择。大家对于现今谈论的传统行业转变升级的问题，各有已见。其实，传统行业的转型与升级并不是时代所逼迫的，而是人们要这个时代逼迫传统行业转变升级，这二者的概念是不同的，这从本质上就决定了转变的意义。

所以说，“互联网+”是传统行业唯一的出路。

第四节　传统行业要么拥抱互联网，要么被互联网颠覆

对于传统行业来说，互联网的进入使其套路完全被打乱了：一下子从传统经济时代变成了“互联网+”经济时代，一切都由互联网操纵。现在，无论我们打开电视还是电脑或是手机，每天都会有关于互联网的信息，这是一个时代的潮流。传统行业要想长久发展，就必须拥抱互联网，否则就会被互联网颠覆，然后沉寂于互联网时代。

人们都说，要想成功，首先要有思想，然后再付诸于实际行动，才能通往成功之路。对于以经济实力论成败的时代，我们必须要有前卫的思想、超越现实的本能和无所畏惧的精神。为什么很多人会失败？有的是思想落后，有的是畏惧改变，有的是跟不上时代潮流，还有的是叛逆任性。

不管如何，结果最重要，成功时一切都可以称之为经验，失败时一切都是借口。如果你不想被社会淘汰，就要随着时代的变迁而改变自己的思想。维萨信用卡网络公司创始人迪伊·霍克说过：“问题永远不在于如何使用头脑里产生崭新的、创造性的思想，而在于如何从头脑里淘汰旧观念。”要想成功，就要抛弃传统思想和旧观念。

互联网时代，不仅改变了企业的经济，也改变了企业文化与思想。思想是行动的基础，一个创意能够为企业拓展出更广阔的天地。

在企业招聘时，面试官看中的往往是应聘者的思维方式与应变能力，一个

能够为公司带来价值的员工一定是个有思想头脑并且有开拓性思维的人，创意的能量是不可估量的。例如腾讯公司，在微信未研发时，它的市值是3000亿元。有了微信后，市值达到了7000亿元。这不仅给那些还沉浸在旧思想中的企业一个启发，也给所有传统行业一个警醒。

让我们瞧瞧淘宝、京东、亚马逊，哪一个不是“互联网+”的成功案例（见图4–4）？不管你愿意不愿意，时代的变化你都无法阻止，所以，要想生存你就只能改变自己。

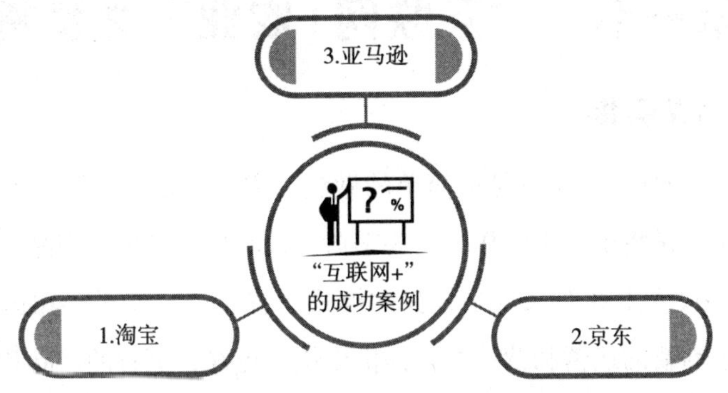

图4–4 “互联网+”的成功案例

美国营销大师菲利普·科特勒说过：“技术的变化，未来资本主义商业模式的变化，以及消费者的变化和需求的长期低迷，构成了一个大的环境，企业必须通过改变商业模式创造新的价值而获得增长。”在互联网时代，“互联网+”就是新的商业模式，我们已经进入了一个云时代，一个大数据时代，这个时代不仅为企业的转型与升级提供了一个平台，也为商业模式的创新提供了一个契机。还在传统行业中挣扎的人们，你们还在等什么？一个机遇就在你的面前，一旦错过，你将永远只能跟随着别人的脚步，永远没有办法超越别人。

未来的时代里，每个行业都要进行商业模式的转型，都要打造一个开放的互联网平台，再利用互联网思维与技术创造新的商业帝国。这样的转型，不仅能够降低成本、提高效率，还能够改变你的企业文化。只有将互联网思维渗透到企业的每个角落，才能够真正实现“互联网+”模式。

美国管理学权威彼得·德鲁克说过：“创新的企业家的具体工具，也就是他们借以利用变化作为开创一种新的实业和一项新的服务的机会的手段。”在互联网时代，只有拥抱互联网才是传统行业最正确的选择，否则其结局就是被互联网颠覆。

第五章 如何实现"互联网+农业"

第一节 "互联网+农业"之卖货

一、什么是卖货

在互联网1.0时代，卖货是最简单的做法，主要是指通过第三方平台实现商品的销售，主要是将电商平台作为销售渠道，核心目标是提高商品的销量。卖货模式在运营和投入上相对来说是较少的模式，省去了自建平台和运营维护的成本，主要通过创新的运营和营销方式提供更快、更好、更省的产品和服务进行引流，实现流量的转化，从而达到提升销量的目的。

对于农产品电商来说，国内主要有三种"卖货"平台：

1. 综合类电商平台——农产品频道，主要有淘宝——特色中国、天猫——瞄鲜生、京东——网上超市、一号店——生鲜频道、苏宁易购——生鲜食品。

2. 垂直生鲜电商平台：中粮我买网、獐子岛、本来生活、沱沱工社。

3. 传统超市O2O电商平台：永辉超市、大润发—飞牛网。

二、卖货案例分析

（一）淘宝特色中国

2014年通过阿里平台完成的农产品销售额达到483亿元，相比2010年的37亿元，年均复合增长率达到90%（见图5–1）。与此同时，阿里平台农产品卖家以及乡镇农村卖家的数量也实现了较大提升，截止到2014年，阿里平台注册地在乡镇的农村卖家数量达到76.98万个（见图5–2），经营农产品卖家的数量达到76.21万个（见图5–3）。

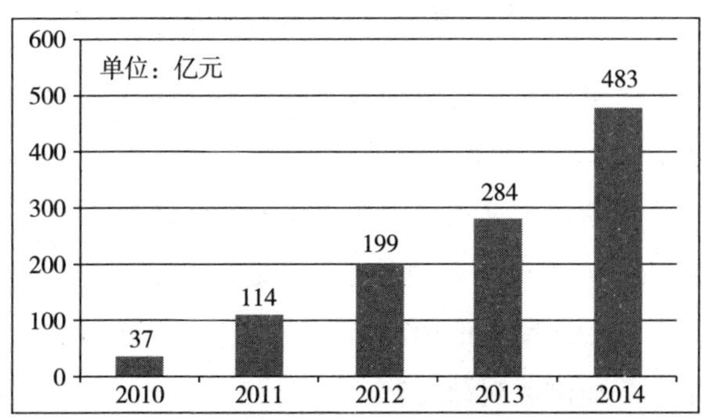

图5-1　阿里平台农产品销售额示意图

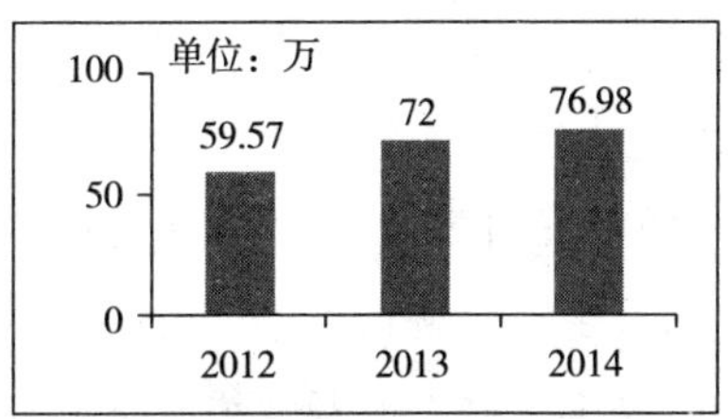

图5-2　2012～2014年阿里平台乡镇卖家数量

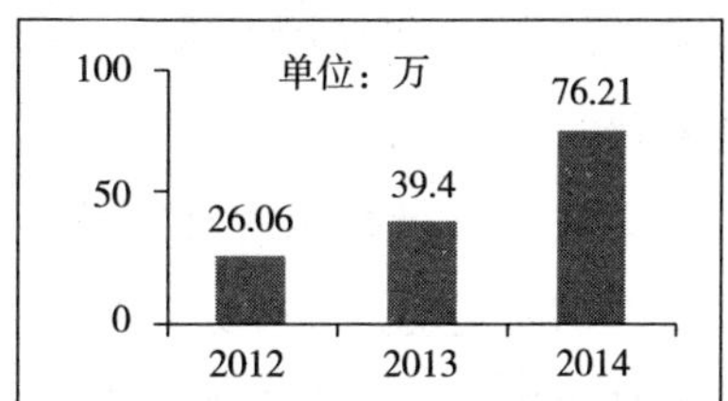

图5-3　2012～2014年阿里平台农产品卖家数量

2010年淘宝网就在构思特色中国的项目，但由于种种原因被搁置，直到2012年才又重新启动该项目。特色中国项目定位于探索聚合中国特色的产品与需求，希望用土特产撬动用户对于农产品的蓬勃需求。特色中国成立之初就一直致力于形成政府、运营服务商和平台的“1+1+1”运营模式，即当地政府在品质监管和食品安全上做好背书，并且给予政策扶持；运营服务商则是做好销售和推广，包括频道、营销策划以及客服体系；平台则做基础的流量，包括搭建产品库、商品和卖家管理模块等。2013年，特色中国仅有16个特色馆，而到2015年已发展到110多个特色馆。

经过多年的发展，淘宝特色中国逐渐形成了以下四种运营模式。

1. 农户模式——小而美

大批农村卖家通过在淘宝平台上开网店销售特色农产品，一般来说，这种网店都采取“小而美”的模式，即专注于某一品类农产品，通过产品细分和精细化运营打造出极具个性化的产品，从而实现单品制胜。

注：阿里平台包括淘宝、天猫和1688

〔案例导入〕倪老腌辣椒酱

“倪老腌”只做辣椒酱，立志成为互联网辣椒酱第一品牌！自2013年12月上线，在短短5个月之内，“倪老腌”辣椒酱淘宝店就从零信誉飙升到皇冠，上线至今，“倪老腌”坚持专注于单一的产品类型——手工辣椒酱。成立至今全店只有9种风味、2种包装，却实现了日均销量200瓶，同时也成为淘宝同类产品最贵的辣椒酱，单品最低45元，客单价102元。

那么“倪老腌”是如何做到的呢？

“倪老腌”成立之初就确立了品牌化运作的定位，差异化、极致和口碑营销成为其获得成功的3大核心要素。

差异化

“倪老腌”在做辣椒酱之前花了大量时间研究目前电商平台在售的辣椒酱产品，通过调研发现，大部分产品都是机器批量生产、腌制，并且含有防腐剂。从用户角度出发，近年来大家都在追求绿色、健康、安全的原生态饮食文化，那么农家纯手工自制、不腌制、不添加防腐剂且新鲜、卖相漂亮的辣椒酱是不是更加符合用户的需求呢？另外这也是一个空白市场，于是“倪老腌”开始进行辣椒酱新产品的研发。新研发的产品必须有一定的差异化，通常机器做的辣椒酱呈糊状，颜色非常混沌，而手工剁的辣椒会有很强的颗粒感。为了增强这种颗粒感，让用户从外观上产生购买欲望，“倪老腌”创新地将线椒、美人椒、朝天椒、土蒜、生姜等优质原料混合在一起，经手工剁制混合而成，五颜六色，非常漂亮，这不仅是手工剁制的一个突出标识，也与突出红色的传统辣椒酱形成了强烈的差异化对比。

这种五颜六色的手工剁辣椒成为“倪老腌”的独创，形成了自己的独特性，在市场中很容易就让用户辨认出这种辣椒酱。

极致

漂亮的外观仅仅让用户产生购买的欲望，但真正让用户重复购买产生黏性的核心还是产品本身！为了让产品追求极致，“倪老腌”下足了功夫，从食材、制作工艺到包装每一个环节都要求做到最好，每一个细节都不放过。

从食材上，“倪老腌”的每一种食材都经过精心挑选，不管是朝天椒、美人椒、线椒还是土蒜、生姜，全部选用有机种植。

从制作工艺上，“倪老腌”的制作共有11道工序，选、洗、剁、晾、揉、摘、拌、酱、腌、浇、成。倪老腌坚持手工剁辣椒，确保辣椒成段，不添加防腐剂，不添加化学品，只用独家工艺人工制作。采用油炒的方式，确保辣椒酱色泽亮丽，以增强食欲。瓶装辣椒有着严格的工序：包装瓶洗洁精清洗、阳光曝晒、吹风机干燥，最后在通风干燥的房间晾置，装辣椒酱前充分擦拭。辣椒酱装瓶的温度也一丝不苟，因为这决定了辣椒酱保存的时间长短。装瓶后再倒置三小时观察是否漏油。

从包装上，为了让“倪老腌”的辣椒酱在外观上就与其他的辣椒酱与众不同，“倪老腌”的包装瓶是千挑万选产生的。包装上的泥印、纸扎、麻绳捆扎简约而不简单，土洋结合充满互联网风情。同时，“倪老腌”还推出礼盒包装，配制了一款精美的小木勺，把手工编制的漂亮吊坠串在木勺的末梢，加上搭配的龙泉青瓷小杯，让“倪老腌”辣椒酱更增添了一种饮食情怀。

从运输上，为了避免客户对实物与照片有反差的感觉，“倪老腌“全程采用顺丰冷链运输，通过与国家航空局、华南局等管理部门协商与备案，夏季时秉持对客户负责的态度，“倪老腌”快递采用冰袋冷链运输，以确保每一位客户都可以收到最新鲜的辣椒酱。

口碑营销

有人说，为什么一瓶小小的辣椒酱能做到这么细致？一方面源于“倪老腌“始终相信口碑传播的力量，另一方面则是因为注入了本地乡土乡亲文化因子的“倪老腌”为自己画了一个圈，这个圈就是“以辣交友”的友情圈，绝不会因为销量的增加而盲目扩大规模。“倪老腌”特别注重与用户互动，用户评价特别是有价值的评价一直是“倪老腌”持续改善的源泉。“倪老腌”负责人的每日必修功课就是研究用户评价，尤其是中差评，根据用户反馈改进产品和制作程序。比如，装瓶前试吃是因为有顾客反映味道太重或者太淡；装瓶后倒置3小时，是因为有顾客反映瓶子漏油……“倪老腌”逐一逐步完善。不仅如此，针对这群“无辣不欢”的小伙伴，“倪老腌”注入了更多的情感因子。比如，大家交流烹饪技巧，共话如何吃辣。另外对于老客户，“倪老腌”还特别提供C2B的个性化定制服务。

未来，“倪老腌”依然会坚持专注于纯手工、无添加的小而美辣椒酱，为保障产品质量未来的制作与销售规模将控制在每天200单，精细化依旧是未来的发展主线。

2. 遂昌模式——平台化

截止2014年，遂昌县以农林产品为主的电商交易规模已达5. 3亿元。不仅如此，农产品电子商务还带动了涉农旅游消费，遂昌县2014年“农家乐”接待游客达到262.95万人次，经营收入2.66亿元。

遂昌模式是在2013年由阿里提出的，是指以本地化电子商务综合服务商作为驱动，带动县域电子商务生态发展，促进地方传统产业，尤其是农业和农产品加工业实现电子化，通过“电商综合服务商+网商+传统产业“的相互作用，在政策环境的催化下，形成信息时代的县域经济发展之路。其中，本地化电子商务综合服务商是遂昌模式的核心，网商是发展的基础，传统产业是遂昌模式的动力，而政策环境则是遂昌模式产生的催化剂。遂昌模式对于其他县域发展农产品电子商务，促进农业产业升级，具有重要的借鉴意义！

遂昌县位于浙江省西南部，隶属于浙江丽水市，山地占总面积的88%，素有“九山半水半分田”之称，是个典型的山地县。所以，遂昌的工业经济一般，但这里农林特色产品丰富，因此主要以农业经济为主。

2005年之前，遂昌县就有农户自发开淘宝店，主要经营竹炭、烤薯、山茶油、菊米等农特产品。2010年3月，遂昌网店协会成立，卖家约400户，月均销售250万元，遂昌电子商务进入快速发展期。2011年3月，遂网公司成立，卖家约1100户，月均销售350万元。2012年年底，协会共有卖家会员1200多家，全年共完成电子商务交易约1. 5亿元。至2013年1月淘宝网遂昌馆上线，初步形成以农特产品为特色，多品类协同发展的县域电子商务“遂昌模式”（见图5–4）。2013年6月卖家接近2000家，月均销售超过2200万元，供应商164个。

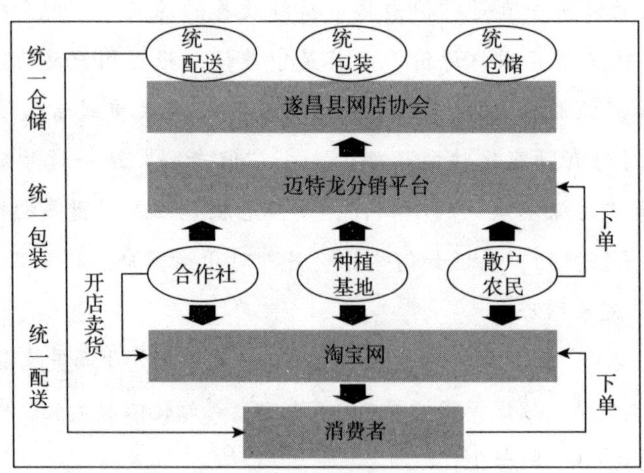

图5–4 遂昌模式

遂昌模式的本质是本地化电子商务综合服务商，以电子商务为基础，打通多个平台，连接线上线下，协同供应商、网商、支撑型服务商（物流、银行、电信运营商等）和政府等多方资源，为遂昌本地的电子商务发展提供服务与支撑。

本地化电子商务综合服务商包括遂昌县网店协会和麦特龙分销平台。遂昌县网店协会的加入实现了当地农产品电子商务的集约化营销。向上整合了160多家供应商资源，将合作社、生产基地和散户农户的产品资源集中到麦特龙分销平台，之后做好产品包放在网上，网商们只要将产品包放进自己的网店销售即可，接到订单后由麦特龙分销平台下单，从而实现统一配送和物流。

在遂昌模式中，遂昌网店协会成立的意义非常重大，对遂昌模式的发展起到了关键作用。2010年3月26日，遂昌县网店协会由团县委、县工商局、县经贸局、碧岩竹炭、维康竹炭、纵横遂昌网等多家机构共同发起成立。遂昌县网店协会是非营利性组织，按社会团体法人依法登记注册。协会的定位是服务性、互助性和自律性，是实现网店会员与供应商“信息共享、资源互补“的服务性公众联合平台。其主要工作包括：

1. 电商培训。主要通过组织相关培训帮助网商自主网上开店并运营，协会成立以来累计组织了30多场大中型培训，培训人员达3000余次。同时还搭建了技术咨询平台，随时解答网商问题。

2. 质量管控。制定并推行农林产品的产销标准，以确保杂乱无章的“农产品”更加规范化，使“买、卖、管”三方的沟通有了依据。直接或通过农村合作组织间接地推动农户及加工企业按照上述标准生产和加工，提升当地网络产品的质量。同时，整合供应商资源，组织货品，指导网店会员网上卖货，同时协助供应商（合作社、农户等）进行产品开发，提高供应商新品开发的成功率。

3. 降低成本。网商协会通过与物流公司谈判，控制物流费用，同时积极争取将网商面临的仓储、资金难题纳入政府的电商扶持政策。

4. 统一仓储。零成本提供统一采购、统一仓储、统一配送、统一物流、统一包装等服务，帮助遂昌网商避免库存和风险。

遂昌网店协会会员包括网商会员、供应商会员和服务商会员，其中服务商会员包括物流、快递、银行、运营商、摄影以及网页设计等。伴随遂昌农产品网销的快速发展，当地大批年轻人开始投身于电子商务，使得当地逐渐形成较为完备

的电子商务生态体系，不仅提高了遂昌县经济收入，还为城乡中青年群体提供了就业机会。

遂昌网店协会建立的麦特龙农产品分销平台，对合作社等农产品生产企业来说，是一条“触电”的快捷渠道。当地合作社具有优质的产品资源，但缺少电子商务经验和人才，通过对接分销平台，能够以较低成本实现网络销售。这种方式极大地加快了传统农产品加工企业的电商化进程，这种分销模式极大地促进了遂昌农产品的网络销售。几家农业专业合作社和农产品加工企业，在成为网店协会供应商后，麦特龙分销平台为其带来了可观的网络销售额。如九龙岳食品已经将销售全部放在了分销平台上，有才菊米、羽峰笋制品、求美木业也分别达到了40%～66.7%的网络销售额。

遂昌电商的蓬勃发展对遂昌县域经济发展起了到非常重要的作用。

首先，遂昌电商促进遂昌县农业及农产品加工业的发展。遂昌县在淘宝网上的网销额中，农产品及其加工品占比一直超过50%，以竹炭、烤薯和菊米等为代表的农产品加工业，在网销的带动下均获得了快速增长，网销占比接近50%。农产品网销的持续增长，使发展精品农业成为遂昌县的战略目标之一。2013年3月遂昌馆借助春茶上市活动，成功打造了“龙谷丽人“的品牌，结束了遂昌绿茶一直为西湖龙井“打工”的历史；同年4月在“土猪团购”活动中，遂昌土猪脱销，不仅在互联网打响了遂昌的生鲜品牌，更是让遂昌的养殖户尝到了甜头。

其次，遂昌电商促进了遂昌县物流、旅游等第三产业的发展。交通运输、仓储和邮政业务与电商业务息息相关，本身也是电商服务业的重要环节。遂昌县第三产业中“交通运输、仓储和邮政业务增加值”在2010年之后开始快速增长，当年从1.05亿元提升到2. 32亿元，增幅超过120%。遂昌馆上线后，县域内的旅游产品也开始热销，线上旅游服务产品有了很大提升，仅线上交易2013年上半年就完成214万元。未来随着乡村旅游热潮的不断扩大，遂昌线上线下旅游业务规模还将进一步提升。

最后，遂昌电商的发展拉动了居民网络消费。随着遂昌电商生态环境的不断完善，本地居民的网络消费也更加便利，遂昌居民在淘宝消费网购额呈现逐年攀升趋势，形成了“电商发展→服务业兴起→生态完善→消费提升”的正向循环。为方便遂昌居民的网络购物，2013年5月遂昌政府相关部门牵头，与阿里巴巴合作，遂网公司执行建设了“农村电子商务服务站，即“赶街”项目。该项目由赶街区域服务中心和各村网点组成，以在农村植入、普及、推广杆子商务应用为业务核心，并延伸物流配送、电子金融、帮扶创业、预约预定、惠民资讯等业务，为交通不便利、信息相对落后的农村居民在购物、售物、缴费、创业、出行、娱乐、资讯获取等方面提供一站式便利服务。给农村居民提供真正便利、全面、优质、快捷服务，带动农村居民生产、消费和就业。2015年以来，遂昌县2000个“赶街”村级服务网点已帮助农民购买近500万元的商品，提供以农药、化肥、农机等农资产品为主的代购服务近3万次。

遂昌模式关键成功要素分析。

首先，本地化电子商务综合服务商是遂昌模式成功的核心。以遂昌网店协会为核心的服务商，一方面帮助网商成长，带动青年创业，促进当地电商生态完善，另一方面促进传统企业电商化，尤其是帮助农户和合作社对接电商渠道，同时通过遂昌馆的运营完成“遂昌”品牌的整体营销，使当地各项产业通过电商收益。

其次，政府积极营造的软硬件环境是遂昌模式成功的重要保障。遂昌县政府对电商的投入和支持主要体现在两大方面：第一，硬件基础设施的投入，主要包括交通、宽带和产业园区。交通方面，遂昌县政府积极完善交通建设，积极规划道路建设，开通了多条连接偏远农村和县城的交通支线；同时加强管理，强化科技在交通管理中的运用，进一步改善县域交通环境。2006年龙丽高速的开通为电商的快速发展奠定了基础。宽带方面，遂昌加快发展以宽带为核心的通信基础设施建设。园区方面，遂昌县已经规划出专门的电商产业园，建成后将实现网商聚合、协同发展。为保障遂昌馆的运营，遂昌县政府配套资金与政策支持，遂昌网店协会建设了3000平方米的配送中心。第二，软件政策规则的支持。遂昌县政府在人才、财政、政策等方面给予遂昌电商大力支持。2011年遂昌县政府出台了“全民创业支持计划”及配套政策，每年给出不低于200万元的财政补助用于遂昌电子商务的发展。2014年，遂昌县又出台了《遂昌县加快农村电子商务发展实施意见》，助力遂昌县电商新格局。其中在财政扶持方面，县政府承诺将设立电子商务发展专项资金，由县财政在年度预算中安排专项资金，用于电子商务产业的扶持补助、培训、融资以及服务平台支撑体系建设。对于年销售额在5000万元以上，且以销售本地产品为主的电商企业，在土地等资源要素保障方面给予适度倾斜。为扶持电商集聚区发展，遂昌县政府将直接对经营主体进行财政补助。对推动电商供货平台（主要以供应本地农特产品及旅游产品为主）、青年网上创业服务中心、专业网站建设及发展的项目按照实际投资额10%进行一次性补助。

遂昌模式的成功不仅依赖于其地理位置所带来的天然产品资源，更重要的是当地电商服务商从组织上保障了整个电商生态体系的完备和运转，当地政府给予的政策和硬件环境的大力扶持则成为遂昌模式成功的助推器。遂昌电商的成功对全国县域发展农产品电商具有示范意义，在很多地区都具有可复制性。

3. 通榆模式——品牌化

"通榆模式"是通榆县政府携手吉林云飞鹤舞农牧业科技有限公司，通过电子商务将通榆县优势农副产品以统一品牌"三千禾"面向全国销售的原产地直供模式（见图5–5）。"三千禾"旗舰店于2013年10月14号正式上线，主营产品包括通榆县的绿豆、小米、燕麦、葵花等农产品，仅上线当天交易成功13000单业务，交易金额达40多万元，上线三天的销售额也达到了100万元以上。经过短短一年时间，"通榆"这个名不见经传的小县就开始进入到全国消费者的视线中，并且作为全国第三个农村淘宝的试点县，被阿里巴巴纳入"千县万村"的发展战略。2014年，"三千禾"销售额突破3000万元。

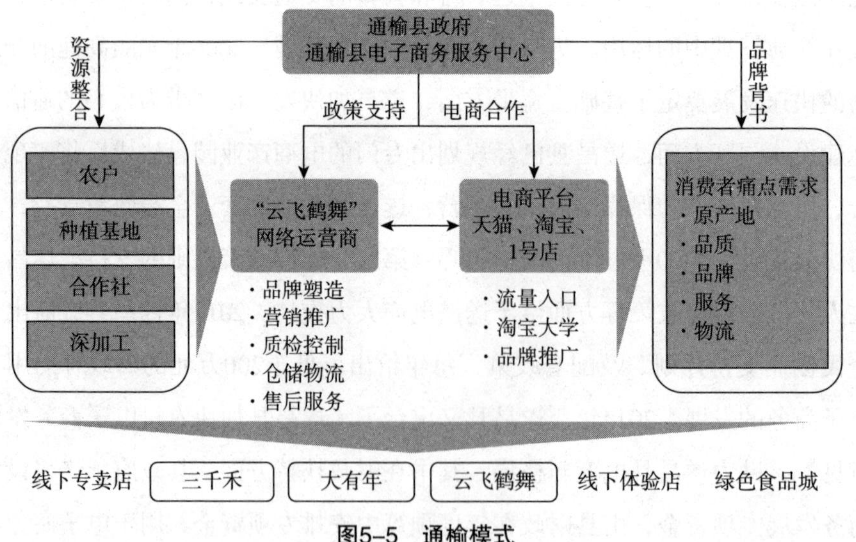

图5–5　通榆模式

通榆模式与遂昌模式有相似之处，即都以当地政府为依托成立了县域电子商务协会，并有专业的第三方主体进行运营。通过上图可以看出，通榆县政府在该模式中发挥了极为关键的作用，上游整合了农户、种植基地、合作社以及农产品深加工企业等资源，为品牌化运营奠定了规模化和集约化的基础条件；同时为农村电商从业人员提供基础电商培训和资金补助。而在产业链销售环节与电商运营服务商合作，提供相应的政策扶持，面向终端消费者，通榆县政府的领导及书记充当代言人，为品牌做背书，赢取了消费者的信任，建立起品牌口碑。由此可见，当地政府在农村电商发展中的地位是相当重要和关键的，起到了承上启下的作用。以企业性质存在的中间运营服务商“云飞鹤舞”主要担负品牌塑造、营销推广、仓储物流、售后服务等运营支撑工作，使得整个农产品供应链系统有效整合运转。在通榆模式中，正是由于地方政府、农户、电商公司及供应商等各方资源的协同发展共同创造并分享价值，才使得通榆农村电商快速发展起来，成为全国县域农村电商发展所效仿的对象。

但与其他县域模式不同的是：通榆模式的关键在于其成立之初就坚持品牌化运作！当然农产品品牌化需要一定的基础条件，首先就是要有一定规模化和集约化。通榆县地处东北，种植面积广大，再加上政府助推种植基地及龙头企业资源整合，很容易就在产量上实现了规模化发展。其次就是要实现产品标准化，通榆县所有农产品实行“统一品牌、统一标准、统一质量”策略，由负责运营的电商公司进行“统一营销、统一包装、统一配送、统一售后”。从而实现了农产品标准化。最后就是产品差异化。通榆县的“原产地直销”为其品牌价值提升不少。通榆县位于我国北纬45度，隶属东北吉林省白城市，拥有得天独厚的天然弱碱沃土，是世界公认的杂粮杂豆黄金产区之一。而我国南北跨越5500公里，温度、湿度、土质、光照不同均可孕育出不同的优质产品，类似通榆县这样的“原产地”具有行业独特性和不可替代性。“杂粮主食化倡导者，开启弱碱健康生活，源自北纬45°”则成为“三千禾”的品牌价值，也是其与市场上同类产品形成差异化的关键所在。

“三千禾”品牌的成功不仅拉动了通榆县农产品的销售，还提高了通榆县企业、农户触网积极性，形成了“千村万店”的网店集群效应。对于其他县域来说，通榆模式究竟有哪些成功经验值得借鉴呢？

政府发挥关键作用

首先，当地县委书记、县长高度认同电子化的方向，并认真考虑了项目落地可能遇到的诸多困难。县政府将农村电商作为当地“一把手工程”，由县委书记、县长和运营公司负责人等组建“通榆县电子商务发展领导小组”，为电子商务发展提供政策支持。不仅如此，当地县委书记、县长还成为“三千禾”品牌的代言人，天猫旗舰店上线的当天，在“三千禾”旗舰店的页面上可以看到“吉林通榆县委书记、县长致淘宝网民的一封公开信”，信的结尾还有通榆县委、县政府的官方印章以及县委书记孙洪君和县长杨晓峰的亲笔签名。

其次，组建强大的协作机构。抽调各部门的年轻干部成立“通榆县电子商务发展中心”，配合电商公司，协调组织各种资源，为项目落地“保驾护航”。

再次，出台一系列扶持电商创业的政策，成立专项电商资金，支持电商发展。

最后，为当地农户免费提供电商培训。2014年通榆县启动了“千名电商培养计划”，聘请国内知名电商专家为农户开展网上开店流程方法等专题辅导和培训，首期培训学员150名，新增网店50家。随后又举办了通榆网姐电商知识培训班、个体工商户电商知识转型班、农民电子商务触网班等6期培训班，共培训学员600余人，新增网商、微商400多人。

资源整合是基础

首先，产品资源整合，通榆地域辽阔，是世界杂粮杂豆黄金产区之一，盛产葵花、绿豆以及草原红牛肉、羊肉等农副产品，且不同乡镇都有自己的特色，通榆县通过差异化产品整合增强其供应链的竞争力。

其次，联合当地有实力的合作社，组建“三千禾”合作社联合社。运营商通过合作联社影响合作社，然后由合作社影响农民，从而进行生产方式的革新。

再次，整合产、学、研资源。借助专家、研究机构的力量，进行品种、品类优化，在种子、种植以及深加工等领域注入科技力量。2013年，通榆县与白城市农科院正式签订战略合作协议，与中国农业大学、吉林大学等科研院所进行了对接。

产品质量是保障

重视用户体验，为保障产品质量，通榆县“三千禾”品牌系列产品全部由通榆农产品分包中心进行统一包装；同时建立多层质检体系以及产品溯源体系，从源头对产品质量进行严格把关。

社会化营销

为提升“三千禾”品牌形象，通榆县组织了大量的营销活动，包括“东北新鲜葵花淘宝开售”、“七农下江南”、“聚土地”等活动。同时还特别重视“微传播”，通过微博、微信等社交网络传递品牌价值。加强与用户的互动，将“杂粮主食化”等养生理念通过微信公众号等渠道传播，并邀请用户作为“品质督导”试吃产品，监督产品品质，通过用户亲身体验增加用户的信任和黏性，从而实现品牌的快速传播。

通榆的原产地直销模式使得农产品从生产到销售的产业链条缩短，这也是整个行业不可逆转的大趋势。农产品电商化可凭借电子商务自身的优势，获得更广阔的市场、更便利的营销方式，一方面满足城市居民对于优质农产品的需求，另一方面也使农产品的流通体系顺畅，解决了农产品的销售问题，促进农民增收并带动当地的就业和经济的发展。

4. 预售模式——C2B

农产品由于其本身具有不耐储存、易腐烂等特性，对物流运输条件要求较高，因此在农产品电商发展中物流成本较高，尤其是生鲜果蔬类其物流成本高达25%~40%，这也成为制约生鲜电商发展的重要原因。另外由于农产品具有季节性、地域性以及小批量多品种的性质，对农产品经营者来讲，不确定的销售增加了库存成本和耗损风险；而对消费者来讲，既需要为这些增加的成本买单，同时也只能品尝在冷库中存放许久，或者是七八分熟就摘下而后再化学催熟的农产品。但以销定产的C2B预售模式恰恰就解决了生鲜电商在整个产业链环节的痛点。预售模式可以借助电商渠道，在农产品尚未成熟之时就提前发布产品信息。在网上售卖，待收集订单之后，农民才开始采摘、包装、发货，这样能够让农户们按需供应配送，大大降低农产品的库存风险、生产成本和损耗。同时，消费者由此也能够获得最新鲜、性价比最高的原产地农产品。

预售模式已不是新鲜事物，在2012年10月淘宝网就在特色中国新疆馆中尝试了“抢鲜购”预售模式，当天就实现了1817万元的销售额。这场“抢鲜购”不仅创下了销售上的佳绩，还对整个品类的发展起到了很大的促进作用。以阿克苏苹果为例，9月，每天的销售额不到50万元，而在10月随着“抢鲜购”的活动，整个品类的销售额暴涨了928.39%，10月的日平均销售额接近300万元，而且阿克苏苹果也成为大众消费的香饽饽。“抢鲜购”这种预售模式走通之后，很多时令水果蔬菜竞相效仿，各大平台均以纷纷推出各自的预售农产品。

预售的本质是实行精细化管理，提前根据订单信息由商家提前备货，以降低由于错误估算市场销量而增加的备货成本和库存压力，所以说通过预售模式可以大大降低供方的生产成本，同时也能降低采购方的采购成本，对供需双方来说是双赢的利好。“抢鲜购”预售模式也是基于同样的道理，做到了“以销定产”，不仅于此，还能保障“原产地直供”，一方面确保鲜果的品质，另一方面确保价格优势，因为原产地直供大大缩减了中间的流通环节，节省了中间流通环节层层递增的成本。传统上农产品的流通是从农户→农村合作社→产地批发市场→销地一级批发市场→销地二级批发市场→社区农贸市场，要经过五六个环节才能到达消费者手中。原产地直供则打破了这种传统分销链条，让利于农户和消费者。

在预售模式中，哪些环节是关键呢？

第一，选品。哪些类型的农产品适合做预售呢？通常情况下，对于季节性强、区域性强、不耐储存、新鲜度要求较高且毛利高的品类会更适合预售，比如龙虾、榴莲、樱桃、土猪、芒果、山竹等。

第二，包装。预售的方式对于产品的标准化和产品品质要求较高，包括颜色是否均匀、大小是否一致、口味是否一致等等，这就要求不仅产品采摘时要遵从一定的标准和要求，在采摘之后还需要按照标准严格进行筛选和分级，以保障“每份”产品都是“相同的”。另外，对于比较“娇贵”的产品在包装时也要特别注意，比如樱桃，对于保存条件要求极为苛刻，成熟的樱桃需用保鲜膜盖着，下面用冰块进行降温，密封保存。存储的空间要足够大，不能压坏樱桃。而在物流过程中，车厢内要保持通风，防止樱桃腐烂等。

第三，物流。预售模式对配送时限有一定要求，这就需要在物流配送各环节进行把控。首先，要确定生产基地需要在当日几点之前完成所有打包？冷链物流车必须在几点之前将产品运输到机场？其次，确定快递公司如何完成分拣？超出物流配送范围的用户如何处理？各个配送区域的送达时间分别是多久？只有将上述各环节的问题都充分考虑并周密安排，才能完成在一两天内将产品从枝头到达用户这个看似不可能完成的任务。

第四，营销。预售模式的前提就是一定要规模化，有量才有利润，所以预售前期就一定要做好相关的营销引流工作。淘宝、天猫、聚划算等第三方电商平台将在引流中发挥较为重要的作用，需要在短时间内将全国各地大量的意向用户汇聚到焦点产品上，制造话题和关注，打造爆款产品，从而产生巨大的影响力。而一些创新型营销方式比如体验营销、口碑营销能达到非常好的营销推广效果。比如从全国邀请买家到现场体验，感受农产品真实的品质，再通过他们在社交媒体的评价及传播，影响更多的买家。

总之，在预售模式中，对于产品的品质、标准化和原产地属性要求更高，从地头采摘开始，到包装、配送、售后等每一个环节都需要严格把控，否则，很容易导致本次预售活动失败。预售模式能够实现以销定产、降低运输成本、提高农户收益、减少农产品中间损耗，未来通过农产品电商营销模式创新还将大放异彩。

（二）獐子岛——O2O玩转海洋产业链

獐子岛成立于1958年，系农业产业化国家重点龙头企业，主要以虾夷扇贝、海参、皱纹盘鲍、海胆、海螺等海珍品为主要产品，拥有国内唯一的国家级虾夷扇贝原良种场和国内一流的海参、鲍鱼等海珍品育苗基地；地处世界公认的海珍品适宜生长地带——北纬39度，在渤海、黄海、东海拥有远离大陆56海里的国家一类清洁海域100余万亩，是国内最大的海珍品养殖基地；在大连、山东荣成等地建有6座水产品精深加工基地，拥有中国最大的海胆和金枪鱼加工厂。

在电商迅猛发展的现在，獐子岛的业务也受到了一定影响，于是，2013年獐子岛在天猫开设旗舰店开始涉足电商，希望通过电商探索新的运营模式，在海鲜类目中獐子岛起步相对较早，但线上销售业绩平平，2013年全年销售额还不足900万元。公司高层很纳闷，在线下可以做到海鲜市场的NO.1，为什么到了线上销售还挤不进前20名？是产品不好，是海鲜不适合做线上，还是哪个环节出了问题？整个电商团队都很迷茫。对于初次试水电商的传统企业来说，都会面临跟獐子岛同样的困惑：首先，獐子岛一直以来都是面向传统渠道，很少直接面对消费者，用户对獐子岛品牌认知度不够，如何借助互联网的传播渠道快速建立起消费者对獐子岛海鲜产品的品牌认知，成为獐子岛电商发展的首要任务！其次，对于产品，以往的獐子岛只是粗放地提供产品，不关注用户细节需求，不关注市场的细分状态。传统的粗放经营方式使得獐子岛对于市场和用户需求十分不敏感，尤其是不了解线上用户的消费需求。尽快了解市场和用户，调整产品结构和经营方式成为獐子岛第二要务。最后，就是运营的问题，由于獐子岛初期的电商团队都是原有传统业务人员，对于电商运营的关键环节和营销举措都不是很熟悉，虽然营销费用没少投入但效果却不佳。因此电商团队的专业化以及电商营销方式的创新有待进一步优化和提升。

针对以上问题，獐子岛在合作伙伴“易观”的帮助下，开始重新调整电商发展思路。首先，分析各大电商平台食品类目各细分市场的占比，发现生鲜电商虽然只有10%占比，但前景非常看好。从2013年下半年起天猫商城就开始注重生鲜品类的经营，其中重点关注两类产品：海外原产地生鲜和国内原产地生鲜产品。首先就确定了獐子岛的海鲜品类是没有问题的。那么接下来对生鲜品类进一步细分，发现线上海鲜品类中销售占比最高的蟹类高达38.5%，其次是海参占比29.5%，其他分别是虾类9.4%，贝类5. 8%。再分析獐子岛的产品结构发现獐子岛的优势产品与线上产品销售并不匹配，獐子岛线下销售占比最高的是贝类高达80%，海参占行业50%，虾类和蟹类均为0%。獐子岛虽然有海参产品资源，但是线上品牌认可度并不高，在海参类目中獐子岛没有进入前20名，另外由于海参毛利较高，线上品牌竞争非常激烈，已经是一片红海。那么獐子岛应该选择什么品类呢？贝类虽然在线下市场好，但是贝类产品对运输存储的条件太苛刻，贝类产品毛利也较低，非海边城市的消费者对贝类产品的认知度并不是很高，很多人并不知道如何在家烹饪扇贝或者牡蛎。从用户角度来看，虾类和蟹类认知度非常高，这两个单品都可以考虑作为切入点。专注和极致的互联网思维告诉我们，最好要从单品切入，这样可以聚集优势资源，重点攻克单品市场占有率，尤其是考虑到獐子岛在这两个品类中并没有相关的资源和经验，前期都需要大量投入。最后从竞争角度出发，獐子岛选择了虾类作为电商突围战的切入点。对于市场和产品的细分到此尚未结束，因为即使在虾类中还有冷冻、干货、腌制和鲜活等更加细分的品类，线上市场销售占比最多的是冷冻类虾占比达到61%，其次是干货占到25%，再次是鲜活虾类占10%，腌制1%，其他3%。獐子岛选择从鲜活虾类作为电商切入点，并最终选择了龙虾产品。虽然獐子岛之前并没有相关龙虾资源，但其五十多年建立的业内品牌和海外资源帮助其快速找到了加拿大龙虾资源作为其原产地龙虾直供的合作伙伴。

在产品确定之后，接着要做的就是快速将獐子岛虾类品牌推广出去，产生轰动效应刺激消费者去购买。前期由于獐子岛在天猫表现并不尽如人意，天猫平台对于再次合作意愿不是很强烈，而此时京东平台恰好推出“百城万店”的O2O项目，邀请獐子岛作为京东O2O项目的供应商。这对獐子岛是一个非常好的机遇，于是在2014年4月26日与京东签署了战略合作协议，并做了盛大的启动会，为獐子岛的线上鲜活海鲜品牌形象的塑造奠定了良好的基础。与此同时，7月份天猫也主动邀请獐子岛参加天猫的“瞄鲜生”，并快速启动了首次促销活动。獐子岛在上线之前只做了3天的“瞄鲜生”频道预热活动，也没有做任何宣传，主要原因是考虑到第一次做大促活动没有经验，对于订单处理、运输配送等环节还存在担忧，另一方面是存货有限不敢大肆宣传，就在这种情况下，6000只龙虾三天时间全部售罄。

本次促销活动的成功增强了獐子岛发展电商的信心和决心，在2014年7月7日獐子岛首家电商公司——獐子岛集团水世界（上海）网络科技有限公司成立，獐子岛正式开启海洋产业链O2O战略平台布局！獐子岛坚持以活鲜为突破口带动整个海洋产业互联网转型，獐子岛水世界的成立，就是希望通过电商平台打通线上线下终端零售，不仅针对C端消费者提供“活鲜宅配”服务，同时也为餐饮类商家从海洋牧场直供活鲜产品等大宗采购服务。该公司将从“活鲜宅配”开启O2O模式，打造鲜宅配、鲜厨配两个品牌，分别面向终端消费者、餐饮渠道的服务体系，并筹划建立一体化O2O体验店，最终实现獐子岛集团O2O平台产业战略。

獐子岛认为其O2O战略的核心是打通线上线下，实现信息流、物流、资金流和线下供应链的顺畅。其次，线下建设完善的供应链体系。产品方面獐子岛除了自己的海洋资源以外，也在积极整合国外的海鲜资源，跟国外原产地公司合作。生鲜产品电商难就难在物流运输，海鲜类产品尤其难在运输，为了保障海鲜的鲜活，獐子岛的海鲜都是用活水来养的，并为此在上海建立了活水战略基地，同时獐子岛有一个全中国最大的活水物流公司，拥有自己的冷链系统，也同时跟顺丰冷运物流签订了限时送达的协议，对不能保证鲜活送达的区域，暂不在考虑在配送范围之内，以保障良好的用户体验。向消费者承诺如果收到货品并非鲜活，则可以直接申请退费。正是由于獐子岛的这种服务意识和完善的供应链体系，2014年的“双十一”当天獐子岛实现了1300万元的销售额！成为天猫“双十一”当天水产类销售额排行榜首位。“双十一”活动首战告捷，标志着獐子岛战略转型升级、“活鲜宅配”初见成效，实施O2O消费者零距离服务平台战略、以消费者需

求为导向、以市场为导向的大方向毋庸置疑。

近两年，围绕消费者需求，獐子岛提出打造“世界鱼市”和“幸福家宴”，带给消费者们不同的饮食观念，并提供完美的海鲜烹饪方案。2015年獐子岛在上海携手苏宁、西门子实现了一次完美的跨界营销，即在苏宁线下体验店内，由西门子提供设备，獐子岛提供海鲜食材，由专业厨师为现场近千名用户免费提供海鲜大餐，不仅让用户尝到了最新鲜的海鲜还亲自体验不同海鲜的不同做法，增强了用户的体验，达到了口碑传播的目的。另外，通过本次跨界营销活动，带动了獐子岛线上新产品冷冻扇贝的销量，獐子岛线上销售增加了2亿元。

未来，獐子岛将随着其全球资源整合的完备，信息化供应链平台的完整，线上线下服务平台的完善，消费者将体验到互动式海鲜试吃、全品系一站式购物、零距离优质服务，全方位满足消费者海洋食品的消费需求。

（三）联想佳沃——蓝筹众筹打造佳沃品牌

佳沃集团是联想控股的现代农业板块公司，于2012年正式成立，主要从事现代农业和食品领域的投资和相关业务运营，蓝莓和猕猴桃是佳沃进军农业的敲门砖，也是佳沃目前主要的营收来源。同时，佳沃也正在茶叶、葡萄酒等领域进行投资和业务布局。佳沃在成立之初就提出了其农产品要走差异化、品牌化的路线，同时要让用户有很强的体验感。为此佳沃团队对农业的60多个子行业进行了详尽研究分析，并实地考察了100多个项目，经过反复研讨和论证，最终将水果锁定为进军农业的第一站。2013年5月佳沃推出了第一款水果蓝莓，当年11月公司又推出了被人们称为“柳桃”的猕猴桃。

柳传志对佳沃农业的发展明确提出要能够保证产品的安全与高品质，为了秉承这一理念，佳沃坚信好产品从种植开始，于是佳沃提出了“全产业链运营”的战略定位，建立了从品种选育、种植管理、采摘分选，到冷链物流和营销网络的全产业链业务模式，为消费者生产和提供安全、高品质的产品。同时为了确保产品质量安全，佳沃建立了从田间到餐桌的全程可追溯系统，每个环节都有品质标准、作业规范和责任到人的质量管控体系，并详细记录全程信息。为了向消费者全年不间断地提供新鲜农产品和高品质食品，佳沃在全球优质产区进行了布局，并引入海外农业和食品领域的先进技术和管理模式，致力于将“佳沃”打造成中国现代农业领导品牌！

2012年，佳沃集团先后并购了青岛沃林蓝莓果业、四川中新农业以及智利的五家种植公司，陆续在山东、四川、陕西、河南、湖北、安徽等地建立起规模化的蓝莓和猕猴桃示范园，并拥有南美洲和澳大利亚的首批种植基地。同时还与智利领先的水果企业Subsole公司，以及澳大利亚领先的果蔬公司Perfection Fresh结成战略合作伙伴，从而初步完成了跨越南北半球的全球化业务布局。佳沃目前已经成为国内最大的蓝莓全产业链企业和最大的猕猴桃种植企业。

在完成蓝莓和猕猴桃全产业链布局之后，如何进行品牌推广成为佳沃团队最核心的问题。在营销渠道层面，为了满足不同用户群体的需求，佳沃选择了全渠道覆盖，线上跟各类电商平台合作，线下与商超携手。2013年，刚刚收获了第一季蓝莓果实的佳沃就在天猫、京东、1号店等平台电商上开设了旗舰店，并打通了与本来生活、顺丰优选等垂直电商的合作通道。同时，首先布置公司在官网及微信平台上开通佳沃鲜生活商城。其次，在品牌推广方面，佳沃团队选择通过微信平台积极开展与用户的互动，希望借助微信强大的社交功能实现“佳沃”品牌的传播。尤其是在2014年春节，微信推出抢红包的活动，引发5亿人参与，引发朋友圈刷屏，这给了佳沃品牌推广的灵感。春节过后，佳沃团队就全力筹划借助微信平台发起一场“蓝莓红包”的营销活动。蓝莓红包的流程与普通红包大体相似：即发红包者在佳沃鲜生活商城中选择送蓝莓红包，在完成微信支付后，将红包链接推送给小伙伴们，而收到红包的一方填写了收货地址后，就可以收到佳沃的蓝莓速递，这种方式很快就在朋友圈传播开来。佳沃团队尝到了社交渠道传播的甜头后，2014年结合端午节节日营销，佳沃发起了“请我吃蓝莓”的众筹活动，直接将金融领域众筹模式移植到了蓝莓营销中，即佳沃在自己的公众号“佳沃鲜生活”首先发起了“请我吃蓝莓”的众筹活动，佳沃的用户点击链接即可参与，同时将该链接在微信朋友圈分享，由朋友们“自主认捐”来凑足买蓝莓的钱（见图5-6）。该活动引发了病毒效应，发起众筹的用户至少两次转发至朋友圈，参与“凑份儿”帮忙的好友也有自己玩一把的冲动，为了众筹成功，发起的用户还会在微信群中不断扩散，求助朋友帮忙，这种传播威力就像病毒一样迅速蔓延。朋友圈的疯狂刷屏也为佳沃带来了其他方式的传播，在百度输入“请我吃蓝莓微信”，有超过11万条相关资讯。本次蓝莓众筹活动非常成功，快速让大众消费群体知道了“佳沃蓝莓”品牌，提升了这种由朋友圈引发的自发传播，也开启了微信营销的新模式。

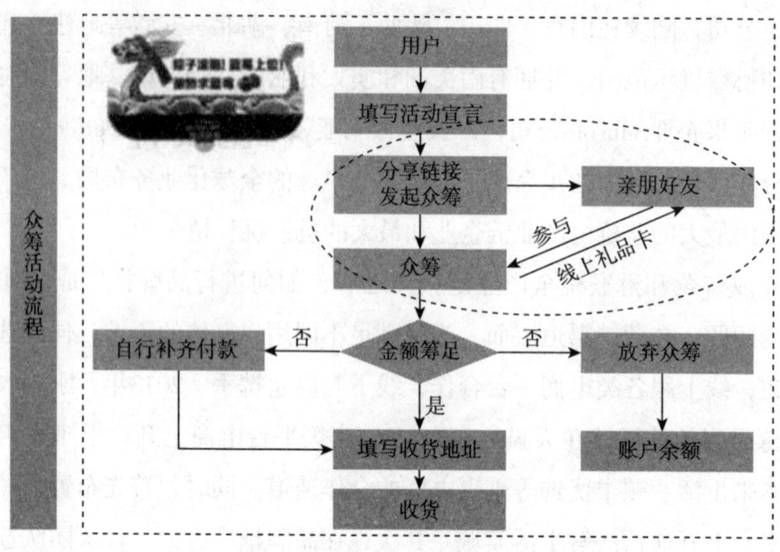

图5-6　联想佳沃“请我吃蓝莓”众筹活动流程

对于木次佳沃蓝莓众筹活动的成功主要可以从以下四个方面进行借鉴：

第一，新颖的众筹创意。以众筹形式开展营销活动，这在微信营销中是首次尝试，所以这种方式就足以吸引人眼球。再加上活动设计上也非常有趣，宣传语都采取了如“粽子滚出，蓝莓上位”“撒娇求蓝莓”这类网络语言，情感上更容易被接受和认可。

第二，关系营销。最为重要的一点就是利用微信平台的圈子关系属性，利用转发者个人的关系链包括同学、朋友、同事、恋人、亲人等，传递的不仅仅是众筹活动，更多的是一种情感维系，比如通过转发能体现出两人间的关系好坏或者说是人情往来；另外还有情绪传递和参与感，尤其是在第一个转发者有了回应之后，会再次激发分享甚至感谢和讨论，让周边的朋友很快就被这种传播热情所感染，积极参与到这个活动中，否则在大家都聊这件事的时候，你却不知道没参与，就会有一种被边缘化的失落感，这也是基于对人性的深度挖掘分析，把人性的本能作为传播基石，从而引发病毒式传播。

第三，高效的传播策略。在活动策划前佳沃就提前布局全渠道推广。为本次活动预热，在微信上同时注册了订阅号和服务号，开通了官方微博并主动关注了各领域大V，对于某些意见领袖类的大V，佳沃提前送出一箱蓝莓，让大V亲自试吃并主动在微博上传播。另外，佳沃还借助其他的门户网站和论坛进行宣传造势。正是由于前期各渠道的铺垫聚集了较多的话题和舆论，才使得蓝莓众筹活动在朋友圈一炮而红迅速传播开来。

第四，好产品引发口碑效应。“请我吃蓝莓”众筹的蓝莓都是18MM的头茬蓝莓，在品质和口感上都属于顶级蓝莓产品，这也是本次活动的基础。如果说通过朋友圈利用自己的人脉关系好不容易众筹了一盒蓝莓，结果味道一般甚至难吃，那么这个负面效应同样也会像炸弹一样在朋友圈迅速炸开，那对于品牌将是一场灾难！

（四）微商——社交电商新模式

互联网时代可以划分为三个时代（见图5-7）：

1. Web 1.0时代：以新浪、搜狐、网易为代表的“资讯时代”，是一个“他们说，我们听”的时代。

2. Web 2.0时代：以猫扑、天涯、人人为代表的“社交时代”，是一个“一部分人说，我们听”的时代。

3. Web 3.0时代：以微博、微信、陌陌为代表的“碎片化沟通互动时代”。是一个“我们说，我们听，人人能够参与”乐此不疲的时代。

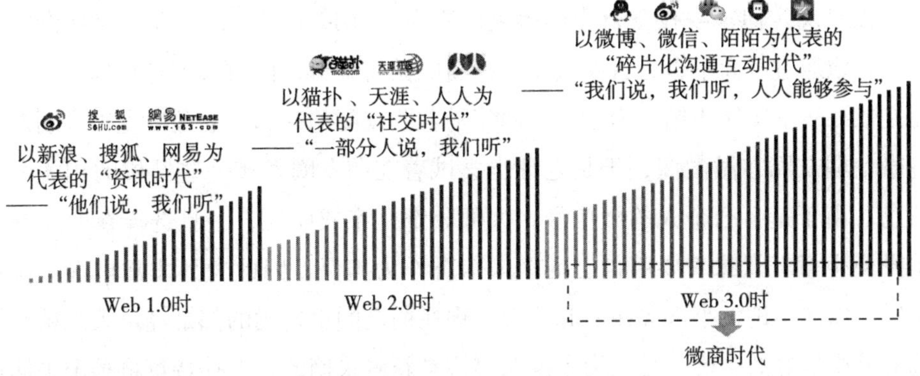

图5-7 互联网革命三大时代

Web 3.0时代为企业提供了细分市场的无限可能，可以实现精准定位目标客户、低成本的市场调查与舆论监督、人人参与的互动传播、曲线不断攀升的商家投资回报率，呈现出一个快捷高效的营销途径。在这个时代，一个好的创意，完全可以让企业仅花费几万即能达到几十万、几百万、甚至几千万的广告效果，这种低成本、高性价比的营销手段，初期称之为“微营销”。“微营销”在滥觞之初，其主要作用是品牌的传播、推广与粉丝沉淀。随着时代发展，很快一些品牌商发现Web 3.0时代的互联网完全可以跳出传播渠道，成其为一个很好的产品销售通路闭环，后来，逐渐发展成了人人皆可参与的“微商”时代。

微商的概念是在2014年提出的，被视为移动互联网时代下的新型商业模式创新。易观将其定义为以个人／企业为单位，利用Web 3.0时代所衍生的载体渠道，借用微信、微博、QQ等平台工具的强大社交功能，将传统方式与移动互联网相结合，不受区域限制并且可移动性地实现销售渠道新突破的行为。微商有多种载体包括微信、微博、QQ、QQ空间、陌陌、拍拍微店等，目前微信是最主要的微商传播社交渠道！

随着智能手机的普及，国内移动互联网飞速发展，2014年中国移动互联网用户达到7. 3亿人，而通过移动端进行购物的用户也增加到3亿人，比2013年增长了35%，未来通过移动端购物的用户数还将持续增长，由此可见移动互联网端存在很大的消费潜力。微商们正是抓住了这一发展趋势，纷纷通过微信朋友圈或者QQ空间等移动社交平台开始“创业”。在农业领域，很多农业从业者也看到了微商这个机会，投身到农产品微商大军中。

山东烟台的老孙就是其中之一，老孙大学毕业后没有像其他同学那样找工作，而是决定回家乡投身自家的樱桃园事业。2012年开始，老孙已经在淘宝开店，希望通过电商平台为自家樱桃开辟新的销售渠道，但效果不是很理想，主要还是依靠线下实体店销售为主。近两年随着朋友圈的兴起，老孙发现很多朋友通过微信朋友圈在做微商，于是老孙也尝试着在朋友圈发布一些樱桃的相关图片信息，由于是自己个人的微信号，大部分都是亲戚朋友，一旦选择在朋友圈开始微商生意就意味着要用自己的个人信誉作为担保，因此老孙非常重视樱桃的品质，以前不论大小都混在一起售卖，现在朋友圈里售卖的都是经过人工精心挑选的品质最好的樱桃产品。为了说明樱桃是新鲜采摘的，老孙特意将整个采摘过程全部拍摄下来，上传到朋友圈。通过朋友圈获得的第一笔订单就有7箱，老孙认为这是第一个在自己朋友圈购买的用户十分重视，无论从采摘还是包装运输都是极为精心，后来买家很满意陆续又购买了200多箱，这让老孙欣喜若狂，也让他意识到要充分利用自己的朋友圈带动樱桃的销售。于是老孙开始专注研究朋友圈的微商生意，线下实体店则交由家人打理。除了自己个人的微信号，老孙还注册了“农家鲜”微信公众号希望以品牌化形象进行运营。老孙一直琢磨如何吸引更多的关注，获取更多订单。他发现大家对图片比对文字更感兴趣，于是从樱桃发芽、开花、结果、成熟、采摘、包装、运输每一个环节都拍摄了图片。并及时分享到朋友圈。除此之外还通过朋友圈跟大家分享不同樱桃品种的口感、上市时间以及种植要点，深受买家的认可。老孙深信好产品和好服务是招揽回头客的制胜法宝，因此在物流配送上老孙坚持选择跟顺丰生鲜快递部门合作，尽管物流成本高一些但能够在第一时间让用户品尝到当天采摘的樱桃，保障了樱桃的新鲜口感。2014年农家鲜通过微信端销售额达到30万元，2015年农家鲜通过老用户的介绍下新增了大量的新客户，这也使得2015年近上半年的销售额就达到了60万元，比上一年的销售额增长了一倍。2015年开始，除了销售自家的樱桃，农家鲜还将同村农家自产蜂蜜纳入微信平台上进行推广，一来是丰富微信上的农产品销售种类，二来是希望帮助本村的村民推广本地的优质农产品。老孙计划未来不断扩大微信上的客户群，通过更丰富的产品和更好的服务来增强用户黏性，希望在微商的路上走出自己的特色。

微商的创新降低了创业的门槛，让人们借助移动互联网就可以创业。因为移动互联网时代具备人人有权发布信息、建立兴趣圈层的社交化，及时沟通可阅读、可学习、整合时间效率的碎片化，以及随时随地便于支付、远程操控智能化等特点，满足了人们“我的地盘我做主”的个人精神诉求及物质诉求，那些想增加一些收入，却因传统渠道与电商渠道的高门槛、高成本、区域局限性而深感无门路可寻，没有时间、精力和实力的人群，这些就是微商迅猛发展的前期必要条件。

那么微商成功的关键要素是什么呢?

首先，定人格。定人格也就是给自己营造一个有个性、有魅力、有影响力以及彰显专业性的形象定位。产品人格化、品牌人格化，从而建立起用户的品牌印象。

其次，选路径。一般来说，微商也有几种不同的做法，第一就是自己卖，核心在于以个人魅力聚粉丝，优势是客户稳定，利润率较高，不易受外部竞争影响，关系价值巨大，未来可形成产品群组，可开发想象空间巨大；不足就是效果慢、对营销和服务能力有较高要求。比较适合没有品牌也没有团队的个人卖家。第二就是别人卖，核心在于发展代理，优势是发展速度快，营业额高，相对轻松；不足就是不掌握客户，利润率低，以及存在代理的管理问题。适合希望快速见效，但推广能力弱、营销能力弱的品牌商，以及没品牌的，但通过运营积累了大量粉丝，且微商也有了规模的个人卖家。第三种路径就是O2O上下联动，核心在于线上线下全渠道布局。优势是充分利用移动互联网打破传统时间、空间限制的优势，又结合了线下体验环节，拓展微商创业选择，从实体到虚拟，到大宗商品；不足是需要借助线下实体终端的资源，比较适合对体验要求较高的商品或服务行业。

再次，拼信任。其实微商之所以成功都是基于朋友圈的信任关系，所以说前期一定要创造出良好的信任关系！信任的基础就是真实，主要体现在跟用户沟通时要真诚地表达自己的想法、态度和情感，这样才能逐渐与用户建立起交互关系，争取用户的关注，其实就是把客户转变为粉丝的过程。那么如何将粉丝进一步转化为铁粉呢？需要具备丰富的专业知识并通过个人研究建立起自己独到的见解，这样在用户面前树立起专业形象，增强用户的信任和依赖。接下来就是跟用户形成朋友关系，这就需要在与用户互动沟通过程中要有一定感染力，用自己的真实情绪感染或者感动他们，并与用户建立起相同的价值观，比如说理念一致、兴趣一致或者想法趋同，总之要去找到共同点，建立其信任的朋友关系之后，销量自然而然就会产生了。

最后，赢服务。服务体现在很多方面，从前期与用户的沟通，购买过程的询问，物流配送以及售后服务，都需要微商具有强烈的用户为中心的服务意识，能够换位思考站在用户角度考虑提前做好预案，同时积极响应用户的反馈，这样才能真正地将用户掌握在手中。

其实微商成功与否最为关键的就是产品，如果没有好的产品其他环节做得再好都只能是昙花一现，而无法产生复购和黏性，所以说产品是所有电商的基础和核心，不仅仅是在微商。

三、卖货关键措施

传统卖货思想是以渠道为王，但在电商中，卖货要以营销为王、用户体验为王，重点是打法、产品和服务。所谓的打法即选择正确的方向和有效的营销策略，通过分析市场和自身资源的匹配度，找到线上卖货的切入点和引爆点，从而建立起品牌效应。产品和用户是卖货的核心，没有好的产品就没办法实现线上销售，因此选取差异化有特色的产品是卖货的基础条件也是关键核心所在。互联网用户跟传统线下用户最大的不同在于其拥有更多更广的话语权，某一个用户的差评有可能让后续客户不再认可产品和品牌，而一个好评同样也可以让更多新客户关注产品或品牌。所以必须要重视用户的感觉，从用户体验出发，做好相关售后服务工作。

第二节　“互联网+农业”之聚粉

一、什么是聚粉

卖货的宗旨是如何快速提升销量，核心在于通过营促销活动获取流量。但是聚粉模式并不是一开始就以获取销量为目的的。聚粉的核心在于粉丝和品牌的培养，通过极致产品和服务获取相同诉求的用户，转化为粉丝，从而自然而然地实现销售的目标。小米手机就是典型的“聚粉”模式，首先通过MIuI社区聚集了大量手机发烧友，小米手机尚未推出就通过MIuI向各位手机发烧友征求意见，引发手机发烧友的热议，很多技术背景的发烧友积极为小米手机出谋划策，让用户参与到小米手机的研发中，就这样不知不觉中小米就将这部分群体发展成为自己的粉丝，就在小米手机发布时这批粉丝首当其冲成为小米的第一批购买者，因为对于他们而言自己也曾参与小米手机的研发过程，有一种说不出的自豪、骄傲的感觉——这就是铁粉级别！以至于之后无论是小米盒子、小米手环，不管是否需要，他们都会疯狂购买，并主动帮助小米做宣传。这也是为什么小米手机能在一片红海的手机市场中厮杀出来的原因，近年来小米手机线上销量稳居首位。所以对于想要实现品牌化、长远化发展的企业来说，聚粉模式也许是更好的选择。

二、聚粉案例分析

（一）褚橙传奇——将品牌打造成一种人文精神

褚橙的故事可以说是农产品品牌化营销最为成功的案例。褚橙原名云冠冰糖橙，是云南特产的一种冰糖脐橙，以味甜著称，但在竞争激烈的水果市场中这种橙子并无特别之处，价格也无法与美国脐橙相提并论。但就是这个并不为人所知的水果在2010年11月引发了国内各大媒体的热议——“褚橙进京”的故事瞬时刷爆微博朋友圈。

那褚橙到底有什么特别之处呢？因为这是曾经的烟草大王云南红塔山掌门人褚时健亲自种的橙子。2002年，75岁的褚时健保外就医后并没有从事之前的行业，而是投身农业种植冰糖橙，开始他人生的第二次创业。冰糖橙的种植周期很

长，挂果至少要6年的时间，而褚时健当时已是75岁高龄且没有任何农业方面的经验。但褚时健看到当时市场上国内进口橙子热销而国内的橙子却总是滞销，就很不服气，希望能种出自己品牌的橙子，把国外的橙子比下去。于是褚时健和老伴毅然决然地选择了冰糖橙种植，这一坚持就是13年！在果树第一次挂果时，由于没什么经验，新果不是掉果就是口感不好，那时收获的果子也不敢拿到市场上卖，担心砸了招牌。在挂果第二年后，褚时健通过肥料配比的改变提升了果实口感，通过不断改良，褚时健种出了自己想要的橙子口感，那就是酸甜度1：18，因为褚时健认为冰糖橙并不是越甜越好，酸甜适度才符合国人的口味。橙子上市后，褚时健和老伴在市场上摆摊促销，但并不顺利，后来褚时健老伴打出“褚时健种的冰糖橙”的横幅，很快就有人购买，加之橙子口感比其他橙子好，橙子很快售卖一空，同时“褚橙”的名字也传播开来。但“褚橙”真正的引爆点却是在2012年10月23日跟北京的本来生活电商平台合作之后。本来生活是在2012年由一批老的媒体人创立起来的，本来生活网不同于其他渠道类或品牌电商，他们擅长给冷冰冰、看起来标准化的商品注入精神和文化，让更多的用户既买了东西，也被故事感动。所以在跟褚橙合作后，本来生活开始酝酿褚橙的营销策略，2012年10月27日本来生活通过官方微博发布了关于85岁褚时健种植冰糖橙的文章——《褚橙进京》。该文章随后被转载7000多次，转发的人包括王石：“衡量一个人的成功标志。不是看他登到顶峰的高度，而是看他跌到低谷的反弹力。”基于对褚时健由衷的致敬，王石用巴顿将军的语录诠释了褚老种植橙子的故事，再次引起近4000次转发。不仅如此，本来生活还找到微博上各领域的意见领袖，发起“传橙·传承”赠尝品鉴活动。瞬时“褚橙进京”成为微博、微信、百度的热搜词，本来生活的订单也纷至沓来，第一批褚橙4000箱不到一周时间就售罄，不仅如此还带动了本来生活网其他品类的销售。褚橙的故事持续发酵，“双十一”当天“褚橙”的卖点又变成了“励志橙”，因为微博上大家都在热议褚时健的故事，非常励志。“这哪是吃橙，是品人生”，“品褚橙，任平生”……不光在微博上，在一些公司活动、媒体年会、企业家俱乐部，都能看到褚橙的身影，很多公司都将褚橙作为奖品或礼品发给员工以此激励大家。至此褚橙不再只是一种水果，更成为一种精神象征。2012年当年褚橙线上销售达到200吨，其实是褚橙供不应求否则会有更高的销量，2013年褚橙线上销售实现了十几倍的增长达到3000吨，而2014年线上销售更是上升到7500吨。

褚橙的成功与其借助社交媒体开展故事营销、粉丝营销以及个性化的品牌包装有密不可分的关系（见图5-8）。

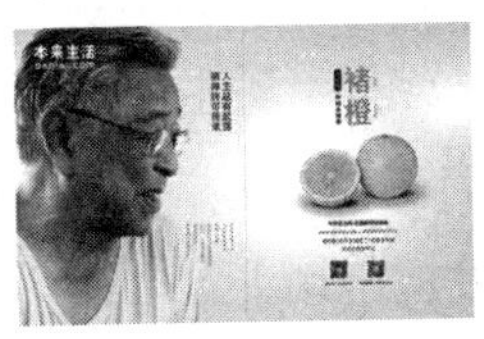

限量包装
找到你专属的“橙”
青春版限量个性包装，天生多彩的个性演绎
要传承，不要说教！
用个性化包装来倾诉情感，表达观点，宣告领地。
找到属于你的那款“橙”，送给对的人。

图5-8　褚橙个性化营销宣传

首先，品牌故事营销。若没有褚时健面临人生低谷在75岁高龄又开始创业的背景，褚橙的影响不会如此之广，褚橙也不会成为“励志”的代名词，更加不会有褚橙这个品牌。褚橙的故事营销非常成功，通过褚时健本人的传奇故事，迅速积累起一大批粉丝，褚时健的粉丝们要的除了高品质的产品之外，还需要一种生活的情怀，而褚老的故事正好给了粉丝们精神上的鼓励。

其次，意见领袖营销。在社交化时代，通过社交渠道找到目标人群的意见领袖和偶像，通过他们讲述品牌或产品故事，以此来影响群体和粉丝的认同，从而促成了褚橙口碑传播的引擎。

再次，个性化包装。个性化的包装也是褚橙的特点。通过幽默诙谐又特立独行的网络语言作为包装，一方面拉近了与消费者之间的距离，另一方面也正好符合现在“80后”和“90后”对于个性化事物的追求。

通过“褚橙”品牌的成功，我们可以看到农业也可以与电商结合以创新的模式进行运作。电商不仅可以提供多元化的销售渠道增加销量，还可以通过社交化营销方式打造出品牌化的农产品，这样既解决了偏远地区农产品滞销的问题，也提高了我国农产品的附加值。通过电商平台更是缩减了农民与消费者之间的距离，降低了流通成本。在品牌化运作中，创造出好的能够被消费者主动传播的内容也是十分重要的。内容的创造可以从产品背后的故事、个性化包装、借助社会热点营销等方面引发大家共鸣。在褚橙的案例中，不仅有好的故事引发了大家的共鸣，还有个性化的包装满足了不同人群的需要，满足了用户的个性化需求。这本身其实也是极致产品的一种方式。国内农业品牌非常需要有褚橙这种差异化营销策略来实现品牌化发展。

（二）茶人岭——互联网禅茶文化品牌

茶人岭创建于2010年5月，是起源于互联网的茶品牌。茶人岭建立之初就坚持品质为本，让更多人以平民价格喝到高品质的好茶，并在生活品质和禅茶意境之间寻找最佳的平衡组合，以塑造一种“茶、器、生活“和谐融通的禅茶文化。以终为始。茶人岭提出用品质诠释东方茶禅生活美学的理念，以器引茶，目前茶人岭已发展为5大产品体系，包括茗茶、茶器、香器、花器及家居生活，旨在为爱茶人提供一种高品质的东方禅茶生活方式。

茶人岭品牌建立的初衷源于其创始人热衷品茶，但发现市场上茶叶质量和价格很混乱，由于传统茶叶渠道零散，大多都以茶叶品种分类比如龙井、大红袍、普洱等。并没有知名的茶品牌，且市场上茶叶价格昂贵。由于茶叶市场尚无标准化的质量评测标准，普通消费者也并不能分辨茶叶好坏，因此茶叶一直被冠以暴利的行业。综观线上的茶叶市场，以淘宝为主多数以“茶农”自居，没有最便宜，只有更便宜，包装也是非常简陋。基于此，茶人岭希望借助互联网打造高性价比的专业化茶品牌，以解决茶市场存在的产品同质化、价格混乱、信息不透明等问题。

茶人岭认为最好的服务就是为用户提供好的产品，为保障高品质的茶，茶人岭从四个方面构建了自己的品控体系：第一，100%原产地。茶人岭秉持原料天然和原产地最优品的理念，从选料开始就严格把关。茶人岭在福建安溪、杭州西湖、云南勐海等地与茶园签约，保证在供应和价格上不会因季节、供货及市场等因素而受到影响。第二，传统工艺制茶。前期茶人岭亲赴原产地严格甄选制茶工厂，并坚持以传统工艺制茶，确保茶叶的口感和品质。如肉桂茶的制作，是由肉桂茶原产地武夷山马枕峰的制茶传人炮制。第三，品茶师。对于很多喜欢喝茶但又不懂茶的人来说，很难品尝出各种不同级别茶叶之间的细微差别，而茶人岭抓住用户这个潜在需求，通过专业品茶师让消费者了解如何购买、鉴别、品尝好的茶叶。茶人岭的品茶师基本都是在茶行业做了十几年的专业人士。茶人岭希望通过这种方式培育品牌，从而吸引客户的长期、反复消费。第四，产品包装。基于高性价比的定位，茶人岭希望每一位爱茶人士都能以物超所值的价格购买到心仪的茶叶。茶人岭有专门的产品组专门负责对茶叶进行分级、包装和定价。茶人岭的价格都是经过市场研究后确保被大部分消费者所接受。

茶人岭从成立之初短短三年的时间，就实现了从零到年销售4000万的飞跃，并实现盈利，这对于初创型互联网企业来说非常难得。茶人岭的成功与其精准品牌调性、差异化渠道布局及极致产品迭代的发展策略密不可分。

首先，品牌调性直接关乎品牌溢价能力。茶人岭通过对饮茶人群的分析，特别是“85后”群体发现价格不再是网购的关键因素，消费者更加关注品质和品牌，因此茶人岭在产品的视觉包装、产品文案上面狠下工夫，提升品质和细节，结合时尚元素，深层次挖掘茶禅生活美学文化，打造口碑效应。茶人岭希望通过茶及茶具的分享唤起人们对品质生活的认同，塑造其“茶、器、生活”和谐融通的茶禅文化。茶人岭将这种禅茶文化融入每一个细节，无论是产品水墨画的包装还是茶人岭线下“生活馆”的装饰风格，每一个物件，无不透露出茶人岭与众不同的禅茶美学文化，这种茶禅生活理念吸引了大批具有相同价值观的消费者，他们由此也成为茶人岭的忠诚粉丝，复购率达到了60%，具有极大品牌黏性。

其次，差异化渠道布局。茶人岭成立之初就在全网范围铺设了销售渠道，并在前期避让竞争已趋白热化的天猫平台，转而选择当时刚从3C专卖转入多类目经营的京东商城和限时特卖的唯品会，并在资源上获得了平台的大力支持——入流量、免费活动等。同时，在平台与商家共同推出的线上活动中，茶人岭以好玩及高性价比的满赠活动，迅速吸引用户的围观，而随活动附送的试饮装和其他小礼品，也极大程度地满足了消费者，给消费者带去更多实惠，实现了商家和平台在品牌和营销上的双赢。目前茶人岭在京东、天猫、唯品会、1号店、顺丰优选、拍拍网、亚马逊、当当网、我买网及建行善融都开设了旗舰店，并获得了良好的市场口碑。2015年茶人岭开启移动端的布局，其移动微店吸引了100多家分销商入驻。

最后，极致产品迭代。茶叶从种植、采摘、生产、流通到销售的每一个环节都附着了很高的运营成本，再加上市场对于高端茶、高价茶的炒作，让普通消费者望而却步。茶人岭认为应该让茶叶回归本质，因此茶人岭推出的每款主打产品都是针对爱好喝茶、并且想喝好茶的人群制定，用高性价比产品让更多经常喝茶的人既能享受又有实惠。如普洱茶的原料，选自云南老班章山头的茶叶，让消费者用十分之一的价格就能喝到与“茶王”老班章口味无异的茶叶。

从运营层面来看，茶人岭不管在营销、渠道、产品还是产品包装方面都力求创新。在营销上，茶人岭每上一个平台的初期，都会对初选产品进行一轮促销测试，找到适合该平台销售的拳头产品，并以此定制出适合该平台的营销策略；在渠道方面，茶人岭紧跟趋势开通口袋通等移动端平台，实现PC+移动端双线并行，再次壮大渠道矩阵资源；而在包装方面，茶人岭在产品中向定向客户附送带有品牌LOGO的定制茶杯，而便于用户开盒的新包装也研发成功。茶人岭在多层面和多维度地创新已经成为茶人岭电商运营的一种常态，也为品牌夯实了良好的市场基础。

茶人岭的成功与其产品定位、品牌调性、极致产品、合理的渠道布局以及创新营销活动都息息相关。但最核心的就是茶人岭始终以用户体验为中心，从选品、产品定价、产品包装、产品营销到售后服务，都是基于对用户群体潜在需求的深度挖掘分析做出的选择。这就是互联网思维与传统企业经营方式上最大的不同，也是在聚粉模式中最为关键所在——始终以用户为核心开展一切经营活动。

（三）台湾掌生谷粒——台湾文创农业品牌

掌生谷粒是由曾经的资深广告人程昀仪与摄影家丈夫李建德在2006年创办的，至今已有9年。创办的初衷是源于他们台东亲戚寄来的一包米而萌生卖米的念头，由此创办了掌生谷粒。秉承质朴本源的风格，他们通过探访台湾地区用心耕作的稻农，并以文字书写、影像记录的方式，表达对耕作的印象与感悟，发掘台湾地区农业的特质。而后，通过品牌包装的创意设计、诚恳感人的农家记录传播，建立起“掌生谷粒”的品牌个性与品牌印象。2009年掌生谷粒获得年度最具人气网络品牌100强，同年5月，出版了《掌生谷粒——来自土地的呼唤》。书的出版，使掌生谷粒的品牌得到了更具个性、更有文化价值的传播。

掌生谷粒创始人程昀仪说他们的品牌模式很特别，更像是农产品的出版社，那些在土地上耕耘着自己的作物的农户就像是跟他们合作的作者，他们只要负责耕耘、收成就好，至于“作品”的编辑、包装、发行和印务这些则由“掌生谷粒”全权负责。掌生谷粒跟农户合作的方式也与传统交易模式不一样，他们采购农产品的价格是由生产者定价的，并且不议价。一方面掌生谷粒是出于对劳动者的尊敬，另一方面在信息共享的互联网时代，一切交易信息都是透明的，交通也相较之前发达了很多。因此商人不能再赚取大部分的中间利润，而是交由市场和生产端两者之间进行一个平衡。掌生谷粒成立之初就一直秉承小众定位，产品是具有特色的有机原生态人工种植的，这种模式就决定了生产量不会太大，只能满足部分对生活品质要求高的人。掌生谷粒认为一旦大规模生产难免质量上不能严格把控，那么就跟自己对极致产品的定位不符。

掌生谷粒在经营过程中也不是一帆风顺的，因为本着原生态季节性的种植，农业的收获毕竟是看天吃饭的行业，因为天气原因种植出来的米口感不是很好，农户们一开始也不愿意拿给掌生谷粒平台售卖，因为不想伤害这个品牌。但掌生谷粒却坚持要售卖品质本不是特别好的大米，并在平台向消费者做出了坦诚不公的说明。没想到销量还不错。这也是掌生谷粒的做事方式，不管是跟消费者还是跟合作的农户，都是基于坦诚的沟通建立起良好的关系。这种做事做人的态度和风格也深深感染着用户，并由此聚集了一批与掌生谷粒抱有相同生活理念的粉丝用户。

为了塑造掌生谷粒这个品牌，他们花了百分之七八十的精力做产品营销，因为掌生谷粒建立之初售卖的就不是农产品而是“台湾生活风格”。他们对于农产品的定位不仅仅是能果腹的粮食，而是天地人感情交流后的大地创作品。他们将源远流长的中国传统文化融入掌生谷粒的品牌文化中。通过包装文案设计可以将大米推到一个被尊敬的位置，大米的价值也能在掌生谷粒的品牌中体现出来，这也就是掌生谷粒想做的事情。在西方快餐文化不断侵入中华大地时，希望把白花花的大米再次拉入人们的生活食谱中。为了充分体现中华传统文化，掌生谷粒在大米的包装上也特别用心，掌生谷粒售卖的大米，选择古朴的牛皮纸包装、揉制而成的纸藤圈、外贴棉纸外衣、用书法手写产地、产品与生产者的故事等等，充满创意的包装，传递了品牌鲜明的个性，极具深厚的文化底蕴。在中秋节推出的礼品套装中，采用台湾原住民纺织的特色花布作为包装材质，充满了浓浓的在地文化气息。自从2006年建立之初，掌生谷粒想要传达的理念就是透过平凡平实平常的白米，传达想呈现的真正价值——这就是台湾人的生活风格，包括了历史的文化风霜、地理的风土条件、人文的感官飞扬，以及最重要的是台湾人对待土地的友善态度。

基于掌生谷粒对自身文化传承的精准定位，聚集了大批志同道合理念一致的粉丝用户群，掌生谷粒的产品也由最初的大米衍生出了蜂蜜、茶、米酒等农产品，而这些产品也都是围绕着人们的日常饮食习惯。还有就是大米本身衍生出来的价值其实是相当惊人的。比如掌生谷粒的米酒和保养品纯米精露，都是大米的产物。通过这个也传递这样的信息：大米不只是日常吃的那碗白米饭的价值而已。他们希望通过这样子的多元运用让大米的劳作者知道他们所生产的东西是非常有价值的，所有的人都在期待他们收成的时候，那也正是劳作者的骄傲！

为了满足想要了解掌生谷粒的产品和品牌的消费者需要，掌生谷粒在线下开设了实体店，这家实体店是跟松烟诚品合作的，因为掌生谷粒是一个线上品牌对于线下实体店的经营运作并无经验，因此他们选择了跟松烟诚品合作，发挥各自的优势。通过这个实体店掌生谷粒经常组织会员论坛活动，针对中华饮食文化以及掌生谷粒产品进行沟通和交流。未来掌生谷粒还会选择具有相同理念的合作伙伴为消费者提供更创新的服务和产品。

掌生谷粒的成功在于他们对自己品牌的精准定位。无论是从产品的选择还是产品的包装设计和文档都在传递他们独特的品牌理念。他们坚持认为“别人已经做的事情我们不想做，要做就做那些有影响力的事情。因为改变这个世界的是少数人，我们就是那个关键的少数人的性格。”掌生谷粒品牌在传统产业中加入创意，并以创意为核心，实现文化再生、创造品牌的品牌经营模式，不仅迎合了精致消费、文化消费、象征消费时代，更使其成为产业创新的先驱者。

三、聚粉关键措施

通过以上案例可以看到聚粉模式的关键核心要素就是专注！只有专注于某一个细分领域才能够将这一领域做到极致，从而产生对这一领域独特的感悟和情怀，将产品和品牌升华到人们对于某一种情怀或者信念的高度！这样跟粉丝的关系就能从最初的浅关系、黏关系一直到深关系、铁关系。

那么如何聚集粉丝呢？“易观”根据多年的项目经验总结出了聚粉的FANS模型。

F-Friends，即与用户交朋友。关键就在于“聆听”用户的需求，了解用户的特征。可以从四个方面来聆听用户：首先进行外部市场环境调查。了解大众对于该产品的认识，找出用户对产品的“吐槽点”也就是用户痛点需求，同时了解市场竞争格局，找出与竞争对手差异化的部分；其次从内部评估自身聚粉资源是否充足，产品亮点、品牌故事、媒体资源、营销费用等等；再次设定粉丝画像，根据产品特点对用户进行细分，精准描述粉丝用户具备的特征；最后研究标杆案例，通过同业或者异业标杆案例的研究，借鉴成功经验，避免走弯路。

A-Attention，即粉丝互动，让粉丝有参与感。首先搭建自身的聚粉平台，一般来说微信是比较好的平台，对于企业而言可以建立订阅号和服务号进行双号运营，同时个人微信号以及微信群的建立也是不容忽视的。订阅号主要用来进行品牌宣传，核心在于软文营销和信息资讯，每天可发送一条，但是发给用户的消息，只会显示在用户的订阅号文件夹之中，不会出现在聊天的界面里。也不会收到即时提醒消息，用户要看必须进入订阅号文件夹中，因此不能保障用户打开阅读。服务号主要从服务角度出发，主要为用户提供服务，且发送的信息可以直接在用户聊天列表中出现，方便用户第一时间看到，但是服务号每月只能发送1次。对于个人微信号来说，朋友圈将会是很好的渠道，而且个人微信号可以添加5000人的好友。当然通过个人微信号还能根据不同用户特征构建微信群，开展社群的互动活动。在建立起平台后，就可以开展目标粉丝拉新活动，一方面可以利用已有的老客户资源，通过积分、有奖等激励手段刺激老用户拉动新用户的增加，另一方面可以开展线下的活动比如二维码扫码关注，发朋友圈分享进行激励等活动开展拉新。粉丝互动的最核心环节就是设置互动节点。比如微信签到、发红包、抛出热门话题引导用户互动、分享活动等。粉丝互动要注重参与感，最好由用户产生内容然后加以传播。对于粉丝的互动要定期开展，以帮助用户养成互动参与分享的习惯。对于每次互动的结果一定要做分析，特别注意是否有掉粉的倾向，并采取积极挽留措施，让用户感受到重视。

N-Name，即口碑传播。主要通过社交媒体平台和渠道开展一系列营销活动策划，产生口碑效应。包括可控口碑设置，在策划营销活动时一定要考虑到口碑的可控性，也就是对数据源和传递渠道要及时跟踪了解。口碑传播开展的方式包括社区化传播、众筹模式设置以及社会化媒体渠道的合作等。通过口碑传播可以达到以一敌百的效果，因为在社交时代分享成为影响人们消费的主要因素。

S-System，即极致体系，主要是构建极致的产品和服务体系。极致产品是开展聚粉工作的前期和基础，否则一切都是空谈。极致产品的打造首先要能满足用户对产品的基本功能需求，再次考虑从细节和差异化上入手找到用户的痛点需求，最有效的方法就是通过与用户的反馈进行痛点需求的挖掘。小米就是典型的利用用户反馈进行产品迭代更新不断打磨出让人尖叫的小米手机产品的。极致的产品和服务就是要能比用户多想一步给用户制造惊喜，需要注重每一个细节，包括包装的质地、颜色以及每一个字都要十分考究，因为只有用心才能打造出极致的产品，这样传递给用户的不仅是产品本身而是一种认真负责和用心的态度，只有这样用户才会成为这个品牌或产品的忠诚粉丝。

如何快速吸粉对企业来说很重要，但对于已有粉丝的企业其经营和维护更加重要，这需要企业真正做到以用户为中心，重视用户体验，聆听用户想法，不断迭代产品和优化服务。

第三节 “互联网+农业”之建平台

一、什么是建平台

建平台本质是围绕行业打造自身的运营平台，构建全产业链的生态圈。相比卖货模式、聚粉模式，建平台对于企业的资源和资金的要求较高，但同时建平台带给企业的价值更大，一般来说，构建平台通常能带来10倍企业的价值。因为与企业传统经营方式相比，建平台的商业模式和盈利模式发生了根本变化。比如有可能由原来的产业链某一环节参与者变成了全产业链的服务提供商，甚至改变原有行业交易规则。另外建平台可以帮助企业构筑更高更强的竞争壁垒，一定程度上在行业内形成垄断而不是与众多竞争者开展无序竞争。

二、建平台案例

（一）中粮我买网——垂直食品电商平台

我买网是中粮集团2009年创建的垂直食品领域的B2C电商平台。也是中粮集团实现“从田间到餐桌”的“全产业链”战略的重要布局之一。2009年我买网以事业部形式成立，我买网正式上线运营。经过两年运营，我买网逐步稳定运营并开始拓展华东区业务，同时在原有基础上拓展品类开设了团购频道、酒类频道、日用品频道以及生鲜冷链频道，2011年我买网正式成为中粮集团下属一级独立子公司。2012年，我买网业务持续扩展，实现全国范围配送并推出手机商城。2013年我买网开始进行融资，同年获得赛富基金数千万美元的A轮融资，这次融资对于我买网来说具有非常重要的战略意义，这也是国企混合所有制试点的一次尝试，中粮集团希望我买网尽快实现市场化运作，因此通过多元化资本运作的方式倒逼我买网管理效率的提升，从而建立起市场化运营机制和激励机制，提高我买网的软性竞争力。2014年8月1日，我买网再次完成1亿美元B轮融资，堪称食品电商领域最大的融资！本次融资由IDG资本领投，赛富基金继A轮投资后再次追投，此次投资也成为IDG资本近年来电商投资的超大手笔。我买网融资的成功侧面反映了资本市场对食品电商的青睐，也是对我买网垂直食品电商模式以及未来发展前景的认可。

我买网成立之初就希望打造成中国最专业、最安全的食品网购平台，为国人提供最安全、最丰富、最便宜、最便捷的食品和服务，为此我买网在成立之初就开始了从田园到餐桌的“全产业链”的战略布局。首先从产品采购上，除了中粮集团自营产品，我买网通过整合上游供应商以丰富产品种类和品牌，但对于供应商的合作我买网坚持原产地直供和海外直采，目的是从源头上就要对产品品质进行把控。对于“中粮制造”的自营产品，从选种、种植、采收、储运、加工、包装、服务7个环节严格遵循中粮集团提出的7C标准。2013年中粮就已经布局海外市场，通过与原产地合作开展海外直采的进口食品类目扩张，2014年时我买网海外直采占比已达15%以上。未来，我买网希望成为国内消费者海淘全球美食的平台。我买网在选品上有严格的标准，并不是所有产品都有资格在我买网上进行销售。第一类是在传统超市的品类里销售最好的品牌，至少是前三名，以确保食品的安全和口味；第二类就是在网上热卖的商品。其次，我买网仓储物流体系布局。其次，为提供良好的用户体验，我买网非常重视仓储物流基础设施的建设，分别在北京、上海和广州设置了华北站、华东站和华南站三大仓储物流区，其中华北仓储堪称食品电商中规模最大、仓储能力最强。我买网是国内最早涉足生鲜电商的平台，目前经过多年建设积累，我买网建立了自己的全程冷链系统，能够做到食品全程保鲜，目前我买网可以为全国69个城市提供生鲜配送服务，做到了国内生鲜电商配送范围最广。我买网的仓库按照产品品类的不同，分别建设了8～12℃的恒温库，0~5℃的低温冷藏库，以及-18℃的冷冻库，以保障不同品类生鲜按照自身属性存储于不同仓库，最大限度地保持生鲜食品的原汁原味。我买网的全程冷链流程是这样操作的：消费者在我买网购买生鲜食品后，我买网首先会在冷库中进行订单分拣和包装，然后用冷藏车统一配送到配送点，在配送点用冰箱冰柜保存，最后一公里则采用冷藏箱和专业冰板配送，真正实现了全程冷链，以保障食品的鲜活、品质。总的来说，不管是仓储物流基础设施的升级完善，还是海外直采全程冷链系统，我买网都是为了提升用户购物体验，夯实我买网在食品电商领域的领先地位。

在营销层面，我买网积极尝试多种营销方式，包括传统零售常用的促销、买赠、返利等活动以及互联网新型营销方式。比如话题营销，我买网与东方航空合作，包机直飞美国采购当地进口车厘子，然后直飞国内，全程仅需13小时，最大限度地保持了车厘子的新鲜，我买网借此话题占据了各大媒体头条，大大促进了车厘子的销售，几批次的采购成果都被一抢而空。再比如体验式营销，在我买网5周年店庆时推出蓝鳍金枪鱼的现场解体试吃活动，极大满足了消费者的味觉神经。另外，我买网联合大悦城及酒店开展了多种线上线下的整合营销活动。

我买网构建全产业链的食品电商平台有其他平台不可比拟的优势资源——中粮集团的品牌背书、上游供应商资源以及仓储物流资源。从供应商层面来说，仅中粮集团自营品牌和产品就有福临门食用油、长城葡萄酒、金帝巧克力、屯河番茄制品、家佳康肉制品、香雪面粉、五谷道场方便面、悦活果汁、蒙牛奶制品等，这些品牌在食品市场均享有很高的声誉。从供应链资源来看，中粮集团拥有遍及全球的网络和国内仓储物流节点的布局，全球仓储能力3100万吨，年港口中转能力5400万吨。同时还拥有包括种植、采购、仓储、物流和港口在内的全球生产采购平台和贸易网络。这些都为我买网的海外直采和全球化战略布局提供了极大的便利和资源支持。但从运营层面来看，相较于其他食品电商平台，我买网在品牌运营和售后服务方面还有很大提升空间。其实我买网是较早涉足食品电商的平台，但随着天猫、京东、1号店以及顺丰优选等食品电商平台的发展，我买网的竞争优势并没有完全体现出来，市场份额并不足够大，未来我买网仍需尽快扩大市场规模，巩固其在食品电商中的领先位置。

（二）河南万庄——O2O农资电商平台

万庄农资集团成立于2003年，12年以来从传统的农资购销业务开始，发展到复合肥生产销售，再到传统的化肥交易市场及第三方物流业务，至今已形成了集物流园区运营、农资大宗商品交易、仓储配送、互联网金融、大数据、农资生产经营为一体的现代化农资集团。

长期以来，农资流通模式是：从生产企业，经过市、县农资部门，再到乡镇、村经销商，最后才到农民手中。由于流通环节多渠道，产销两端不见面，厂家不能按农民的需要生产，农民也不能对厂家施加影响。更为严重的是，生产厂家、经营企业、基层经销户，都各自为战，自建网点，自寻仓库。如此层层加价，成本提高了，农民负担增加了，优质农资产品竞争不过质量差、价格低的假冒伪劣品种，农民深受其害。整体来看，当前农资行业存在四大核心痛点：终端成本高、价格波动大、信用不健全、资金短缺。从整个价值链角度看，当前农资渠道成本太高，利润分配不合理。从市场供求关系角度看，农资行业产能过剩日益凸显，市场集中度较低，导致行业无序竞争，行业毛利率较低。价格波动较大成为常态，导致生产企业和经销商利润不稳定。此外，产品体系缺乏信用、交易链条资金短缺也是农资行业生产和流通领域的较大痛点。

基于农资行业的痛点，万庄开始思考如何借助互联网改变现有的行业现状，同时实现自身的转型升级。目前国内也有关于农资领域的信息资讯平台，为广大农民提供农资产品的信息查询和比价服务，但线上交易业务尚处于探索阶段，呈现出参与主体少、业务不精深、交易规模小等特点，并没有从根本上解决行业四大痛点。万庄农资集团基于整个产业链考虑，认为农资电商平台必须要满足产业链参与者各方的利益。因此设计电商平台模式时需要满足原料厂商、化肥生产厂家、县市级经销商、乡镇级经销商、合作社／种植大户等各环节主体的利益诉求，并且针对不同的业务主体，设计出多元化的服务内容。对于原材料生产企业，如何更快卖出更多的货是其核心诉求，另外中小企业来说融资也是其经营过程中的核心需求；对于经销商来说如何吸引更多人到店购买是其核心诉求；对于消费者来说如何更方便更快捷地购买到正品低价的农资商品是其核心诉求。万庄电商模式希望通过线上为产业链各参与方提供信息资讯、在线交易、互联网金融以及物流仓储服务，以达到降低农资交易成本、物流成本、农民投入成本的目的。除此之外，万庄农资集团认为现在这个阶段国内网上购买农资产品的消费习惯还没有培养起来，大部分农民还是习惯在乡镇村的经销社购买农资产品，因此万庄农资集团根据现实情况的判断十分重视线下市场的布局，将传统农资经销店面纳入到"万庄电商模式"中，即在河南及周边省市每个乡镇首选一家农资经销店成为万庄交易平台的成员，这样可以通过万庄线上店进行预订享受优惠折扣。同时到实体店验货提货，或者直接由实体店送货到门。对于经销商来说，通过万庄农资集团平台可以享受更低折扣的进货，万庄农资集团提供的一站式物流配送以及小额借贷等服务。"万庄电商模式"希望通过线上极致服务，线下支撑保障体系，打造成国内首家O2O农资电商综合服务平台。

万庄农资集团希望为农资行业打造一个信息透明共享的免费在线交易平台，万庄农资集团不会通过交易赚取任何利益，而是希望围绕交易背后的物流和资金流实现盈利。比如说经销商在线预订批发，通过万庄平台凭借电子交易凭证，即可在线进行小额贷款缓解资金压力，同时万庄还可以提供仓储和物流服务。为此万庄农资集团打造了三大核心体系：仓储物流体系、农资供应链体系以及互联网金融体系。

仓储物流体系是万庄模式的核心，可减少农资流通环节降低物流成本（图5-9）。以化肥为例，每吨化肥流通成本至少下降150元以上。仅此一项，每年至少为河南农民和企业增收节支20亿元以上。另外企业最头痛的还有公关费用巨大，且不可控。比如货物到站、铁路运输等各种关系的协调，以前都由企业一对一地应付，费用由企业支付，现在有了综合电商平台体系，全由河南万庄协调，货物周转快了，库存少了，大大降低了流通成本。目前为止，万庄已经在郑州、安阳、信阳建设了物流园，还将在封丘、漯河、信阳、平顶山、南阳、商丘租用仓库30万平方米、建设了6个分拨中心。与国内知名的海程邦达、远程物流、天健航空等物流公司建立了长期的业务合作关系。对于配送最后一公里问题，万庄农资集团通过在乡镇设置服务中心使其不仅成为万庄电商的服务网点、仓储网点还能提供到门的配送服务，实现物流配送的县乡村全覆盖。目前为止万庄农资集团已建立了100个设县级的服务中心和2000个乡镇级6S店。

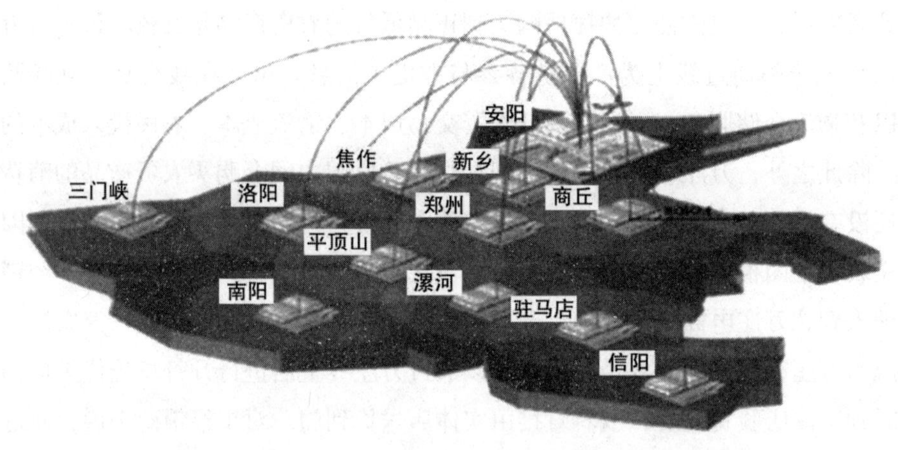

图5-9　万庄电商物流体系规划布局

万庄农资集团构建了完整的农资物流供应链，配有具备自主知识产权的信息平台作为支撑，保证了仓储物流的专业、及时、精准。每家企业的信息、每一笔交易流程都清楚地显示在平台上。通过GPS定位系统、视频系统，河南万庄分散在全省各地的仓库和门店可随时看到货物从下车到售出的全过程。该系统还能帮助农民及时掌握农资从生产厂家到自己手中的动态信息，能有效杜绝假种子、假农药、假化肥等坑农害农事件，从根本上保证了农民利益。

互联网金融体系是万庄电商模式的战略布局，主要是解决农村融资难、融资成本高、金融服务匮乏等问题。万庄电商平台可提供线上融资服务包括仓单融资、担保融资、信用贷款等。目前万庄已和平安银行、华夏银行、浦东发展银行、郑州银行以及相关证券、基金、农业保险公司等达成战略合作，未来希望将万庄电商打造成千亿级农村互联网金融服务平台。

为避免与线下传统经销店利益冲突，万庄电商采取了线上线下差异化产品的策略。万庄电商通过与大型农资生产企业合作，在沿用传统渠道销售产品的同时，设计出适合网络销售的新型产品，通过差异化实现线上和线下两条渠道占领市场的目的，避免与传统主渠道市场发生价格竞争。在营销方式上，万庄电商借助线上微信微博论坛等新媒体，同时线下充分利用农村墙体公交广告，开展事件营销制造话题，比如以平台融资成功案例为宣传点，吸引媒体、化肥生产经营行业各主体的兴趣与关注。在线上线下共同作用下快速引爆万庄品牌知名度。

河南万庄综合电商平台以交易流、货物流、信息流集中解决了农资行业物流成本高、价格波动大的痛点；以信息流、资金流集中解决了融资难、融资成本高的痛点。在全国整个物流业，“万庄模式”正逐步发展成为一个令人刮目相看的新品牌，不但在中原经济区建设中具有示范作用，更可在全国农资流通领域复制，具有很强的电商平台标杆意义。

（三）一亩田——农产品B2B交易平台

一亩田成立于2011年8月，其创始人是一位“85后”的年轻人，一亩田的战略目标是为农民增收，为市民减负，希望帮助人们找到每一亩田地上的农产品，这也是一亩田名字的渊源。目前一亩田经过4年时间的运营，已成为国内领先的农产品B2B交易平台，拥有国内最全面的农产品交易大数据。从2014年7月到2015年5月6日，一亩田平台累计完成交易超过100亿元，预计2015年度平台交易额突破1000亿元人民币。在这个平台上，每天有110万农产品买卖双方使用一亩田，每天有30万条由各地农民、农业合作社、经纪人发布的1. 2万种农产品供应信息。

一亩田的商业模式是我国互联网+农业的创新典型，其服务对象是全国农产品生产、流通、批发、经销的从业者，帮助买卖双方完成农产品产销对接。一亩田旨在通过移动互联网、大数据，以及线上线下的撮合服务，帮助产地农民实现农产品产销对接，缓解农产品卖难和卖价低等传统难题。目前一亩田主要产品有一亩田官网、采购端APP、供应端APP，以及百度合作的一亩田直达号。一亩田平台主要服务两端群体，一端是农产品批发商，另一端是农产品提供商包括农户和种植企业，根据供需双方需求不同，一亩田提供针对性的服务，对于供方可通过一亩田线上网络免费发布农产品价格信息，采购商则免费发布需求信息、询价，一亩田主要承接供需双方的撮合交易以及对双方的保障。为了让采购商对产品放心，一亩田承诺免费看货服务，即一亩田工作人员经过实地考察后，免费提供看货、验货、发货等服务，保障货品质量以及资金安全。为保障用户体验，一亩田承诺七天无理由退货以及先行赔付保障计划服务，通过积分激励鼓励用户线上交易。

一亩田目前涉及农产品品类不仅包括蔬菜、水果、水产、粮油、禽畜牧肉蛋等，还将花卉盆景、绿化苗木、中药材也囊括其中。一亩田每天早晚两次对平台上产品的价格信息进行更新，数据的数量、质量、更新频率以及与农业生产实际结合程度方面领先全国同行。一亩田推出的《今日行情》从农产品生产、流通、批发销售人士的现实使用环境出发，以简短的文字实时推送全国行情信息。用户可以通过电脑或者一亩田手机版随时查询《今日行情》，包括主要农产品品类、产地信息及销地价格行情。供应商可以通过价格行情找到价格最宜的市场，甚至可以在运输途中临时改变销售目的地。同样采购商不但可以找到最有竞争力的产地，而且可以利用同一农产品不同批发市场之间的差价获利。一亩田手机APP的推出更是极大方便了供需双方随时随地查看各类信息。

一亩田在农业电商的创新模式和成果受到了很多县域政府及龙头企业的认可，纷纷提出与一亩田开展合作。2014年年底餐饮连锁企业“乡村基”与一亩田开启“创新采购模式共建食材绿色通道”为主题的战略合作，本次战略合作旨在联合双方资源优势，加强供应管理，降低采购成本，最终让利于民。“乡村基”借助一亩田设立于全国的门店及办事处网络优势和电子商务大数据资源，加上“乡村基”现已建成的大型中央加工厨房和高效的物流配送体系。以此来打造“从农场到餐桌”（From farms to tables）采购供应新模式，实现降低运营成本、优化采购周期、把实惠让给顾客、让顾客吃到放心安全餐目的。

2015年1月，一亩田又启动了名为“村晖行动”的农村战略，已和国内50个县市达成战略合作，业务覆盖30000个自然村。预计未来三年内，投入50亿元，建立1000个县域合作示范区，业务覆盖25万个自然村，对接国内200个城市，提高农产品进城的流通效率。截至2015年6月，和一亩田达成合作的省、市、县政府达数十个，分别包括宁夏、贵州、河南焦作市、山东寿光市、云南红河市、内蒙古赤峰市、安徽祁门县、江苏灌云县、海南临高县、河北易县等。

2015年5月中国最大的农牧产业集群的农业龙头企业——新希望六和股份有限公司与一亩田达成战略合作，双方将携手构建“互联网+产业链”的协作新模式，实现传统农牧业采购、加工等产业链和互联网O2O模式的深度融合。新希望六和公司希望通过一亩田缩减流通环节，加快农产品的流通，降低采购成本和流通成本，从而进一步提升市场竞争的成本优势。

综合分析来看，一亩田的成功主要有两大核心关键要素：第一是大数据技术应用；第二是强大的线下渠道网络。

大数据技术应用：一亩田是农产品流通大数据的先行者。基于一亩田在数据处理和分析积累方面的经验，以及横跨产销两地的分支机构，一亩田逐渐汇聚了大量可分析数据，并以此为基础开展了大数据研究。一亩田打造的最权威的农产品大数据平台——“神农图”，主要以图形的形式将全国各地畅销、滞销、上市的农产品情况一目了然地表现出来，直观反映了全国农业电子商务化的程度，以帮助各级政府直观了解各地农业交易数据。这对于指导我国农业战略规划有极大的重要意义。为帮助县级领导进行农业发展决策，一亩田专门退出了神农图县域版，主要展示未来一个月区域内即将上市、滞销和畅销的农产品信息，以及历史交易数据（价格、品种和流向）。一亩田针对农产品流通大数据的研究，使农业生产者、农产品经纪人、各级相关管理部门、农业研究机构及研究者等对实时农产品流通都有了一个更深的了解。随着一亩田覆盖区域范围进一步扩大，数据不断积累，通过大数据分析可以有效指导我国农业区域性发展，避免农产品的滞销，大幅提高农业生产经营效率，这对于我国农业发展具有重要战略意义！

强大的线下渠道网络：一亩田2014年就开始着手布局线下，2014年6月北京新发地农产品旗舰店开业，7月在山东、江苏、浙江、湖北、河南的旗舰店及产地办事处陆续开业，11月一亩田农产品旗舰店覆盖全国24个省市自治区省级一级批发市场。一亩田现在已经建立了庞大的分销渠道，与3000家超市、20000个经销商建立了紧密深入的合作，可完成日均交易额1000万，并保持高速增长。不管是找货还是卖货，还是农产品滞销，只要@一亩田，便会在第一时间得到最专业的优质服务。一亩田线上布局不仅包括官方平台、手机APP，还与百度达成合作，推出一亩田直达号。直达号的推出是让各地农产品贸易人在手机上百度“@一亩田”，足不出户就能一键发布采购、供应，查询实时更新的价格信息，并可

以直接参与交易下单，结合地图功能通过LBS定位，查看距离最近的供求信息。产地的经纪人、种植户，百度“@一亩田”就能直接参与报价；批发商也可以直接看到各产地最新供应行情信息、下单采购，不用再为找不到好的货源而苦恼。

一亩田本质上仍然是一个撮合交易的服务平台，为促进供需双方达成交易一亩田提供价格信息、供需对接、质量检验、发货等服务，为掌握一手农产品价格信息需要与线下批发市场合作，为保障产品质量一亩田为采购商提供免费验货服务。一亩田本着为双方服务的宗旨，基于对传统交易习惯的了解和尊重，一亩田并没有强迫双方必须在线交易，而是提供多种对接渠道，包括电话交易，也允许批发商与农户线上联系线下成交。一亩田从创立之初就抱着为农民增收、为市民减负的目标，希望通过技术和服务满足各方的需求，并不是要颠覆产业链中间环节，而是帮助每个环节提高效率，这也正是一亩田获得成功的关键。相信一亩田的模式会成为中国农业创新的一个突破口。

（四）沱沱工社——有机食品网上超市

沱沱工社成立于2008年，是由美国上市公司九城集团旗下北京九城天时生态农业有限公司全力打造的专注于提供安全餐桌食品服务的有机食品网上超市。2014年沱沱工社的销售额达到1. 2亿，而在2012年时沱沱公社销售额只有2350万元，短短2年时间就实现了5倍的增长。沱沱工社2015年的销售目标要达到3个亿，经过6年的发展沱沱工社终将迎来规模的扩张（见图5-10）。

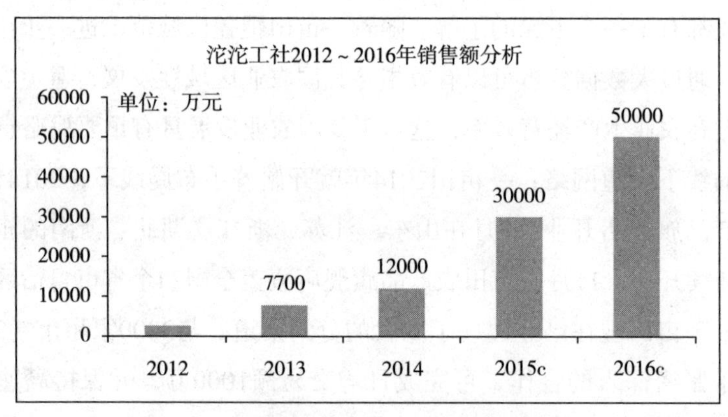

图5-10　沱沱工社2012—2016年销售额分析

沱沱工社是中国第一家专注有机、安全食品的电商公司，其战略愿景就是成为最受客户信赖的有机、自然、高品质的食品服务商。沱沱工社在为用户提供最高质量和最大选择的有机健康食品的同时，更希望传递保障食品安全、追求健康生活理念。沱沱工社的产品定位就是有机食品，其目标用户群也定位在中高端收入人群。目前沱沱工社的品类在3000个SKU，其注册用户有50多万，其中活跃用户数有9.7万人。沱沱工社的新增会员数量从以前的月均不足1000到如今的每月四五千，老会员的月购物频次也从1. 8次增加到了2. 52次，用户的每月购买率是2. 7%，客单价270元。

沱沱工社的产品分为自产和采购两部分，但无论是自产还是外采，都必须经过沱沱工社内部的严格检测。沱沱工社的自产产品主要来自沱沱有机农场，这也是沱沱工社跟其他生鲜电商最大的不同——为了保障食品的有机、安全和健康，沱沱工社花巨资在北京市平谷区马昌营镇投资建设了1050亩有机种植基地——沱沱有机农场。沱沱有机农场已获得欧盟有机认证、中绿华夏有机认证，同时获得中国有机种植示范基地称号。此外，沱沱工社在全国范围内还拥有8个联营农场，自营加联营农场的产品占到产品总数的30%～40%。本着品质和安全的经营理念，沱沱工社对供应商的采购制定了一套严格的标准。沱沱工社会从采购商品的生产区域、加工环境、供应商企业负责人的人品、供应商企业价值观、资质、资源、实际种养殖过程等全面考察供应商的安全水平，从产品的组成成分、营养结构、新鲜度、外观、味道等评估产品的质量。沱沱工社就是按照这样的安全、质量标准，从全球范围内采购高安全、高品质的食品。

沱沱工社采购的6个原则：

（1）环境原则：选择无污染的种养环境，是保证安全的根本。

（2）原产地原则：根据产品特性，我们从最适合此产品种养的产地采购。

（3）规模原则：小规模农庄，品质之源。

（4）价值观原则：尽可能与具有“不求规模最大，但求品质最好”经理理念的生产商合作。

（5）透明原则：要求供应商全部向我们和消费者展示所有与种养安全有关的信息，并接受消费者的监督。

（6）有机原则：首选有机食品，其次天然食品，再次高品质食品。

在营销层面，沱沱工社采取O2O+C2B的创新营销方式。沱沱有机农场不仅为用户提供优质、放心的有机蔬菜，同时也为用户提供农场考察、学习有机安全种植的教育基地，成为用户体验田园生活、追寻儿时记忆的休闲场所。沱沱有机农场总占地面积1000余亩，其中耕地占900余亩，主要种植作物为各种有机农产品，包括有机杂粮、有机蔬菜，总计80多个品种。另外拥有温室大棚30间，种植面积达42亩，主要从事反季节有机蔬菜的种植。沱沱工社将有机农场作为其有机生活理念的宣传基地，优质有机食品展示、小小农场主系列自然教育活动、冬耕体验、有机食品采摘、DIY手工坊、农场主等活动，可让都市人在闲暇之余体验一把田园生活。同时，别出新颖地退出了“地主计划”，将空闲的土地出租给用户，由用户决定这块土地种植哪些农作物，平时由沱沱工社帮忙打理田间的作物，周末节假日用户可以携带家人朋友一起到农场亲自耕作，收获的果实也归用户所有。

沱沱工社的C2B类似反向团购，即每隔几周，沱沱工社会在官网推出“现猪团”的活动，即从周一到周五下午，沱沱工社的会员可以根据自己的需求选择猪身上的部位进行团购，如果能集满十头猪的量，“现猪团”成功。周五下午后，“现猪团”活动结束，沱沱农庄的猪进入专业屠宰场进行分割和包装。周六上午，冷链配送团队已经在送猪肉的路上了。这种反向C2B将小众需求聚集起来，原本会带来损耗的东西反而成了毛利最高的产品。同时，这些生鲜猪肉都来自沱沱工社的自建农场，省去层层的渠道费用后，猪肉也成为沱沱工社最为赚钱的品类。

除此之外，沱沱工社针对会员的个性化需求推出购物卡活动，包括礼品卡、宅配卡、秋收卡、部长卡、单品礼盒及提货券等。①礼品卡：包含有300／500／1000／5000元自定义面额的礼品卡，可用于网上购物或者电话订货。②宅配卡：针对家庭客户提供月卡、季卡及年卡，按照家庭需求进行有机食材，菜、肉、蛋、奶、粮的搭配，每周配送1次或按需配送。③部长卡：享受私人一对一贵宾客户服务、享受贵宾特供稀缺商品、优先体验新品的预订及品尝。同时可以参加沱沱工社组织的有机宴会、基地参观、采摘及品尝活动。④秋收卡：预定沱沱工社有机秋收地。由沱沱农场代耕，费用含标志牌、水电、有机肥料、种子等农资及播种、育苗、除草等，用户自行采收和运输。⑤单品礼盒：针对个人需求提供单一品类有机蔬菜、水果、肉、蛋等有机食材的单品礼盒包装，品种随季节变化略有不同。⑥提货券：针对企业大宗采购，为客户量身定制提货券样式，可添加企业logo、名称、祝福语。每张提货券背面都有多种产品组合，持券人可根据个人需求选择自己喜爱的套餐。

沱沱工社除了自建官方网站，还进驻了天猫、京东等第三方平台，主要目的是为了扩大知名度和获取渠道流量，自营平台仍然是沱沱工社提供产品和服务的核心。

沱沱工社的生鲜电商选择的是全产业链拓展的重模式，不仅上游自建农场，而且自建物流仓储配送体系，目的就是为了给用户提供新鲜、健康、高品质的有机食品。沱沱工社投入了大量资金，构建了自己的冷链配送体系，确保最后一公里的物流配送的食品安全。沱沱工社在北京顺义投资建立了占地6000平方米，集冷藏、冷冻库和加工车间于一体的仓储配送物流中心。整个供应链中心包括产品的分拣、包装、仓储、物流都处于全程冷链状态。目前，沱沱工社有4个冷库，共计4000平方米，100多名仓储员工，15个配送站，从配送站到消费者还需要冷藏电瓶车的配送，“保证食品从冷藏环境到消费者的冰箱之间的时间控制在6小时之内。”也因此，物流成为沱沱工社的最高成本中心。目前在配送范围内，沱沱工社不仅能做到次日送达、精准交付，还提供夜间服务，并且环保回收产品包装等白色垃圾废弃物。

自建物流促使沱沱工社将“最后一公里”服务做到极致。为保障用户100%满意度，沱沱工社对所有物流配送员进行统一培训，要求配送员遵守统一服务流程，并学习各产品的特性、储存方法等知识。因为配送员是唯一与用户接触的环节，只有通过物流人员提供的全流程服务才能与客户保持亲密接触。也可以第一时间抓取客户的反馈。每次送货完成后，沱沱工社的配送人员会主动提出回收包装盒，并给予客户小小的奖励。如果将沱沱工社快递员的服务流程进行细分，中间可以分出28个小流程来。

经过多年的运营，沱沱工社也走了很多弯路，对于生鲜电商沱沱工社总结出3点关键要素：第一就是控制品类。从沱沱工社自身定位来讲，主要做有机食品类，2012年时沱沱工社对其平台品类做了大规模删减，坚持做小而精不做大而全，减掉保健品类目，将SKU数量从4000缩减为3000。沱沱工社认为对于不适合网上售卖的商品反而会增加平台的损耗，尤其是平台仓储物流配送能力没有达到一定程度的时候。目前，沱沱工社将产品分为头部产品、陈列性产品以及长尾产品。头部产品占到一半以上的SKU，主要以沱沱农场自采的猪肉和蔬菜为主，因为控制生产端，毛利率最高。其次是陈列性产品。占800~1000个SKU，主要以常温产品为主。最后的长尾产品，则是以有机类用品为主。第二大关键是控制损耗。沱沱工社2012年的时候损耗达到34%，主要是因为当时沱沱工社的品类没有规划好，缺少高黏度高毛利的产品，物流配送服务也没有及时跟上，导致复购率很低，就产生了较高的损耗率。为此，沱沱工社针对品类做减法，将高频次购买的菜肉禽蛋奶作为沱沱工社的核心商品，同时控制“头部产品”，因为头部产品比例过大损耗也会增大。另外沱沱工社还对用户范围进行了缩减，定位在专注服务北京和上海的用户，这也是从冷链配送的服务体验考虑的，专注为中高端人群提供极致服务，产生品牌黏性和高复购率，才是沱沱工社要努力的方向。第三大关键就是选品。2013年春，沱沱工社的草莓卖得特别好，很大程度与沱沱工社“自产有机”的概念有关。草莓的品种不少于几十种，品质也千差万别，如何找到消费者最能接受的口感，需要依靠数据的分析。通过后台的数据分析，沱沱工社准确抓住消费者的需求，取得了不错的效果。沱沱工社认为通过研究消费者的购物行为，由数据分析消费者的购物需求，以此提升选品能力。如何提升选品能力呢？第一是流程，从团队如何选品、营销到反馈，这些流程都需要做到数据化和信息化，减少人为的判断。第二是产品，是扩张还是收缩，不同城市之间的品类是平移还是“汰换”，这需要经验。第三，IT系统的测试，是不是从点击到购物车，还需要有库存、购物行为、促销功能的分析。第四，流畅的现金流规划、资金的分配，保证公司的财务管理和风险控制。第五则是完善的客服体系，沱沱工社赋予呼叫中心第一决策权、商品的下架权、赔偿权和调配权。

三、建平台关键措施

农业作为互联网领域最后一片蓝海，国内农业互联网平台仍处于探索期，且主要是针对农业全产业链的流通环节比较多，对于农资农机、种植、加工等产业链上游环节的触碰较少，一方面是因为建平台本身对于企业的资源和能力要求较高。另一方面农业产业链环节较多，涉及农户、加工、物流、代理等多方利益难以协调。虽然构建农业电商平台存在较大挑战，但同时也意味着发展机遇。对于想要构建农业电商平台的企业来说，差异化是建平台的核心所在，包括用户细分、产品差异化、模式差异化等。主要是通过对市场和用户细分，找到空白市场需求，一方面避免与现有平台的正面竞争，一方面形成自己平台的独特品牌，打造出自身核心竞争力。中粮我买网在淘宝、天猫、京东三分天下之时，从食品类目切入成为今天国内最安全的食品综合电商平台，其“安全”就是我买网与其他综合平台和食品电商平台最大的差异化。在食品电商领域，沱沱工社的切入点是绿色健康的有机食品市场，围绕“有机”这个核心沱沱工社在上游自建农场、布局冷链物流体系等，从而将沱沱工社打造成国内最大的有机食品电商平台，“有机”成为沱沱工社最大的差异化优势，同时也让用户对其有机品牌形成鲜明的认知。所以说建平台的核心关键就是构建差异化商业模式！

构建平台差异化商业模式可以从以下4个维度考虑：

第一，从供应链入手。通过对供应链信息流、商品流、资金流、物流的掌控，为用户提供极致产品和服务体验，同时降低整体运营成本，提高管理效率，从而为企业获取更多的利润空间。对于农业来说，就是要不仅从源头控制产品的质量，而且对流通全过程进行质量管控，缩减中间流通环节，直接将原产地产品配送到用户手中。一方面提高原产地的收入，一方面为消费者提供新鲜自然的产品，通过供应链的有效管理提升平台收益。达到三方共赢的效果将是农业电商平台的发展方向。我买网、沱沱工社、顺丰优选、京东等平台都在打造自己的供应链系统，以期构筑强大的竞争壁垒。

第二，从服务入手。不仅是便捷友好的线上服务，更重要的是布局线下服务网点，实现线上线下一体化的营销服务网络布局。在农业领域，互联网普及率相对较低，大部分农民朋友对于互联网认识不是很深入，仍然习惯于线下采买种子、化肥、种苗以及通过田间地头将农作物贩卖给中间商，线上购买以及线上发布产品信息的习惯有待培养，这就需要互联网平台承担起中间的服务职能。比如在乡镇设置服务网点，由专职人员在线下辅导农民朋友使用手机发布产品信息或进行农资产品的采买。对于线上批发存在信任问题，那么就需要平台提供质检和质保服务，保障供应商和采购商双方利益均有保障。比如一亩田就是通过线下对供应商进行实地考察和检验，对供应商进行信任评级，以便于采购方根据信任评级进行采买，如有问题一切责任由一亩田平台承担，一亩田为此做出了7天退换货的承诺！这就是典型的以服务为核心的平台模式。当然服务的平台模式对于运营能力和线下资源均有要求。

第三，从产业B2B入手。也就是说平台是为两端的企业服务，而不是针对大众个体服务的平台。比如万庄农资就是为原材料供应商和采购商提供服务的平台，通过平台的撮合交易掌握信息流和资金流，平台并不触碰任何商品，而是提供增值服务包括小额借贷、融资、理财以及物流配送服务，从而实现盈利。产业B2B具体为哪两端服务呢？“易观”认为产业B2B更确切的说法应该是F2R——Factory to Retailer，也就是直接从工厂到零售终端高效对接的新型商业模式。因为从目前消费者的消费习惯和消费数据来看，88%的商品仍然是通过零售终端实现销售的。所以即便是互联网时代，对于直接跟消费者接触的R端仍然是不可替代的，尤其是在四线、无线城市及农村市场。直接将生产厂商与零售商直接对接起来，对于农业产业链来说也是缩减了至少2～3个环节，某种意义上也极大提高了产业链的效率。对于F2R模式重要要解决的就是环节过多，零售终端价格过高问题，以及竞争激励和假货泛滥的问题。“易观”认为在农业领域非常需要构建一个厂商、零售商以及消费者相互对接的平台，使产品从厂商到零售商到消费者的通路更为顺畅。

第四，区域化。对于淘宝、天猫、京东这类综合型电商平台，他们所服务的范围并不能覆盖所有城市尤其是交通不便利的偏远山区和农村市场，即便覆盖到了在服务质量尤其是物流配送无法跟一二线城市相比，那么这就是区域电商平台的机遇和优势所在。尤其是生鲜水产类目的产品，其本身的易损耗、不耐存储、难运输的特点限制了大规模的发展，即便是本来生活、沱沱工社、天猫瞄鲜生对于生鲜食品的配送范围也是有一定的限制的，北京、上海、广州这类一线城市有很多的生鲜电商服务平台，但是对于其他的二三线城市则很少。所以这也是农业电商平台可以考虑的一个方向，基于某个区域打造以农业电商为核心的平台，不仅能拉动区域农业经济发展，还能带动人员就业以其他电商配套第三服务产业的发展，比如物流、仓储、加工厂商等。

建平台虽然面临诸多挑战，但同时对于传统企业来说也是转型升级的大好机遇，平台多带来的价值也是倍增的。除了商业模式，企业在建平台时还需要关注组织和团队层面的建设和发展，尤其对于有线下业务的传统企业来说，设置电商公司组织结构一定要与传统企业有所区别，互联网公司组织结构更为灵活和扁平化，一切以市场和用户为导向。对于团队的管理和激励也要从互联网角度出发，业绩并不是考核的唯一指标，更要符合平台未来长远的战略发展目标。

第四节　国外“互联网+农业”创新模式

一、Ocado——技术创新提升用户体验

Ocado（奥凯多）于2002年1月成立于英国赫特福德郡的哈特菲尔德，是英国最大的在线食品零售商，专注于提供高端食品、生鲜、玩具以及家庭用品的送

货上门服务，2010年7月21日在伦敦证券交易上市。2014年Ocado线上商品种类达到43 000 SKU，活跃用户超过45万人，其平均客单价达到112英镑。目前公司有超过8589名员工，服务的家庭用户超过1000万。2014年Ocado线上销售额实现了20%的增长，达到10.26亿英镑。

Oeado电商运营模式是自营+入驻的方式，拥有3个自有品牌，即以生鲜食品为主的Ocado品牌，宠物商店品牌Fetch，以及餐厅品牌Sizzle。而鲜花、玩具、杂货等则是其他品牌商供应，另外第三方平台的商品也可以通过Ocado进行售卖，比如家乐福的产品也通过Ocado平台销售。2013年Ocado就开始帮助Morrisons开展线上销售工作，未来Ocado希望利用他们的而平台帮助更多的国际合作伙伴。Ocado的战略目标是打造最好的线上食品零售平台。

跟其他食品电商或传统超市相比，Ocado拥有其独特的技术、物流和创新三大优势。首先，技术上Ocado为打造最好的食品线上平台，根据自己12年的经验专门研发了一套独特的端到端的网络零售解决方案。该方案是基于Ocado专有研发技术和IP，不仅适合Ocado自身也同样适用于他们的合作伙伴。通过该方案可帮助企业很好地实现产品管理，降低成本，提高配送效率，让用户得到更快更好的购物体验。

其次，为了降低物流成本、提高物流配送的效率，Ocado开创了扁平化的供应链模式。即客户在线下单后，85%的货由供应商直接配送到Ocado在英国哈特菲尔德的CFC运营中心，其他15%的货则由供应商送到批发商处，然后由批发商配送到CFC运营中心，最后统一由运营中心安排配送车辆直接送到用户家里。为保障产品的品质和新鲜，Ocado使用门定制的冷藏型奔驰卡车和单元箱体装载配送，即根据生鲜产品的冷藏需要，不同产品使用不同的箱体存放，并保证按照用户要求的温度送达用户的手中。

在创新上，一方面体现在Ocado的营销方式上，Ocado十分重视移动端的应用，针对各种终端手机、PAD都推出了相应的APP应用，以方便用户通过移动端下单。Ocado利用移动终端率先开展O2O的营销模式，其在街道人流集中地方设置虚拟橱窗，推出“虚拟购物”，即使用智能手机二维码扫码完成下单；与线下超市合作，在体验区安装42'的触摸屏带动顾客购物体验；联合社区开展线下社区试吃活动，增加用户的参与和体验。另一方面的创新可以体现出Ocado的前瞻性战略眼光，Ocado未来打算推出智能冰箱，即未来的冰箱将能够扫描冰箱货

架储存的食物信息，该信息将与并Ocado网站的大数据打通，从而能够让Ocado实现精准营销。另外为了实现自动化管理，Ocado在物流中心推出AutoStore“机器人”服务，主要处理非食品类商品的拣选和包装，这是利用大数据分析所提供的自动存储解决方案。

Ocado作为世界上最大的专业食品电商平台的标杆企业，不管是在运营方面还是营销层面的创新，以及扁平化供应链模式和物流技术的创新方面，都值得中国的农产品电商平台学习和借鉴。

二、Local Harvest——整合农场资源专注本地化服务

Local Harvest成立于1998年，通过整合30000余名家庭农场资源，建立起农户与消费者之间的直接联系。Local Harvest的理念是“真实的食物，真实的农人，真实的社区”。通过CSA社区农场提供本地化服务，即通过Google Maps技术帮助消费者快速搜索到其所在位置附近的家庭农场、农贸市场、食品店、餐馆等信息，消费者可以根据自己的位置在线上选择相应的店铺进行在线下单。区域化的服务模式可以保障不同地区的农户专注于为本地社区消费者直接提供新鲜的蔬菜、水果及肉类产品，通过本地区宅配就可送达消费者，有效地降低了因长途运输而带来的高物流费用实现快速配送。Local Harvest目前共计有20000余名会员，并且以每天约20名新会员的速度增长，可提供25类11327种产品。

Local Harvest如何吸引消费者关注呢？首先Local Harvest作为第三方平台，为消费者提供了透明的农场及农产品信息，网上订购也大大增加了消费者购买的便捷性。其次，从产品上，Local Harvest搜集了大量带有当地特色的食物，比如小白火鸡、美洲胡桃、花苹果等等，旨在寻找将会消失的食物的味道和过去的味道，以便于让消费者体会到非同一般的味道，同时也跟其他的食品电商形成了差异化。最重要的是，Local Harvest十分注重消费者的互动和体验。Local Harvest不定期推出农场体验活动，即通过组织农场实践活动，让喜欢田园生活、爱美食、爱劳动的消费者能够参与到农业的实践中来，体验到亲近自然的快乐。最重要的是，消费者通过参与劳动实践，更加信任农场农产品的安全可靠性。

那么对于家庭农场来说通过Local Harvest可以获得哪些好处呢？首先，Local Harvest为家庭农场提供CSA ware软件，CSA即Communitv Supported Agriculture是指社区的居民直接购买当地农场所生产的季节性农产品，这种模式在美国已经

存在25年了。通过CSA模式既可以帮助当地消费者直接获取新鲜的水果蔬菜，又能帮助当地农民计划性地进行种植提高当地农民的收入。Local Harvest所提供的CSA ware是一款帮助CSA农场更好地运营管理农场的软件，强调农场管理任务和自动化操作。主要功能有种植计划管理、种植进度管理、在线订单管理、会员管理、配送管理和财务管理。另外，LocalHarvest还会根据不同农场的实际状况，对软件的部分功能做出调整。例如根据农场的需要制定不同的优惠券和积分规则。其次，通过会员制的形式帮助农场提前获得收入，利于现金流动。预定的模式也帮助农场及时了解消费者需要的食物类型，使农场种植更有针对性。

Local Harvest的主要盈利模式是CSAware软件使用费以及交易佣金。CSAware是收费软件，在收货季节以后每月固定收取100美元使用费，另外还要收取配送食物交易额的2%作为佣金。通过较低的费率，提高了农场使用CSAware的意愿。更重要的是，通过其他渠道而不是LocalHarvest网站销售出去的农产品，LocalHarvest同样也会获得收入。

Local Harvest这种模式在我国尚未出现，主要是因为我国的农业种植比较分散，而美国农业基本都是以农场形式存在，拥有约200万中小型农场和CSA农场。所以相对比较容易整合。虽然目前Local Harvest这种模式还无法在国内推广，但是其在用户体验及为农场提供管理软件的这种创新非常值得我国农业创新的探讨和学习。

三、Farmigo——打造食品社区C2B模式

Farmigo是美国一家新型农产品电子商务网站，致力于打造一个能够提供新鲜的、本地化的、可承担的及后代可持续发展的健康的非传统生活方式的食物体系。于是结合农夫集市的可选择性和CSA的便利性，Farmigo创造了一种新的模式，即将消费者以“食物社区”为单位和当地小农场连接起来。目前Farmigo已与美国25个州的300余农户建立合作关系，并在纽约和加利福尼亚建立了3515个食品社区，使2 501 137个美国家庭享受到了更加新鲜更加健康的食物。

Farmigo打造的食物社区的概念类似于我国的农村合作社，但又有所不同，同一食物社区的人需要在临近的地点居住或工作。食物社区可以是一所学校、一座办公楼、一片住宅区里的一部分人。Farmigo会为该社区创立一个专属在线农产品市场，同一个食物社区中的成员每周都可以在其社区专属的Farmigo网页上

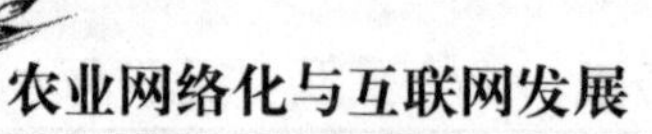

"点菜"，当地农场则会每周将来自同一个食物社区的订单进行汇总，然后定点配送一次，随后由消费者自己取回各自订购的食物。这样，来自同一地点的很多人就可以同时足不出户地享用当地新鲜的蔬果、蛋类、肉类、奶酪，甚至葡萄酒和咖啡等等。

Farmigo食物社区是由消费者主动发起的，首先发起人向Farmigo发起食物社区的申请，然后Farmigo会更多地去了解这个社区，并为他们量身定做一个网页，在此网页上会有当地已经加入Farmigo的农户的信息，以供这个食物社区的成员今后在线下单。随后，Farmigo将会帮助这个食物社区的领头人（食物社区的发起人即领头人）展开宣传活动、招募成员。为鼓励领头人积极主动发展周围的人加入社区，会将社区销售的10%奖励给领头人，此外还有食物的折扣。

Farmigo这种模式的创新者在于首先将对食物有一致追求的人聚集在一起，由消费者提出对食物的需求，然后农场根据需求进行种植、采摘和配送，这种C2B模式可以有效指导农场针对性的采摘，减少种植的盲目性，并能保障用户获取新鲜食材。其次，Farmigo承诺每周一配，这跟现在的一日多配或即时配送形成鲜明差异。一周一配的模式首先从订购量上形成规模化，其次降低物流配送成本，这样就可以降低食物的价格，使消费者受益。Farmigo承诺新鲜的食材价格会比超市平均便宜20%~30%，保证会在48小时内送达指定地点。另外一周一配的方式也培养了用户如果想要获得新鲜食材就必须提前预订的消费习惯。

Farmigo倡导本地化种植的健康有机食品并打造社区和环境可持续发展的理念，因此在网站上对于传统的食物供应方式进行反省。比如"为什么要吃超市里的那些在货架上待了两周的食物呢？Farmigo就是在线的农夫市集，可以为你提供从采摘到餐桌不超过48小时的新鲜食物。""我们现在的工业化食物系统不能支持本地的农户，而且很多时候食物的运输需要穿过整个国家。而Farmigo则可以把社区和本地的小农户直接连接起来。""如果建立一个基于Farmigo的食物社区，更多你熟悉的人就可以吃到新鲜健康的本地食物了。"通过这种理念的宣传，Farmigo获得了众多粉丝的支持，在纽约布鲁克林的一家公司对于Farmigo的理念非常认同。以至于他们对于每个员工每周下的Farmigo订单都提供10美元的补贴！

Farmigo在资本市场也得到了认可，目前已完成B轮融资，获得800万美元风险投资。尽管Farmigo规模不大尚在起步阶段，但其创新的食品社区形式的C2B模式，非常值得国内食品电商企业研究和借鉴。

四、Peapod——世界上第一家食品电商公司

Peapod成立于1989年，是美国最大的网上食品杂货店和配送服务商。总部在美国芝加哥以北不远的小镇司考基（Skokie）。1989年，安德鲁和汤姆斯兄弟在美国埃文斯顿开拓了网上食品杂货店送货概念。Peapod成为世界上第一家电子商务公司。1990年Peapod为顾客提供了软件和拨号模型以联系Peapod商店系统进行购物下单，安德鲁和汤姆斯及他们家人则负责产品挑选、打包及配送。1996年Peapod上线了官方网站peapod．com，正式成为了网上食品杂货售卖商。1997年，PeaPod在纳斯达克成功上市。1998年7月，PeaPod寄出了第一百万份订单。2001年，美国顶级食品零售商Royal．Ahold收购了Peapod，成为其国际食品零售商和食品服务商的线上食品平台。同年Peapod在苏黎世湖投资新建了75000平方米的温度控制配送中心，强化了其仓储物流配送能力。2009年Peapod开疆扩土，将服务范围覆盖到新罕布什尔州和印第安纳州，同时在20周年时，Peapod实现了线上1500多万配送订单。2011年，Peapod进驻费城，并开始借助移动互联网开始创新营销活动，成为美国第一家开设虚拟杂货店的公司。在2012年Peapod又在波士顿、康涅狄格州、纽约、新泽西、费城、华盛顿和芝加哥大的地铁换乘站推出了100余家虚拟杂货店。

目前，Peapod已覆盖美国24个地区，拥有1500名员工，线上提供15000种产品。同时与其集团下属的线下超市Stop&Shop、Giant L,andover、Giant Carlisle建立了线上线下密切合作关系。尽管在美国不断有新的食品电商平台加入到市场竞争中，但Peapod凭借其多年的食品零售经验以及在移动技术领域的进展，使其在食品电商竞争中保持领先地位。

（一）Peapod移动端的技术创新

自2010年开始Peapod就十分重视移动互联网技术的投入，因为Peapod发现很多人尤其是女性顾客无时无刻不在使用手机。Peapod希望为用户提供更加便捷的网上购物体验，智能手机则是最好的方式。现在Peapod40%的销售额都来自手机端，而手机端中70%的销售来自Peapod的App。Peapod手机端技术创新都源于进一步提升用户购物体验。比如说用户可以根据自己对营养的需求进行产品分类，而不再需要对每一个产品都浏览之后才了解是否符合自己需要的营

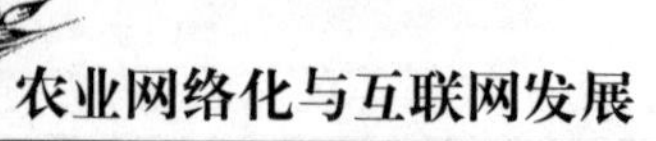

养价值，比如不添加蛋白质、不添加奶等，Peapod根据用户的需求只提供满足用户需求的产品，也就是说每个用户都会看到不同的页面展示，从技术上实现用户的个性化需求。

移动技术创新可以说是Peapod的核心竞争力，2014年Peapod在芝加哥市中心的创新中心成立Pvapod动力实验室，专注研究移动技术创新应用。Pcapod实验室建立的初衷是为了使得Peapod能处于互联网浪潮的前沿，服务于未来的消费习惯，在竞争中保持领先地位。

（二）Peapod O2O模式

Peapod在2001年被Royal Ahold全资收购之后，增加了线下超市的渠道，为Peapod开展线上线下营销推广服务提供了基础。Peapod在某些区域提供Pick-up服务即用户在线上下单后，根据自己所在区域选择Peapod在该区域的线下合作超市或者便利店作为提货点，如Peapod Pick-up、Stop&Shop Pick-up、Giant Pick-up等，然后由线下实体店服务人员按照订单进行包装并按照用户要求时间将商品送到用户手里，对于开车的用户甚至都不用下车就能拿到自己网购的商品。

Pcapod 2012年在波士顿等城市的地铁换乘站推出了虚拟杂货店——用户只要1部智能手机并下载相应的APP，即可在上班的路上购买所需的食物，在下班的时候就能收到所订购的食物了。这也是美国首家开展虚拟杂货店的电商，这种新颖的方式吸引了很多年轻白领。

（三）Peapod的个性化服务

针对企业客户Peapod推出了定制化的个性化服务，通过Peapod线上平台，企业客户可以进行一站式购物，从新鲜水果、奶制品、麦片、早餐到办公用品、清洁用品，一应俱全，同时Peapod为企业用户推出上千特价商品以供选择。Peapod承诺快速送达服务，即今天订单明天送达。

（四）Peapod创新型供应链系统

Peapod采取仓库和商品展销室两种方式的集中分配模式开展物流配送，仓库和商品展销室均可提供第二天配送服务，但是服务于美国Ahold商店的商品展销室主要应用于新市场，以便于为商店基础设施进行融资。集中分配模式可以使Peapod设计购物空间以支持购物满足感的有效性和准确性。在这种模式下，Peapod也可以更多地控制库存和物流。

Peapod与Stop&Shop、Giant Food Stores和Giant Food等超市建立了线下合作关

系，将这些线下实体店作为其仓储和配送分站，以便快速服务该区域用户。为保障生鲜产品的品质，Peapod配备有专有的保鲜配送体系，使得产品从农场到客户手中可以一直保持最适宜的温度，在配送过程中Peapod的仓库、配送卡车及配送箱全部都实现了温控。

Peapod的核心优势总的来说主要包括三点：移动端技术创新应用，线下实体店O2O运营服务，以及智能化的供应链管理体系。

通过对国外农业电商案例的研究，不管是Local Harvest的GoogleMap位置应用还是Ocado在物流中心推出的AutoStore“机器人”服务，可以发现国外的食品或者生鲜电商企业都非常重视技术的应用和创新，尤其是利用技术手段实现智能化的供应链管理，提高其管理效率以减低产品的损耗。另外，由于农产品特性及物流成本，国外农产品电商平台都选择区域性发展模式，同时非常看重线下配送服务，实现全程冷链配送服务，核心都是为了提升用户购物体验，建立良好的口碑和品牌形象。总体分析，国外农业电商模式更看重技术的应用，借助技术手段实现供应链管理、客户管理、营销推广以及品牌塑造，这一点非常值得国内农业电商企业研究和深思。

第六章 农业+互联网：构建新常态下的现代化农业

第一节 如何构建新型农业经营体系

在农业和互联网的融合上，有两种不同的看法：一种认为这种融合拥有广阔的前景；另一种则认为目前面临的形势很严峻。对于后一种看法，互联网和农业的融合遭到批判的方面包括管理体系的不完善、品牌建设的不易、农村地区产业化程度的低下和农民市场观念的缺乏等。

在这方面，百度总裁李彦宏曾经表示，先利用互联网确保食品安全、建设农业的品牌，有了品牌之后，就能够整合包括种植或养殖、产品加工、物流运输和销售等相关环节，接下来就可以向更深层次的领域进军，比如有机农业、高科技农业、旅游农业、休闲农业等方面，这样必定能够挖掘出农业领域的巨大潜力。

尽管一些商家已经尝试涉足农产品与互联网的融合，例如京东、顺丰，也有一小部分企业初步建立了自己的品牌，例如360大米。但是就目前的情况来看，农业与互联网的融合仍需要很长的时间去发展。不过，我们还是可以看到目前已有这方面的实例，从中寻找发展的机会。

一、选择和决策

信息的收集和相关数据的处理在新品种的开发和筛选过程中显得尤为重要。这些信息不仅局限于市场流通方面，例如某种产品在市场上的供需状况和相关信息，还应该了解对该产品有影响的方方面面，比如产品种植地的天气状况、种植、养殖的频发灾害、政府的政策变动等。

除此之外，还需要保证信息的及时准确和足够的信息量。同时，信息的收集需要和有关部门进行合作，而这些都需要网络的参与。

人们对食品安全和健康的重视，也让我们将视线放回到源头，关注对于种植／养殖过程的监控和品质管理。

人们生活水平的日益提高使人们在满足物质需求的基础上越来越重视生活质量，这要求我们从生产过程的最初环节出发，加强对产品种植／养殖的监管力度。

如果有了农业物联网，就能把传感器接入网络，通过网络的信息处理对种植或养殖过程实行全程监控。一旦出现问题，农民能够通过网络找到问题发生的精准位置和诱因。买家也能够通过农作物上与电脑形成一体的标签及时了解作物的生长状况。

举个例子，卖家与农作物种植方达成协议后，可以在网络上追踪作物种植过程中的生长情况，也可以将所得的情况记录下来作为产品质量保证，为产品的销售增加砝码。

二、渠道的拓展

我们应该改变传统的想法，换个角度看问题，在农业与互联网的融合中，我们可以通过网络去改善农产品的流通环节而不是一味绞尽脑汁地去改变农产品。互联网在流通环节为农业的发展提供了更多元的渠道和更方便、快捷的流通方式，也调动了农民从事电商的积极性和主动性，这也使农村的生产方式根据市场需要更加注重相互之间的合作或者进行集中生产，使农民更加注重品牌建设和产品的渠道开发（也可以称之为“商品意识”）。

这些改变促成了一些专门经营农产品的电商群落，比如三只松鼠、菜管家、易果网等。自此，许多商家看到了农产品与互联网结合的发展前景（也有部分商家将农产品经营与社会化媒体如电视等结合）。

360大米的营销方式反映出商家在销售中对产品种植环节的重视。互联网企业在农业领域的涉足，使商家在农产品种植环节就通过互联网与买方进行沟通，使自己的产品更能够迎合市场需求。

在这方面做得比较好的电商还有中农网电子交易平台，这个网络平台的交易涉及大宗类产品（棉花、食用糖等）和农产品。这种方式被称为“B2B业务”。所谓“B2B”，指的是农户采用快递等物流方式将自己种植的农产品送到消费者面前。“聚划算”的“开心做地主”项目也用这个模式运作。

三、资金和保障

2002年。肯尼亚为了方便小农户之间进行交流互动，建立了“DrumNet”网络平台。平台不仅为农户提供全面而丰富的信息咨询，还能够按照用户的意愿使操作界面符合其特定要求。

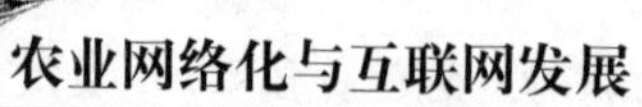

"DrumNet"平台还与商业银行合作，向小农户和零售商提供小额贷款服务，只是以非现金的方式进行。小农户或零售商通过"DrumNet"平台的贷款服务从商业银行得来的贷款会直接到达农资公司，小农户能够在这里获得养殖或种植所需的生产资料。银行可以运用网络和现代通信技术对借款人的生产、销售、资金的运用等活动进行追踪查询。借款者的销售所得会自动回笼到收取他们贷款的账户。除此之外，肯尼亚还创建了一套农业保险系统，这套系统以搜索功能为基础，向小农户提供天气预报和市场行情，与保险人的互动非常紧密，可以运用这个系统对保险还款进行监控追踪，并且能使诉讼过程得到完善。

同样的例子还有"大北农"公司打造的事业财富共同体综合服务项目，该项目为经销商提供财务和信息服务渠道，把经销商的经营信息和信用数据集中起来。国内一些地区也在尝试促进农业生产和合作的尝试。这些尝试以经济投资为杠杆，成为农村金融改革的重要组成部分。

这些改革是在农村地区发生的，并且针对的对象是农民，他们在资金方面的需求没有集中性，而且抵抗风险的能力低并且没有抵押的物品。目前，一些地区为了解决农民对小额信贷的需求开始了网络信用体系的建设。网络在信息收集和分析方面强大的功能也有效解决了农业保险的高复赔率难题。

The Climate Corporation是美国的一家公司，该公司向农民提供天气方面的农业保险。这家公司的信息平台中保存有250万个信息采集点的气候信息，根据平台提供的信息和现实中对土壤的分析、植物根部构造的研究以及大量的模拟实验得出天气结果来服务农业生产。

另外，中央出台的农业政策也可能改变土地资产的流通情况和流动方向。阿里巴巴的"土地宝"虽然冒着相当大的政策风险，但也是对新模式的探索。

四、商业化

考虑到我国的多数农产品行业没有进行品牌建设，对农村信用和市场方面的认识也不足，许多企业和商家，比如360生鲜、中粮我买网都通过企业自己的农产品产地或者定向直接采购的方式保持正常运营。

经营专业合作和股份合作的农民合作社在2013年年末的注册数量达到98.24万家，有7412万农户入社，也就是说28.5%的农户参加了农民合作社。农民合作社成为农村地区实现农业的商业化转变、与互联网融合的主体。

例如，近年来，浙江省遂昌县逐渐发展成淘宝县，不仅在经营当地的特色产品（比如茶叶、竹炭等）上获得了成功，而且通过特色生鲜品在电子商务领域的团购营销模式为农业产品在网络平台的营销开拓了新的渠道。该县为了成功实现农民合作社和农业企业、农民的商业化，以电子商务带动农产品的发展，寻求特色农产品经营企业与网店协会的合作，使产品更符合消费者需求，为经营者带来利润。

农民虽然是分散的个体，但借助网络平台提供的信息，也能够作为一个个独立的经营机构在网上经营自己的农产品。

农民生产的农产品通常都品种单一，那么他们在与销售者和零售商沟通中就会发现，他们的产品不完全符合市场的需求，如果能够突破自身的范围限制与面对同样问题的其他人进行合作，或者和农产品经营机构合作，就能打开市场。除此之外，农民也能在合作中借助合作方的品牌为自己的产品增值，或者改变品种的单一性来迎合市场需求。

行业专家认为，借助互联网平台将个体拓展为独立经营机构的方式加强了农产品的经营与相关企业的联系，在这种联系下形成的合作组织可以超越地域和时间的限制，也能突破行业局限。如果合作范围能够进一步扩大的话，农民可以与分散的农产品销售者合作，在网络平台上作为一个虚拟公司共同经营，并且在产品经营过程中相互学习产品生产和销售方面的经验知识。

五、增值能力

《失控》的作者凯文·凯利曾经指出，信息对称性问题的解决是互联网的最大作用。确实，信息不对称的问题是当前农产品市场中存在的最大问题。也就是说，现在我国生态农业产业链的最大困难是市场信息的不对称，解决了这个问题，就能加快农产品的品牌建设。

第二个问题是如何把分散的客户在网络平台上组织起来，打造农产品的企业品牌，提高农产品的附加值。物质生活使消费者更注重商品的安全和质量，这就要求产品经营者在进行网络营销时抓住市场需求，挖掘产品的渊源，努力让消费者从产品最初的生产环节到最终的消费环节都能感受到产品的可靠性。

将农业与电子商务融合可以让农产品生产者与消费者之间直接沟通，简化了产品的流通过程，减少了流通环节，减少了产品在流通过程中的损耗，降低了流通成本，从而使产品的市场价格更合理，与产品价值也更加相符。

借助电子商务从事农产品的经营是对生产和销售关系的本质变革，利用网络平台提供的信息数据获知市场动向和需求，从市场需求出发进行农产品的生产，并利用多种手段实现更高收益。

把互联网和农业结合的新思想和新实践是对传统农业经营的彻底变革，在产品生产、销售、企业品牌的建设和农村地区商业意识的提高等方面助益良多，能切实解决农产品销售难的问题。

第二节　构建现代农业信息服务平台

互联网农业成为“互联网+”的又一焦点，受到了包括资本市场在内的多方关注，阿里巴巴、京东等互联网巨头也开始借生鲜电商介入农业市场，一大批农业互联网平台应运而生。然而，如何将互联网与农业有机结合，运用互联网发展农业市场，目前还没有已被证明成功的模式。我国的互联网农业尚处于初级阶段，还有很多问题需要解决。

一、农业信息市场需求量得不到满足

信息化水平是衡量农业现代化程度的重要标尺。尽管各方一直在推进农业互联网建设，并且取得了一定的成果，但是相比农业信息市场巨大的需求量来说还是远远不够的。

我国农业市场拥有将近4万个网站平台、3000多种专业的农业期刊。另外还有数百种与农业相关的报纸，以及一大批农业类广播电视节目，资源不可谓不丰富。然而，我国农村人口占全国多半，达9亿之多。而农村网民人口不到2亿，还有7亿多的农民消息闭塞，对信息的需求得不到满足。

二、农业互联网呈现四大发展态势

由于我国农业信息市场存在着巨大的缺口，因而我国农业互联网逐渐呈现出多元发展的态势，在众多农业网站中，以农产品电商、农业导航、数据咨询、信息媒体类平台最多（见图6–1）。

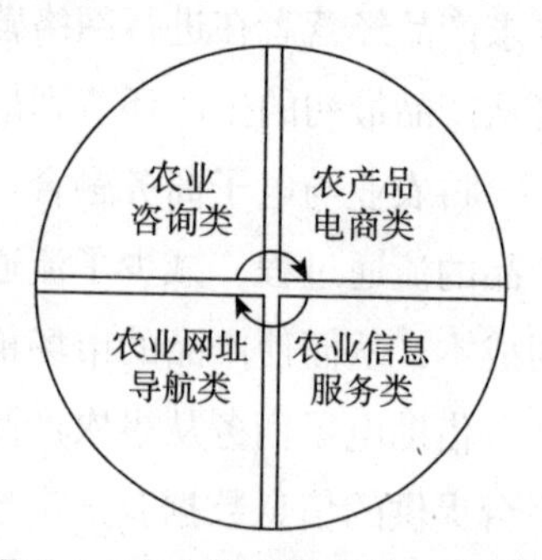

图6–1　农业信息平台的四种类型

（1）农业咨询类网站

农业咨询类网站的运营模式是将线下渠道的咨询信息发布到平台上，与其说是一个互联网公司，还不如说是一个披着互联网外衣的线下信息

集中营。信息内容主要包括来自其他行业或企业的相关经验、先进的管理技术和工具以及成熟的工作方法（见图6–2）。

资料来源：天下粮仓网。

图6–2　天下粮仓页面

跨行业的经验有助于帮助企业拓宽视野；借助管理领域的先进经验，企业可以变得更专业；将专业顾问高效的工作方法带到企业团队中，整个团队就可以迅速成长起来。

比如天下粮仓、卓创资讯、艾格农业等从事农业数据分析的资讯类网站，就是通过学习大宗产品期货市场数据分析等其他行业的成熟经验，进而开展自己的业务，取得了迅速的发展。

我国农业互联网起步较晚，数据资源并不丰富，甚至很多数据不可靠，严重影响了农业咨询网站的服务质量。数据的不可靠导致了部分咨询服务的不可靠，给农业咨询行业造成了很不好的影响。然而，随着行业的发展，以及农业企业对咨询服务认知水平的提高，有实力的资讯类平台逐渐得到了发展，靠忽悠客户生存的滥竽充数的咨询网站逐渐被市场淘汰，农业咨询行业的发展逐渐步入正轨。

企业对农业咨询行业认知水平的提高，必将促使此类平台完善自身的服务，过去单纯售卖数据的模式已经不足以维持网站的运营，网站必须为企业提供完整的咨询服务，首先要严格按照企业的真实情况诊断其存在的问题，然后根据诊断结果设计解决方案，最后帮助企业实施整个方案。

（2）农产品电商类网站

农民的收入主要来自农产品的销售，所以销售环节是发展农业经济的重要部分。长期以来，农产品销售饱受渠道限制，除了卖给粮站、粮店以外没有多少选择，导致了农产品价格与农民收入偏低。

进入互联网时代，农产品品类日渐丰富，消费者的需求日趋个性化、多样化，农产品生鲜电商趁势崛起，瞄生鲜、沱沱工社、顺丰优选等各种形式的生鲜电商纷纷涌现出来。

到2014年年底，我国大大小小的生鲜电商已超过4000家，涉农综合类电商超过3万家（见图6–3）。自2014年起，推进农产品电商平台发展被纳入政府工作计划,意味着农产品电商即将被纳入正规军，逐渐向规范化、品牌化、平台化转型。

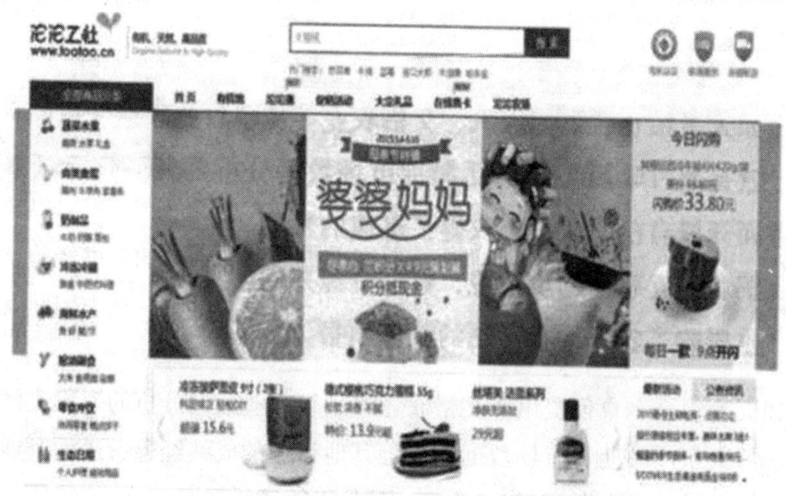

资料来源：沱沱工社网。

图6–3　沱沱工社页面

人们选择在互联网电商平台购物，除了便利之外，更主要的原因是价格便宜。低于实体卖场的售价，是电商平台吸引消费者的主要原因。然而，目前我国的农产品电商很难实现低价售卖，甚至很多农产品售价略高于实体店铺，这种状况的出现主要有两个原因：

一个原因是大部分农产品电商走的是高端路线，主要售卖有机、生态、可追溯的高品质产品，高品质的农产品意味着更高的培育成本，更高的培育成本就意味着更高的售价。

更重要的原因在于高昂的时间成本和物流成本。生鲜类产品由于其本身的特性对物流的速度要求非常高，必须在尽量短的时间里送到消费者手中，如果在路上花费太久，产品往往不再新鲜，产品的品质随之大打折扣。而除了物流公司本身的运力、仓储、人工效率外，物流的配送速度更依赖于畅通的交通网络，这一点很难满足。很多偏远的农产品产地道路不通畅，消费者所在的城市也有限号、堵车等交通阻碍因素，这些都是影响生鲜配送速度的致命伤。

（3）农业信息服务类网站

在这四种类型的农业网站之中，信息服务类网站起步较早，大大小小的网站已经有3万多个，每天平均浏览量高达120多万次，这些网站为企业用户提供多种类型的信息和服务，内容涵盖农业领域的各个角落（见图6–4）。

资料来源：中国惠农网。

图6–4　中国惠农网页面

然而，这类网站虽然数量众多，但是成功的很少，有影响力的仅有几家，大部分网站资源分散，内容千篇一律，服务功能十分有限。造成这样的情况主要是由于此类网站资金匮乏而且缺少目光长远的领导者，没有大量的资金投入，很难健全网站服务功能。

（4）农业网址导航类网站

其他三类网站越来越多，农业网址导航类网站也随之发展起来，逐渐跻身最方便的网站信息搜索平台之列。在网站架构方面，这类网站几乎完全按照haol23之类的知名互联网导航网站的模式而建，在内容方面则涵盖了各大农业相关网站，包括产业链上下游的互联网平台，基本能够满足企业用户对各种农业资源的搜索需求。

农业网址导航类网站起步时间相对较晚，大部分都是新注册的网站，网页级别普遍较低，被搜索引擎收录的较少，而且基本都是文字导航，页面设置过于单调，各个网站大同小异，缺少引人注意的个性特点，影响力普遍较低，发展情况比较好的只有中国农业网站导航、中国农业网址大全等少数几个。

此类网站的未来，应该往差异化方向发展。网站应该做出自己的特色，朝多元化方向发展，比如按照网站LOGO排列的可视网址导航，以及支持用户自己定制网站、更换网站主题等，为用户提供更好的使用体验。

第三节　智慧农业+电商模式+产业链模式

互联网已经渗透进各个产业，农业也不例外，互联网对传统农业的渗透主要表现为三种模式：将互联网技术应用于农业生产过程的智慧农业、将互联网电子商务应用于农产品销售的农业电商、将互联网融合于整个产业链的农业互联网生态。

一、互联网带来的智慧农业

智慧农业就是集成现代的信息技术将农业生产过程标准化、机械化，通过大量的传感器感知农作物的状态，再将具体数据传输给计算机处理中心，由计算机处理中心做出相应的判断，然后将结果传送给终端执行。

相比于传统农业，智慧农业能够大大节约人力成本，同时加强了对农产品品质的管控，也更容易抵御干旱等自然风险，因而得到了积极的推广。

互联网带来的智慧农业，让畜牧养殖和农产品种植过程都变得现代化十足。国内已经有很多现代化农场实现了农产品种植、养殖的智能化（见图6–5）。

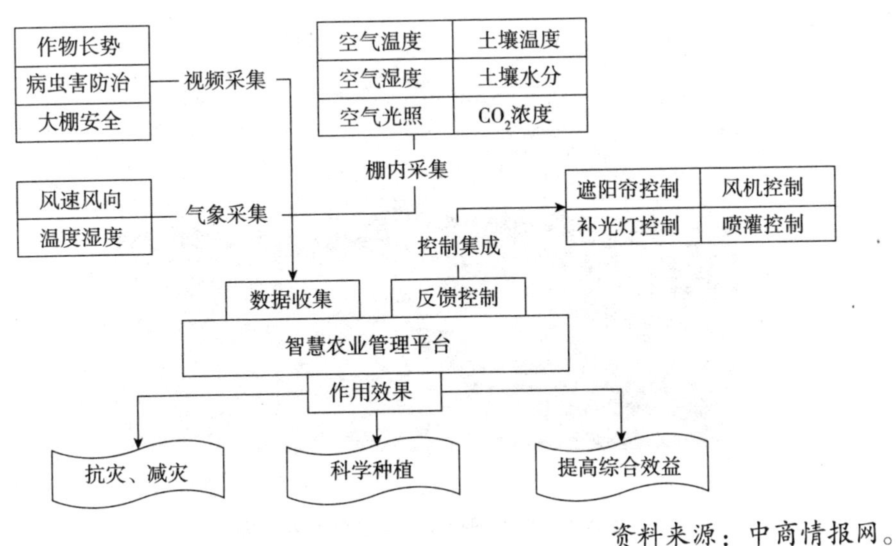

资料来源：中商情报网。

图6–5　智慧农业解决方案

〔案例导入〕智能创意农业园

位于北京密云县季庄的海华云都是一家经营智能养殖业务的生态农业公司，这家公司的养殖场里养着数千头奶牛，每头奶牛佩戴有一个电子身份识别卡，里面存储着这只奶牛的所有身份信息，包括年龄、血统、初次挤奶的时间等，这些信息会被智能挤奶大厅自动读取，奶牛产出的奶的品质会被智能挤奶杯自动检测，这样一个流程下来，只需要四五名工人就可以完成全部的挤奶以及质量检测工作。

类似的情形在这个养殖基地中随处可见，比如在奶牛的喂养环节，由计算机中心控制的饲喂站会自动称取奶牛的重量，再参考奶牛电子识别卡中的信息，在后台计算出每只奶牛需要的饲料量，然后自动投料饲喂，整个过程全由机器完成，人们只需要坐在计算机前轻点鼠标，就可以保证每只奶牛被饲养得健健康康。

总投资100亿元的秦龙现代生态智能创意农业园，是政府主导下的智能农业项目，该园区占地10000亩，主要开展智能化、规模化的农产品种植，从播种、浇水、施肥再到打药、采摘，全部实现了机械化自动作业（见图6–6）。比如，通过雷达定位和GPS导航，无人驾驶飞机可以自动飞到园区上方对农作物进行喷药和施肥；通过传感器传回的数据，机器人可以自动判断果实是否成熟，自动进行采摘操作。

资料来源：新浪陕西。

图6–6　秦龙现代生态智能创意农业园

二、互联网带来的农业电商

互联网电子商务模式的介入大大拓宽了农产品的销售渠道，将农产品直接卖到了消费者手中，在将农产品卖得更快、更好的同时，也催生出了一大批成功的农产品电商品牌，“三只松鼠”就是其中之一。

【案例导入】三只松鼠的核心战略

2012年成立的三只松鼠是一家经营坚果、干果、茶叶等农产品销售的新型电商，成立第一年就创造了3亿元的营业额，日销售额将近80万元，上线仅65天就夺得淘宝天猫零食坚果特产类目第一名的成绩，创造了农产品电商行业的奇迹。之所以能够取得这样的成绩，离不开三只松鼠独特的经营方式。

在经营产品范围的选择上，三只松鼠选择了年轻人爱吃的夏威夷果、松子、山核桃等干果；在店铺装修、包装设计上迎合“80后”“90后”网购人群的喜好，跟紧时尚步伐；品牌形象方面选择了三只萌版松鼠，以动漫形象吸引用户，同时突出其森林系品牌定位；在细节方面。三只松鼠更是照顾到了方方面面。

在产品包装上设计三只松鼠的漫画，用附带的微杂志传播“慢食快活”文化，随产品附送封口夹、剥壳器、吐壳袋和擦手湿巾，这些设计别致又贴心的小工具甚至还有自己的专属名字，比如吐壳袋叫“鼠小袋”，擦手巾叫“鼠小巾”等。借助这些细节，三只松鼠打造了良好的用户体验和品牌形象，在消费者群体中赢得了良好的口碑。

从策划运营角度，也能看出三只松鼠品牌的用心之处。三只松鼠通过大数据技术的运用，实现了对目标客户群体的精准营销，提高了营销效率；在服务方面，三只松鼠打造了精良的客服团队，保持与客户群体的密切互动。重视客户的反馈意见，并据此不断进行改进；在产品链的控制方面，三只松鼠选择了轻装上阵，从供应商处购进原材料，自己负责产品质量的控制和包装部分（见表6–1）。

表6–1 三只松鼠的核心战略

<table>
<tr><th colspan="3">三只松鼠的核心战略</th></tr>
<tr><td>一个核心</td><td colspan="2">让品牌和消费者更近，始终围绕这个中心部署战略</td></tr>
<tr><td rowspan="4">四个要素</td><td>品牌：如何让品牌和消费者更好地沟通</td><td>动漫化：消费者也许会拒绝帅哥、美女，但很少拒绝童真和可爱；
互联网工具：微博、旺旺等沟通；
话语方式：以松鼠口吻拟人化沟通；
杂志：做看似与销售无关的杂志，其实是一种情感沟通</td></tr>
<tr><td>速度：如何更快一点</td><td>提高坚果从树枝到消费者客厅的速度；提高消费者从购买到收货的速度；追求速度就是在追求产品的新鲜和更好的消费者体验</td></tr>
<tr><td>服务：如何做到更加人性化</td><td>基于大数据的收集和挖掘，充分了解消费者，从而做到更个性化的服务</td></tr>
<tr><td>品质：如何让坚果更好吃</td><td></td></tr>
<tr><td rowspan="4">四化</td><td>品牌动漫化</td><td></td></tr>
<tr><td>数据信息平台化</td><td>互联网时代最大的特点是数据海量化、碎片化，客户的数据散落在不同的平台、不同的沟通介质（比如微博、微信和天猫的购买数据），因此必须借助IT系统，将数据信息打通，将客户资产有效地运营起来</td></tr>
<tr><td>仓储物流智能化</td><td>提高单位容积的仓储效能，提高物流效能。提高货品的周转速度，进一步提升消费者体验，同时也是提升企业的核心竞争优势</td></tr>
<tr><td>食品信息可追溯化</td><td>用物联网的技术实现农产品从采摘到餐桌的全程溯源，强化食品安全，保障食品品质</td></tr>
</table>

三只松鼠的成功，揭示了农产品电商的一些特殊规则：要想在互联网时代把产品销售做好，必须做出自己的特色，尤其是需要重视产品文化的打造，以此迎合网购群体对特色、对文化的消费需求。

三、联想佳沃开创的跨界时代

2013年11月，联想控股投资的佳沃集团与曾经的中国烟草大王褚时健联合推出“褚橙柳桃”产品，即联想柳传志的“佳沃金艳果猕猴桃”与褚时健出产的“励志橙”的组合。“褚橙柳桃”售价不菲，但是在各电商网站频频创造了销售佳绩，成为互联网营销的经典案例，随即引发了一轮互联网大佬代言农产品的热潮，包括潘石屹的苹果以及任志强的家乡小米等，开创了一个互联网大佬务农营销的新时代。

联想控股对农业板块的布局，意味着互联网农业已经发展到了一个新的层次，互联网开始从全方位改造传统农业，从生产过程的品质管控，到生产环节的生产水平提高，再到营销环节的创新设计，互联网技术被运用到了农业生产链的各个环节，搭建出完整的互联网农业生态。从长远来看，依托联想的全球战略，农业也可以实现全球范围内的产业布局。联想对农业的跨界，最终可实现农产品全程可追溯、全产业链运营和全球化布局。

联想对农业的布局，经过了对农业的认真研究，并对此有着比较平和的预期。在经营产品的种类上，联想选择的蓝莓和猕猴桃产品都是较为高端的农产品，这些产品具有比较大的利润空间，更容易实现盈利。在具体运作上，联想通过对佳沃集团的收购，迅速完成了生产基地的布局，这在很大程度上缩短了投资年限。考虑到农业的周期性特点，联想在农业板块稳扎稳打，不急于求成，这也是联想农业的可贵之处。

伴随着“互联网+”的热潮，互联网农业正成为新的投资热点，在“打头阵”的联想之后，还有更多的互联网企业已经或者准备跨界农业市场。然而，农业是一个回报周期较长的产业，互联网农业的未来能否成功？现在还无法判定，让我们拭目以待吧。

第四节　如何构建“农企+农产品电商”的商业模式

我国的农业发展历史悠久，具有良好的基础，但是仍然存在许多不足的地方，如果农业企业想要迅速与网络结合，就会受到非常严峻的考验。我国农业现在所处的发展阶段有以下特征：

（1）我国农业目前进入到转型阶段（即从分散型转型到订单型）

政府出台过有关粮食作物的扶持政策，但是以前我国农作物的生产和销售是相互脱离的，也就是说农民与消费者之间缺乏沟通平台，中间商则借机层层提高商品价格。这样的模式使得农作物陷入流通过程拖沓烦冗、农产品成本逐层增加的恶性循环。

农产品通常需要4～6个环节才能完成整个流通过程（从农民到消费者），农民收获的农产品会出售给收购商，再由收购商将产品转送到产地批发市场，经过运输，产品到达销地批发市场，最后消费者在超市、菜市场、农贸市场购买所需的产品。在这个流通过程中的消耗使得最终农产品的价格变成之前的两倍或更多，因为除去管理费用和上缴的税金以外，每增加一个流通环节就会将农产品的成本提高5～10个百分点。

订单型农业能够有效提高农产品的流通效率，在农民和农产品消费者之间建立交流渠道和桥梁，极大地节约了产品的成本。

（2）农产品质量参差不齐，品牌混乱，缺乏企业品牌

中国的地理环境决定了中国农业物种丰富，不同的地理区域中有独具特色的农产品，但是许多具有地方特色的农产品都属于地域品牌而不是企业品牌。比如东北大米、新疆葡萄干、长城板栗、西双版纳蜜柚，甚至包括著名的西湖龙井。这样的情况造成农产品的质量达不到统一的标准，缺乏企业品牌，也难以进一步推广。最终受损的还是商家，他们投入大量资金却得不到相应的经济效益。

地域品牌只能小范围取得一定的经济效益，想要在整个国内市场甚至国际市场上立足，就要依靠像“都乐”这样的企业品牌，它们的菠萝和香蕉享誉全球，因而也能卖出好价格。

当前我国的农业企业忽略了品牌的塑造，缺乏农产品企业品牌努力，但也说明这方面蕴含着巨大的潜力，应该抓住时机，在农业连接互联网的同时努力打造农产品企业品牌。

一、困境：农业电商面临的三大问题（见图6-7）

1. 企业自身发展不完善

（1）中国企业长期以来依赖人工管理，企业的现代化程度低，不能充分利用具有丰富信息资源的互联网，信息管理系统并没有大范围应用到企业内部，更不用说是农业企业，而那些配备信息管理系统的小部分企业也只是注重表面功

夫，不能有效利用信息价值进行企业发展。

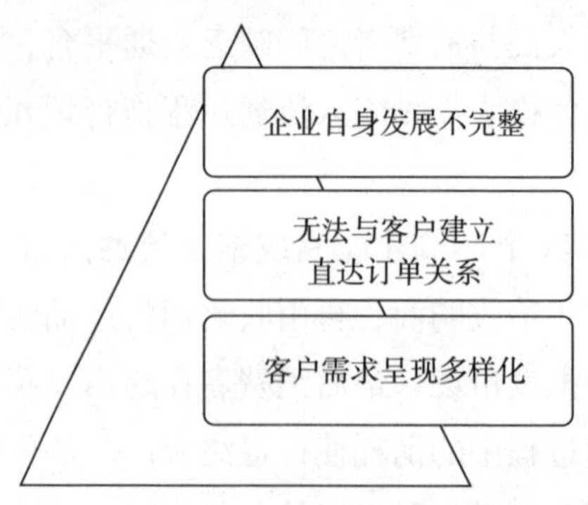

图6–7　农业电商面临的三大问题

（2）企业不能充分认识品牌的影响力，忽略企业品牌建设，也没有打造自身品牌或者农产品品牌的宏观计划，不能依靠品牌效应提高产品价格，也无法从中获得更多的利润。小部分企业的地域品牌效益低下，还有一些具备企业品牌的企业，不能充分发挥品牌在市场竞争中的作用，也不会进一步完善企业品牌。

（3）企业接受新事物的能力差，农业企业固守传统观念，缺乏对电商的清晰认识和发展趋势分析，局限的视野让许多企业在电子商务面前缩手缩脚，不敢尝试，他们没有认识到当前互联网在商业发展中的作用，不知道应该怎样将互联网运用到企业经营中，也跟不上电子商务迅速发展的潮流。

2. 无法与客户建立直达订单的关系

农业企业对电子商务的接触不够，不能有效利用现代信息手段从策划、市场、营销等各环节降低成本和实现价值增值，与客户之间无法高效沟通，而必须经由中间商，这都是农业企业没有网络运营经验的证明。

3. 客户需求呈现多样化

（1）供需矛盾更加激烈。供过于求的现象频发，在农业领域，农产品没有统一标准，由于顾客所处的区域变化，他们也会产生不同的选择，所以客户的最终需求很难把握。这样，农业企业的生产和客户需求之间产生脱节，造成过多的产品积压，这是传统农业企业面临的难题之一。

（2）在流通过程中，大幅度的成本增加降低了企业的回报率，而农产品又通常无法长期保鲜，如蔬果、肉制品等通常需要很高的保鲜手段，这就要求这类农产品在尽可能短的时间内完成整个流通过程到达消费者手中，否则，时间越长，成本越高，产品的损耗越多。一些商家对产品进行的临时保鲜处理一定程度上能够减少产品损耗，但也无法做到产品质量始终如一，这也不利于企业自身品牌的建设和维护。

（3）经过众多流通环节，农产品的市场价格通常与其质量不匹配，多数消费者既想购买到质量好的商品，又不愿意出太多的钱。前期没有注重品牌建设和推广使得企业生产的产品在消费市场上没有牢固的群众基础和良好的口碑保证，企业也就无法从品牌效应和包装效果中获得增值，即使企业进行了大量的前期投入来保证产品的质量也无法在市场上以高价格进行销售。

二、破局：农业电商的突围之道

1. 与专业从事农业经营的机构进行合作

农业企业想要获得消费者的青睐，让自己的产品在消费者心中树立起地位，首先要做的是让消费者记住自己的品牌，之后，企业应该发展长期客户，让消费者增加对该类产品的消费频率和消费额度，也可以向消费者推荐本企业的其他产品，这样，当消费者产生需求时就会自然而然地购买该企业的产品。

要达到这样的效果，需要企业的坚持不懈，需要企业寻找在农业和电子商务方面有见解和经验的专业经营机构并寻求合作。

专业从事农业经营的机构会与企业形成良好的互动关系，根据调查和企业提供的信息数据制定策略，在企业的生产和销售等方面提供指导，使企业的产品符合市场需求。

农业企业不仅需要建立电子商务体系，更需要通过有效的客户引导性营销，真正实现“以销定产”，在损耗可控的条件下，稳定企业销售利润。同时，还能通过及时、全面的信息情报，申请政策资金的支持和投资商的支持，有效解决企业发展过程中的资金瓶颈及相关政策问题。

2. 直接与消费者连接

（1）建设实体连锁店。在城市各个区域开设店铺，多种方式（直营 或加盟）经营企业的特色农产品，依靠自身力量进行产品运输，在店面进行产品推广和品牌营销。宜家宜厨是河北的生鲜连锁企业，该企业在城市的各个社区开店面，主营生鲜蔬菜，同时经营粮食、食用油、干货等农产品，以商品价格合理、品质优良获得消费者的青睐，也为企业品牌做了很好的推广。

（2）发挥品牌效益。实行适合企业自身的cIs品牌规划，重视品牌推广方面的投资，发挥品牌的拉动效益，积极促进消费。可利用多种方式来推广品牌和吸引消费。比如向消费者展示公司实力，在消费者集中的地区和时间段进行品牌的展示等。洪山菜薹是武汉的特色产品之一，将洪山菜薹的历史和其种植地的稀缺纳入产品的营销中。运用道家哲理进行品牌推广，让产品具有了文化附加值，既吸引了消费者对高价值产品的关注和选购，也为企业带来了品牌拉动效应下的利润。

（3）利用网络平台连接企业与消费者。电子商务运营在互联网平台上将企业与消费者连接起来，消费者直接与企业取得沟通。企业根据消费者所下的订单进行安排，也可以在电子商务平台宣传自己的产品和品牌。

（4）将电子商务向复合型方向发展。综合分析企业内外的情况，充分利用企业自身的品牌、渠道等优势条件，并与互联网电子商务结合，将企业的电子商务向复合型方向发展，既可以把企业品牌与电子商务结合起来，也可以把企业在各地开设的实体店连接到电子商务的平台上。充分发挥企业优势，利用复合型商务体系拓宽覆盖面，使线上线下形成整体，并与消费者直接联系，开发潜在消费市场。

第五节　互联网思维VS小农经济

电商巨擘通过墙体广告为自己做宣传，其标语故作搞笑："生活要想好，赶紧上淘宝。"这句熟悉的广告标语不禁让人们想起了过去那句曾经到处都是、村民张口就来的宣传语："要想发家致富，赶紧养猪种树。"这种照搬经典的广告标语，在已经走入现代生活的新农村人看来，已经不那么高明。

这种现象出现的根本原因在于，在城市当中发展成熟的互联网思维并不适用于农村的互联网发展状况。互联网销售在我国城市地区已经发展得相当成熟，但是若直接将这种城市互联网思维运用于农村，必然会产生矛盾。随着经济的发展，我国农村地区的网络建设也取得了快速发展，但是还远不如城市。综合而言，农村的互联网发展建设依旧面临着诸多问题。

一、农村浅度互联网用户居多

近几年，农村很多地区已经覆盖了宽带，这极大地促进了互联网在农村地区的发展，电脑开始走入寻常百姓家，且普及率逐年升高。

与电脑普及的发展速度相反，电脑使用程度的发展却并不乐观，农村居民对于电脑的认识和运用情况仍旧处于非常浅显的层次。农村的电脑安装用户多将电脑用于娱乐，只是玩玩游戏、看看视频等。很少有人通过电脑进行网上购物，而便捷的网上本地生活服务更是无从谈起了。

这种状况导致农村互联网服务发展缓慢，甚至无法展开服务，而智能手机的出现让这个问题变得更加严峻。智能手机可以部分代替电脑的功能，只要使用手机就可以获得很多的互联网服务。因为智能手机的出现，农村的互联网化懵懵懂懂地进入到了移动互联网时代。由于没有经历PC互联网时代，这种跳跃式的发展使得农村居民并没有养成使用互联网的习惯。

〔案例导入〕

几个进城打工的青年在城市待了一段时间后回到家乡发展，在一个不到30万人的小县城里，他们开的正是一家提供互联网服务的公司，名为兄弟讯通。开始，他们按照自己的工作经验，全套照搬城市公司的运作和服务模式，构建了自己公司的门户网站，并由专人维护更新，还创建了微信公众号，甚至都有自己的移动端生活社区，但是效果却并不好。

究其原因有以下几个方面：

①农村地区并未完全实现网络化，绝大多数地区没有实现电脑办公，所以白天基本没有人上网。

②即使很少的一部分人在上网，也只是聊天、逛贴吧等。

③普通居民使用智能手机的人仍为少数，且手机多于通信或是游戏娱乐。

④居民缺乏对互联网生活服务的认知，并不了解互联网的功能以及应用。因为没有相对活跃的环境，没有用户关注，公司的网站形同虚设，也无法吸引顾客上门。

他们发现农村和城市的环境存在很大的差异，意识到从城市照搬回来的经营方式在农村并不适用。所以，他们转变角度，把信息印刷在宣传单上，并在传单后面附上公司信息和经营的服务范围，在人群密集的地方向人们发放传单，供人们免费传阅。后来，陆续有企业与他们洽谈合作事宜，也有不少人用传单上的二维码关注了公司的微信平台。

上述事例说明，互联网在农村地区仍然有待进一步的发展，通过互联网平台进行推广的方式在农村还不适用。

二、自上而下的巨头式扩张不符合农村实际情况

农村地区俨然已经成为各大电商竞相争夺的战场，京东、苏宁、阿里巴巴都在农村地区积极开展宣传工作，不过墙体标语式的宣传所取得的效果微乎其微。

由于农村地区的交通设施还不完善，相应的物流服务也有待进一步提高，所以与城市不同的是，电子商务在农村的发展不可能一蹴而就，还需要经历一个漫长的过程。

现在大多数的农村地区，人们不能享受送货到家的服务，而是要自己到快递站点取东西，因为农村地区的人口分布比较分散，如果送货上门就会增加成本。京东虽然可以自己提供物流服务，但是目前，它在农村地区的发展仍然有限，而且有些大型的商品在农村地区的运输确实比较困难。

自上而下的巨头式扩张虽然在城市的发展中取得了良好的业绩，但是在农村地区的实施过程中却遇到了挫折。

“村村乐”是北京村村乐科技有限公司上线的互联网平台，用户可以在网站上查询所需的信息、政策新闻，也可以在平台上与其他人交流互动。不过借助网络平台的线上经营只是一方面，除此之外，村村乐还为国内60多万个村里的农民提供线下服务，既能提供信息，又能实际操作。

大电商采用的是自上而下的扩张方式，村村乐反其道而行之，采用自下而上的方式，他们在农村的各个地区设置服务站点，聘用在农民中具有高信任度的大学生村官和科技致富带头人来灵活管理各地的服务站，借助自身的平台优势结合市场需求帮助农民解决农产品的销售问题。

另外，村村乐根据农村地区的情况，采用农民能够接受的传统宣传方式帮助农产品和涉农企业进行产品推广，这些措施都取得了不错的效果，受到了农民的欢迎。因为能走到农民中间，村村乐在农村地区得到了快速发展，在农民心目中具有了一定的地位和良好的信誉。

农村的市场之大为村村乐的发展提供了巨大的想象空间。依托80%的农村覆盖率和20多万村官资源，未来村村乐在电商领域、本地生活服务领域以及互联网金融领域都有着相当大的发展空间。

三、农村的O2O需求大多已被通信方式解决

新兴的经营模式在发展到一定程度和规模后都会迎来自己的鼎盛期，O2O模

式也不例外。特别是政府为发展互联网经济出台了一系列相关政策，也为O2O模式的进一步发展起到了促进作用。

在这种新模式的鼎盛期，无论是金融业、服装业，还是房产开发行业等都把O2O模式作为盈利的法宝。虽然在农村地区也可以推行这种新模式，但是农村的类似需求大多已经被通信方式解决。

就拿订餐来说，在城里，大多数人已经习惯于网上订餐，但是农村居民会选择向饭店打电话订餐。只要能满足需求，他们没有必要去学习新的生活方式。

这种城乡差异是在一定的背景下形成的。城市存在着形形色色的消费场地，网络建设和配套的基础设施已经很完善，对消费的一方而言，他们与卖家的关系只是简单的钱货两清的交易关系，他们在拿到商品后与卖家再无交集，因而也无须付出商品价钱之外的任何东西。电话联系卖家需要注意自己的语调、情感流露，但是互联网则会简化这个过程，市民更习惯于网上交流。

但是农村地区的情况恰恰相反。农村的规模大都比较小，居民之间的关系紧密，低头不见抬头见，在他们看来，即使是订餐这样简单的活动，通过打电话也能顺带联络邻里之间的感情，而互联网更像是陌生人交流的方式。在这样的情况下，O2O模式在农村地区开展得并不顺利。

近年来，农村地区的经济也有了大幅度地增长，在一些规模比较大的村子里也出现了餐馆，来餐馆光顾的不仅仅是过路人，还有当地的农民。比如有些农户家里举办婚宴或者其他大型活动需要招待客人时，除了自己家做菜还向餐馆老板打电话订餐，这样的招待方式省心省力又不会怠慢客人。

餐馆做好饭菜后在吃饭时间直接送到农户家里，等到农户家里的活动结束后再找适合的时间来取钱，这种基于人们之间的熟悉和信任关系的经营方式在城市是不存在的，即使是先进的O2O模式，服务也不可能这么周到。

所谓的互联网思维，最重要的就是从顾客的消费需求出发，为消费者提供高水平的服务，让其享受最真实的体验。

上面所讲的农村地区的上门餐饮服务在某种程度上来说与这种思维是一致的。许多传统经营模式的商家把互联网经营思维看得深不可测，其实是他们没有抓住互联网思维的精髓所在，服务水平和服务质量的提高才是他们真正应该做的，让消费者在商家的服务下真正满意才是成功之道。

第六节　村村乐：致力于打造农业领域的阿里巴巴

“互联网+”在许多领域已经产生效应，在与人们日常生活相关的农业领域也已经有先行者介入。那么，“互联网+”能否在农业领域取得一如既往的成功而为后来者提供借鉴呢？

一、村村乐：中国农村市场渠道推广专家

村村乐是北京村村乐科技有限公司实行的一个项目，该项目希望能够将省、市、县、镇、村五个行政区域相结合并形成一个整体，将自己打造成为“中国农村市场渠道推广专家”（见图6-8）。

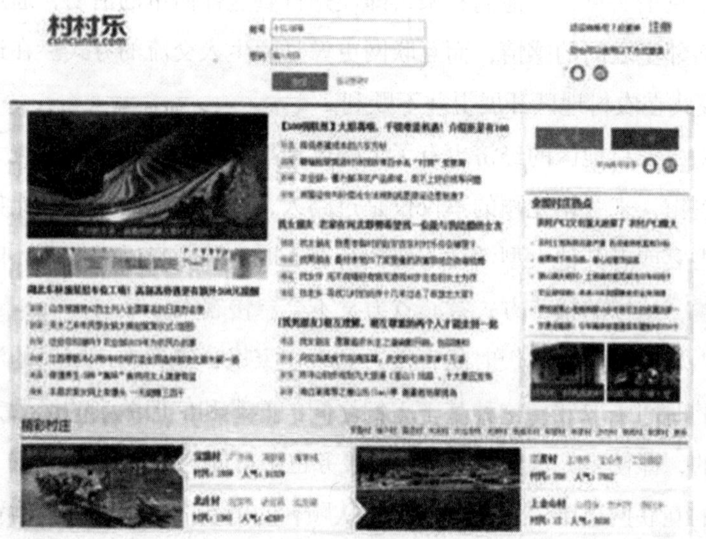

图6-8　村村乐网页

村村乐网面向农村，是目前我国面向农村的门户网站中最大的互联网交流平台。网站将社交、商务、信息发布合为一体，全方位向国内农村用户提供有关经济、生活、娱乐等多方面的服务信息。

在这个信息内容丰富的平台上，你可以根据自己的需要搜寻信息，既可以与

农民交流互动，了解他们的需求，开发农村市场，也可以利用平台进行交易，还可以了解农村的风貌和国家最新出台的农业扶持政策。村村乐在发展中形成了自己的独特之处。

1. 具有很强的综合性。村村乐网站将社交、商务、信息发布融为一体，发布的信息涉及经济、日常生活、娱乐等方方面面，具有很强的综合性，只要是涉及农村地区的信息内容，都可以在其中找到相关的提示和启发。

2. 覆盖范围广。作为我国最大的面向农村的门户网站，村村乐的信息覆盖率超过了全国村庄的80%，34个省区、市无一遗漏，精确到660521个村，其中的信息量之巨大和丰富程度可想而知，可以说，登录该网站，你便成为了解我国农村的达人。

3. 由分散到统一的管理。村村乐的管理人员分散在全国各个地区，每个区域都设有自己的站点并有相关人员进行管理，最后将各个地区的信息集中为一个统一的整体，这样做既有整体性又能够做到灵活管理，高效统一。

4. 能够有效整合各地的资源。村村乐网站在各级行政区域布有信息采集人员和执行部门，信息和资源的有效整合和各部门的协调合作是正常运营和进一步发展的保证。访问者通过网站进行信息查询，可以获得自己所需，这极大地开拓了农民的视野。

5. 效率高、更新快。高效的信息采集和统一的管理是村村乐网站及时更新信息的保证。农村地区的生活、经济信息在各个地区的站点进行快速更新。在网站上及时发布，网民能够利用信息做出快速的反应。

6. 村与村之间、人与人之间高效的交流互动。各个村庄之间、村民个体之间通过村村乐网站搭建起来的信息交流平台互相对话交流，体现出网站的服务水平和服务的高度专业性，能够推动农村各地区之间的合作。

7. 多元的营销方式。为了达到营销的目的，村村乐将多种方式结合使用进行产品推广，并能够根据产品特点选取合适的方式进行重点推广。电影、广告、人为宣传、广播、标语是农村地区可以适用的营销策略，这样不仅可以解决农产品的销售问题，也能够吸引投资商的注意。

8.明确服务宗旨，推动农村经济发展。“繁荣村庄、便捷村民”的宗旨明确后，村村乐为农民提供丰富而完整的信息，通过网络平台促进合作交流，根据各个地区的特色和资源促进经济发展，真正做到农村地区的市场开发。

9.为农民谋利，帮助其致富。村村乐利用自身的平台优势和掌握的信息资源，为农民寻找商机提供有益的帮助，让他们足不出户就能够了解相关的市场需求和政府的惠农政策，帮助农民发家致富。

二、村村乐怎样整合全国60余万村落

农村地区的资源数量巨大却非常零散，如何将这些资源进行整合是解决农村问题、发展农村经济的关键。村村乐网站很好地找到了这个核心并对资源进行了有效的集中管理，通过网络平台将分散在全国各个地区的信息汇集起来。

1. 怎样推广高质量的农产品

迄今为止，村村乐网站的信息范围涵盖66051个村、45193个乡、3147个县、347个市、34个省，包括港澳台的农村地区。

对于想要开发农村市场的商家来说，村村乐网站为他们提供了各个农村地区的产品信息和市场需求。对于想要解决产品销售问题的农民来说，村村乐网络信息平台为他们提供了多种方式的营销渠道和与商家联系的渠道，许多农民投身于电子商务行业，找到了自身发展的时机。

不论是多么偏远的地区，只要能够充分利用好网络平台，就能够在线上进行产品宣传和推广，可见，村村乐网站的确为农村经济发展和农民从事电子商务提供了极大的便利。

2. 村村乐如何取得农民信任

许多人包括许多农民会质疑，说从事农业生产的农民因为缺乏经验可能无法成功投身于电子商务。面对农民的犹豫和来自社会各方面的质疑，村村乐网站将管理任务划分给各个地区的分站站长。

村村乐在挑选分站站长时，将候选人群锁定在大学生村官与科技致富带头人之中。之所以做出这样的决策，主要是大学生村官是农民眼中带领他们取得进步的一个群体，他们相信这些有知识有文化的年轻人，认为他们有活力、有干劲，能够帮助他们开阔眼界，找到发家致富的新途径。

现在，已经有20多万人在各个地区担任村村乐网站的站长，他们主要从事管理网站、开发农村市场、进行产品宣传和营销、吸引投资商的投资赞助等工作。

早在2012年，村村乐就发起“家电下乡”活动，通过各种营销手段开拓国内的农村市场，利用网络平台搭建起企业和农村居民需求之间的桥梁，解决农村

地区的供需矛盾，用最小的成本、最高的回报率和科学合理的方式解决了与农村居民关系密切的食品、家电、通信等各行各业的市场开发、产品推广、品牌建设问题。

三、“互联网+”能链接农业吗

农业与互联网链接的脚步相对缓慢一些，不过随着发展，这个链接也慢慢开展起来。村村乐就是这方面的典型例子，它是将农业与互联网相结合的有益尝试。

在项目实施过程中，村村乐实现了我国大部分地区村庄的覆盖，为农村经济的发展解决了一些实际问题。例如，通过在农村地区进行广告标示、免费播放电影、为农产品和相关涉农商品的销售提供帮助等多种方式引进战略合作，另外，还帮助农民解决技术难题和他们在资金方面的困难。

除此之外，打造一个覆盖农村的连锁超市系统，以超市小卖部为据点的销售中心、服务中心、信息交流中心和物流代办中心等计划，目前也正是村村乐考虑的范围。

虽然村村乐在农业与互联网的结合上做出了很好的示范，但是这种融合方式仍然需要不断发展。让农业与互联网实现融合并不仅仅是指农业能够连接互联网，而是需要在互联网平台上真正实现农村经济发展方式的转变。

农村的地理位置、交通状况、人们的文化观念都会影响到农业的发展，这就使得农业与互联网的链接会出现时间上的滞后。令人欣慰的是，随着发展，人们的思想也在不断进步，像村村乐这样的网上交易平台也将得到更好发展。

第七章　经典案例："互联网+传统行业"深度融合

第一节　互联网+零售业：网络零售释放内需潜力

对于互联网，它真正的价值并不在于创造，而是在于融合。它能够挖掘行业中的潜力，然后运用互联网的在线化与数据化的本质特点，融合到行业所属的领域中。如果传统企业能够利用互联网的特点，那么它就有了成功的希望。总之，"互联网+传统行业"的到来，意味着"互联网+"时代对传统行业的颠覆，也意味着传统行业将要面临巨大的机遇与挑战，机遇与挑战并存，成功和希望同在。

李克强总理在国务院常务会议上指出，消费是经济增长的重要"引擎"，是我国发展巨大潜力所在。在稳增长的动力中，消费需求规模量大和民生关系最直接，而电子商务正成为释放巨大消费潜力的引擎。

现在网上零售经营方式有两种，一种是纯网络零售，另一种则是传统企业与电子商务融合的零售经营（见图7-1）。纯网络零售的企业有美国的亚马逊、中国的当当网等；传统行业与电子商务融合的网络零售经营的有美国的沃尔玛、中国北京的西单商城，等等。

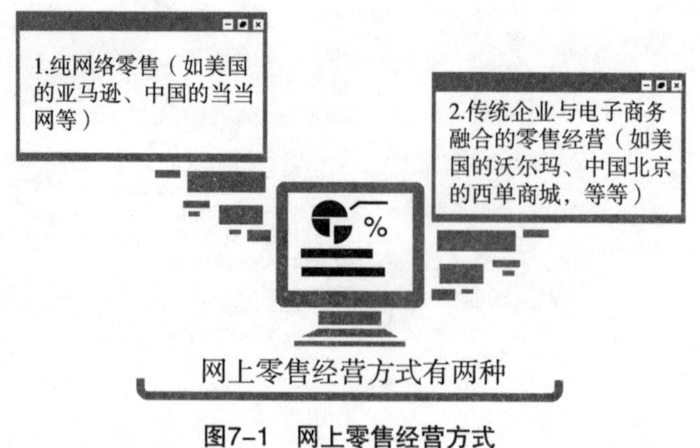

图7-1　网上零售经营方式

我国消费群体的不同、地域性的不同和收入的高低之分，都会影响零售业的营业面积选择。研究发现，我国西部的人均收入是东部的一半，人均批发零售业面积只有东部的1/3~1/4。中西部地区商业设施的严重欠缺，极大地限制了居民消费需求的释放。

而"互联网+零售业"模式的推动，让网络零售从新的商业基础设施到交易结构都有了突破性的改变，不但推动了经济发展，也推动了我国流通业的整体转型。

为什么说网络零售能释放出巨大的内需消费潜力呢？其原因是，在互联网的影响下，C2C、B2C完全打破了信息的不对称格局而使其透明化，起伏模式下的传统行业突然间变得平坦了。另外，互联网与传统行业的融合也使企业降低了成本，并且互联网的数据化整合能力，使其资源利用达到最大化。

2014年上半年，网购消费金额增长最迅速的前25个县，同比增速均超过了原来的两倍，其中13个县来自于西部省份，6个县来自于中部省份。所以说，中国流通业的跨越式发展不仅仅是一个转型的过程，还大大地释放了我国中西部、偏远地区的内需消费。

近些年来淘宝网成为了大家网络购物的首选，每天有上亿用户登录网站，24小时不间断的交易行为吸引了大量的客户。每天10亿件商品、2000万以上的包裹数量，这也表明网络零售业的发达。

大家看到的只是淘宝相关的数据，但是这个信息已经足以表明零售业对于物流的影响。这些信息所表现的含义看似是简单的行业模式叠加，其实不然，它表示的是一种融合模式。这种融合模式不仅仅是简单的单一行业的融合，而是整个传统行业的相互融合。"互联网+零售业"的结合不但促进了传统零售业的发展与推广，也促进了电子商务统一的模式形成，释放了庞大的内需消费潜力。有了互联网的融合，传统零售业不再局限于地区性人群。这不仅仅是对于传统零售业的颠覆，也是对于中国经济的提升与带动。

第二节 互联网+批发业：产业集群线上转型

"互联网+批发业"模式的上线将逐步取代中间代理商的角色，当然这还需要一段时间的过渡，一旦互联网繁荣到一定程度，传统批发业将彻底被颠覆。

当传统批发业遇上了互联网，就催生出了在线产业化的新型产业，这是一种

融合了传统产业和互联网的延伸状态，是通过“互联网+传统批发业”的形式汇集生产厂家、卖家、消费者和政府等多种角色为一体的产业模式。这种模式可以帮助卖家减少成本投入，帮助买家得到实惠。

在互联网还没有盛行的年代里，日用百货、五金店、小商品、家电等各种商品呈现出一种相互集成销售的状态。而随着时代的不断进步，这一形态逐渐从混杂型销售模式转变成单一式的销售模式，直到如今“互联网+”时代的到来。这一步步转变的过程，无不让世人感叹社会在进步，科技在进步，连企业的发展模式也在不断地改变。

2007年，随着电子商务的发展，阿里巴巴带动的互联网销售热潮开始受到社会的广泛关注。当阿里巴巴成功后，网商就开始了爆发式的增长。这不但是一种经济现象的出现，也是一种行业模式的转变。从网商浮现到立足再到崛起，这三个阶段不断演变着网商的成长与发展的过程。

2014年4月，阿里研究院发布的报告显示：目前，全国在线产业带和专业市场共有142个，覆盖了广东、江苏、浙江等19个省市地区。涵盖了服装、食品、数码、原材料等16大产业。我国现有的在线产业带和专业市场的在线交易规模比2013年同比增长了318%。虽然，我国在线产业带还不成熟，但是随着互联网市场经济的迅猛发展，我国在线产业带将颠覆传统模式曾经取得的辉煌。

这样的传统行业转型升级并不是一项简单的系统工程，也不可能一蹴而就。现在首要的问题是确定好转型方向和战略目标，同时看准企业发展机遇。建立起自己的转型模式。

虽然在线产业的加速发展能够促进电子商务的进程，但是想要引领新的商业模式，还需要时间。

想要快速步入“互联网+”的正轨，就要在产业集群线上转型。所谓的集群并不是以群体集合在一起创业的形式，而是“心集人不集”的发展创新模式，要有共同目标，取长补短共同进退。集群不但可以降低创新风险，还可以降低成本让各大企业互补前进（见图7–2）。只有认清自身所处环境及发展中的优势和不足，才能够制定出好的发展战略，才能够加快行业转型的速度，共同进步。

“互联网+”时代的来临注定了传统行业要被颠覆的命运，所以，“互联网+批发业”也绝不会成为“漏网之鱼”。“互联网+”即将成为新经济时代的主宰。

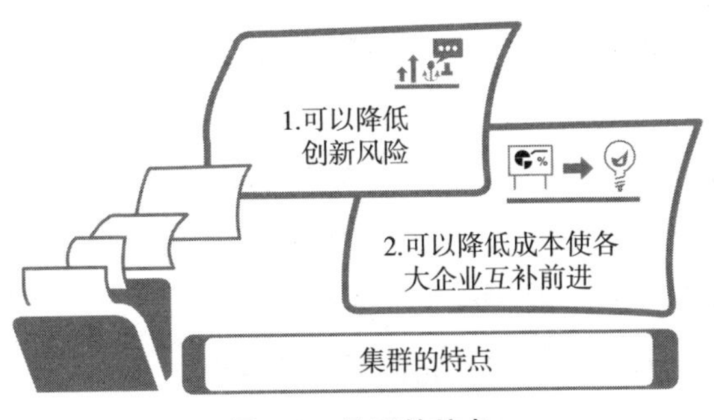

图7-2　集群的特点

第三节　互联网+制造业："柔性制造"加速推进

现如今，互联网早已成为时代驱动的重要角色。随着"互联网+"时代的来临，制造业也顺势而动。制造业的转型可谓是独特的，它是在数字化的虚拟空间中变幻转身。

2015年6月29日，"2015产业互联网大会"在杭州开幕。大会以"大智移云产业互联"为主题、以"互联网+制造"为核心论题，旨在探讨传统制造业在信息化互联网时代的发展和云计划大数据在传统制造业的应用。西门子中国有限公司数字化工厂自动化部副总经理李劲松在会上表示，互联网与制造业融合已成为必然趋势，个性化的定制方案将成为工业4.0时代的新标签。

O2O是互联网高新产业的专属术语，如果它与传统的制造业结合在一起，很难想象将会出现什么样的浪潮。在移动互联网时代，"互联网+"颠覆着传统行业，一些大型的传统生产制造业开始向移动互联网模式进军——虽然仍处于试水阶段，但是仍取得了不小的成就。

作为制造业中专业的手表制造公司，东龙实业率先试水互联网经营，本着"要么不做、要做就做最全面"的思想扬帆起航。东龙实业不仅开通了众多的电商平台，还积极运用O2O模式为客户提供专业的定制服务。

作为一家集技术研发、产品设计、生产销售为一体的，从事专业手表制造的集团公司，集团旗下拥有众多分公司，年销售额非常可观，产品远销全国各省市

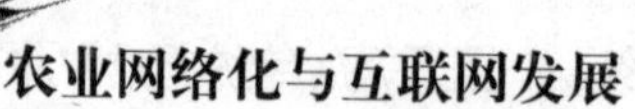

自治区，以及中东、欧美、东南亚等国家和地区。

在“互联网+”时代进程中，传统行业发展非常迟缓，传统制表行业的日子更加不好过。但是，东龙实业并没有受到影响，反而发展得很好。这是为什么呢？其实最为关键的一点就是，东龙实业抓住了互联网。所以，在大浪潮下，东龙实业仍然屹立不倒，反而越发强大。要想发展下去，就必须抓住核心——互联网。东龙实业对这一点是了解的，它读懂了互联网，不断探索与求知，终于挖掘出了用户需求，并且满足了用户个性化的需要。

东龙实业还非常注重互联网渠道营销，在天猫、京东和苏宁易购开设了自己的旗舰店。与互联网如此完美地接轨，东龙实业如何能不成功？

虽然生产制造行业面对的是激烈的市场竞争，但这并非是坏事。这不仅仅能够促进生产制造行业经济的发展，也能够推动行业快速转型。众多公司积极推进互联网模式的举动表明“互联网+”颠覆传统制造业是成功的，也说明了生产制造业的移动互联网时代正在到来。

李克强总理在政府工作报告中提出“互联网+”行动计划，以云计算、物联网、大数据为代表的新一代信息技术与现代制造业将成为新的发展方向。这表明，传统制造业将成为重点融入互联网的行业。

第四节　互联网+金融：普惠金融梦想成真

互联网对于我们来说并不陌生，金融行业我们也很熟悉，但是遇到了“互联网+金融”就出现了茫然。自从互联网出现，传统行业便开始进入逐步转型阶段。虽然前期过程有些缓慢，但是终有一天“互联网+”将爆发出强大的力量。

业内人士普遍认为，互联网金融汹涌来袭，将有望颠覆传统金融行业的市场格局。说起互联网金融，不得不提到的就是普惠金融体系，我国最早引进这个概念的是中国小额信贷发展网络，是指让所有人平等享受金融服务。传统金融行业针对的客户群体是小康群体及以上，而普惠金融体系的建立，将包括穷人在内的金融服务融入了国家金融体系，这无疑是最有利的竞争点。

近几年来，“互联网+”大热，“互联网+金融”行业也风起云涌。党的十八届三中全会明确提出，发展普惠金融，鼓励金融创新，丰富金融市场层次和产品。2014年和2015年的政府工作报告中连续两年提出了发展普惠金融。2015年年初，P2P网贷行业也被正式纳入银监会普惠金融部监管体系。这对于互联网金融行业来说，可谓是一次重要的变革。

近几年来，普惠金融在促进发展、惠及民生、推进社会公平正义方面有着重要的意义（见图7-3）。发展普惠金融，不断提高金融的覆盖面和渗透率，不但对我国金融基础建设有明显的改善作用，同时也使三农社区金融服务水平有了明显的提高，使现代金融服务普及于广大的人民群众之中。

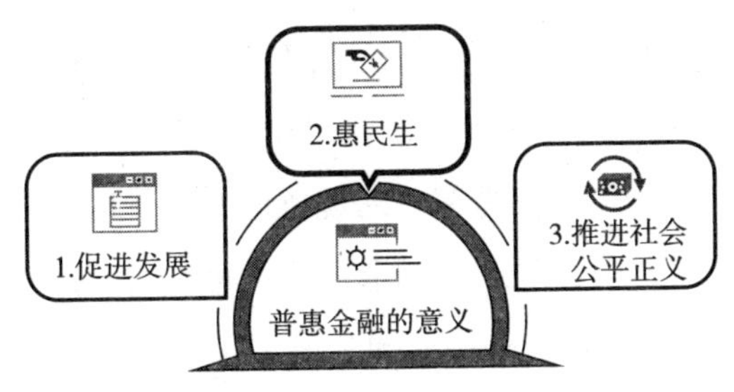

图7-3 普惠金融的特点

普惠金融体系首先是一种理念，它表现在每个人都应该有获得金融服务的权利。当所有人都拥有了金融服务的机会时，才能够让每个人都有机会参与到经济型发展社会中来，这也是实现社会共同富裕、建立和谐社会的一种表现形式。另外，普惠金融体系是为了让每个人都能够融入到金融体系改革中来，这是因为现在大企业和富人都已经融入到了金融服务行业中来，但是低端客户却无法融入，这就使贫富差距不断增大，也就无法实现共同富裕的美好愿景了。普惠金融体系的出现正好弥补了这一缺陷，它的主要任务就是让低端客户融入到金融服务体系中来。

现在国家非常提倡普惠金融，它不仅仅是一个传统行业转型的先驱领跑者，更能够推动国家实体经济的增长，实现共同发展、共同富裕的目标。现在，我国正处于经济转型的关键时期，金融行业的改革也受到极大的重视。这不仅仅是普惠金融发展的一个好机会，对于低端客户来说更是融入到金融服务体系中的一次来之不易的机会。

对于普惠金融体系来说，贫困和低收入客户是这一金融体系的中心，这不仅是一种体系上的创新与改革，也是对经济发展的一种推动力量。所以说，普惠金融是成功的。

第五节 互联网+外贸：跨境电商崛起

传统的外贸行业进入了发展的瓶颈期，越来越不景气，转型迫在眉睫。“互联网+”来袭，犹如久旱之后的甘霖，给萎靡不振的外贸行业带来了希望、惊喜。

“互联网+”袭击外贸行业，让犹如一潭死水的外贸行业终于产生了丝丝涟漪，外贸行业开始悄无声息地变化。随着“互联网+”的浪潮不断高涨，外贸行业产生了五大变化，即跨境电商崛起、跨境电商改变价值链格局、跨境电商帮助小企业快速成长、跨境电商凸显中国制造优势和跨境电商拉动服务贸易发展。

“互联网+”促使外贸行业的商业模式发生了变化，产生了新的外贸商业模式——跨境电商。跨境电商就是借助互联网、电子支付、现代物流等信息经济基础设施，采用网络方式进行交易和服务的跨境贸易活动（见图7–4）。

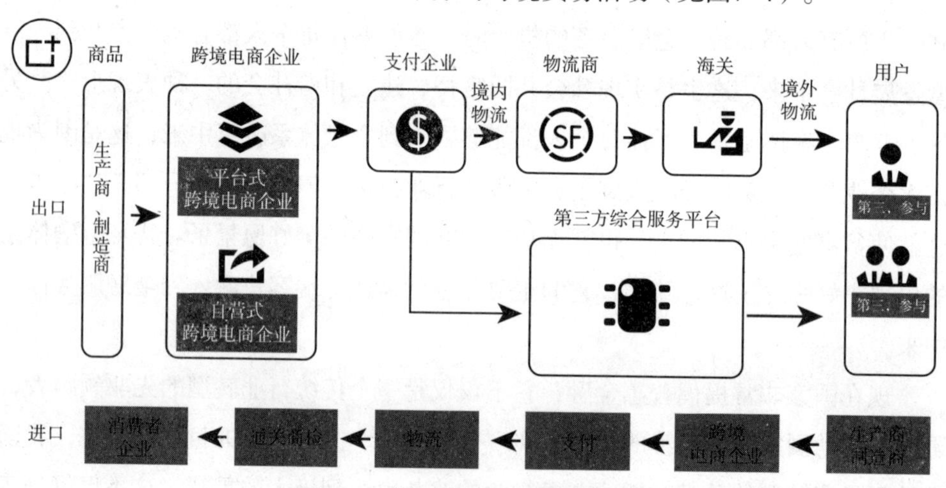

图7–4 跨境电商网络物流示意图

互联网与外贸相融合，诞生了充满活力的跨境电子商务。跨境电子商务模式比传统的外贸业具有明显优势。它促使传统外贸商业活动的各个环节朝着透明化、数据化、网络化发展，具有三大优势，即流通迅速、面向全球、成本低廉。

跨境电商势不可挡地崛起了。中韩跨境电商崛起，韩流馆抢占“蓝海”先机。

〔案例导入〕中韩首个跨境电商平台诞生

2015年6月12日，中韩跨境电商韩流馆诞生了，这是中韩首个跨境电商平台，也是我国提出"互联网+"战略计划之后，中韩自由贸易协定签署的第一个跨境电商。由它牵头，中韩跨境电商进入了有史以来最快的发展期。

跨境电商市场是一片蓝海，是一个万亿元级的庞大市场。据数据显示，2013年中国B2C：进口跨境电商市场为767亿元，2014年同比翻番至1550亿元。业内人士据此预计，2018年中国B2C进口跨境电商市场将达到1万亿元。可见，跨境电商市场是一块大蛋糕，迟早会吸引来众多的企业争夺。早来的肯定会抢得更多，韩流馆就是率先进来的那个企业。

国内的用户看了红极一时的韩剧《来自星星的你》，认识了很多韩国正品，迫切需要购买正品韩国商品。韩流馆专门满足国内用户对韩国优质正品的需求，并让用户足不出户就可以买到自己喜爱的韩国优质正品。韩流馆上线一个月，月营业额就突破了千万元，并积累到了忠实的用户，成为中韩跨境电商这片"蓝海"中的首个受益者。韩流馆不断改进自己的网站结构，坚持做"小而美"的垂直型电子商务网站，目的是让用户快速找到自己所需的商品，从而实现高效率成交流量最大化。

毋庸置疑，韩流馆获得了快速成功，成为了跨境电商中的璀璨明星。

"互联网+"消除了外贸市场中的壁垒，推倒了以国家为界限的外贸市场障碍。它把所有国家的市场连接了起来，开辟了一个前所未有的开放、高效、便利、空间超大的外贸市场。"互联网+外贸"拓宽了中国外贸企业进军国际市场之路，优化了外贸产业链。外贸行业在广袤的市场中，将会获得更多商机，繁荣昌盛指日可待。

"互联网+外贸"的繁荣发展，吸引了许多中小微企业进军外贸市场，将会催生更多"中国制造"，彻底改变中国的外贸格局，促进中国跨境电商的发展。

第六节 互联网+农业：老树发新芽

时下最热的、最时尚的词语莫过于"互联网+"。谁也想象不到最古老的农业，会与"互联网+"产生交集、甚至融合，毕竟在大多数人看来，"互联网+"

与古老的农业是风马牛不相及的。然而，业内人士并不这样看，他们认为越传统、越远离互联网的行业，越具有“互联网+”的潜力。农业出人意料地迈向了“互联网+”的时代。

众所周知，农业的利润一直很低，尽管国家每年都会出台“三农”政策，大力扶持农业，但是仍然难以让农业获得金融业那样的高利润。农业的利润持续低下，导致越来越多的人们不愿意从事农业，农业的发展变得举步维艰。

“互联网+”的热风来袭，为农业带来了挑战和机遇。不懂得利用“互联网+”技术的农业企业其生存变得愈加艰难，而积极利用“互联网+”技术的农业企业，将会迎来发展的春天，获得“老树发新芽”般的惊喜、新活力。互联网与农业融合，有望改变农业长期利润低下的现状。

农业受到了“互联网+”的袭击，不仅没有倒下，而且与“互联网+”逐渐融合。两者结合之后，农业的发展形势得到明显改善。就目前“互联网+农业”的发展来看，互联网技术主要运用在传统农业的两大环节之中：一是传统农业的生产，二是传统农产品销售（见图7–5）。“互联网+农业”明显改善了农业的生产效率、效益、品质等。

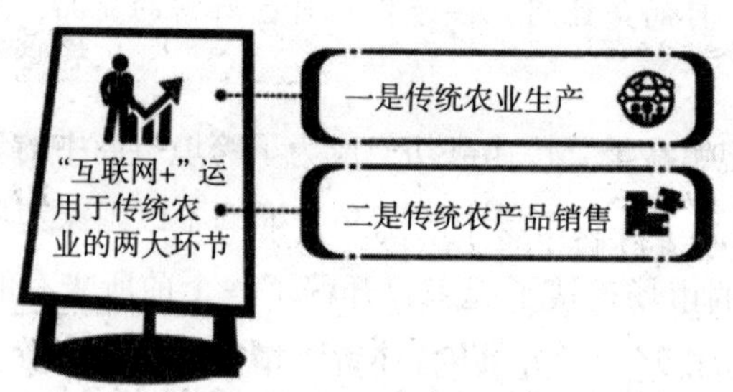

图7–5　两大重要环节

“互联网+”促使农业发生了三大变化。第一，农业利用“互联网+”，大大缩小了产品生产与销售之间的距离。这样带来了诸多好处，能实现产销充分对接，还有可能让消费者与生产者在线下面对面交流，有利于降低生产的盲目性，扩大销售的视野，提高抵御市场风险的能力。第二，农产品流通领域互联网化明显提高。电子商务不断发展，大多数国家级别的大型农产品批发市场开始采用电子交易和结算。第三，采用电子商务销售的农产品种类扩大了。过去利用电子商务销售的农产品种类局限于初加工品、茶叶和干果，“互联网+”不断改善着仓储物流技术及条件，让生鲜农产品实现了电子商务。顺丰快递跨界发展创办了顺丰优选，成功在网上销售生鲜农产品。

此外，"互联网+农业"在发展的过程中，受到了国家的关注、政策的支持。2015年5月8日，国务院出台了"电商国八条"，明确提出加强互联网与农业农村融合发展，中央财政将拿出20亿元专项资金用于农村电商基础设施建设。

在国家的重视下，各地政府开始大力发展"互联网+农业"，促进现代农业快速转型。各省积极推进"互联网+农业"，用"互联网+"来促进农业产业升级、重塑农业产业链、重构农业生态体系等。

黑龙江率先利用"互联网+"促进农业产业升级。2015年7月6日，黑龙江省省长陆昊在黑龙江全省"互联网+农业"电视电话会议上说，黑龙江最具优势和竞争力的产业是农业，农业一定要与时代同步，努力借助"互联网+"促使农业由"种得好"向"卖得好"转变。然后通过"卖得好"实现"种得更好"，还提出种更多绿色、有机农产品，不断实现农民增收，进一步促进农业产业化发展。

"互联网+农业"正在紧锣密鼓地发展，呈现出一片欣欣向荣的景象。业内人士敏锐地洞察到，农村将是电子商务发展的下一片蓝海，并充满信心地认为"互联网+农业"将让农业这棵老树发新芽，再现繁荣茂盛。

"互联网+农业"，并不是互联网与农业的简单加法，而是二者的密切融合与优势互补，将会给农业带来无限发展空间。

第七节　互联网+物流：电商物流异军突起

物流是电子商务得以顺利进行的重要环节、最后一个环节、不可或缺的一个环节。电子商务企业一旦缺乏给力的物流，就会受到致命的打击（见图7-6）。电商巨头阿里巴巴的创始人马云早就洞察到了这一点，积极地组织构建了互联网物流体系菜鸟物流，从而大大提升了电商的效率。现在用户明显地感觉到了电商的送货提速了（过去需要一周，现在最久2~3天）。互联网技术进入物流业领域，明显地提升了物流业的效率。

随着"互联网+"兴起，物流业迎来了新的发展机遇，出现了崭新的变化，最明显的就是电商物流异军突起，中远跨境电商（中远e环球）、车旺、神盾快运是"互联网+物流"市场的先行者。神盾快运是其中的一位重要实践者，是"互联网+物流"同城快运的先驱，它率先进军"互联网+物流"市场，摸索出了

一条高效的物流之路。

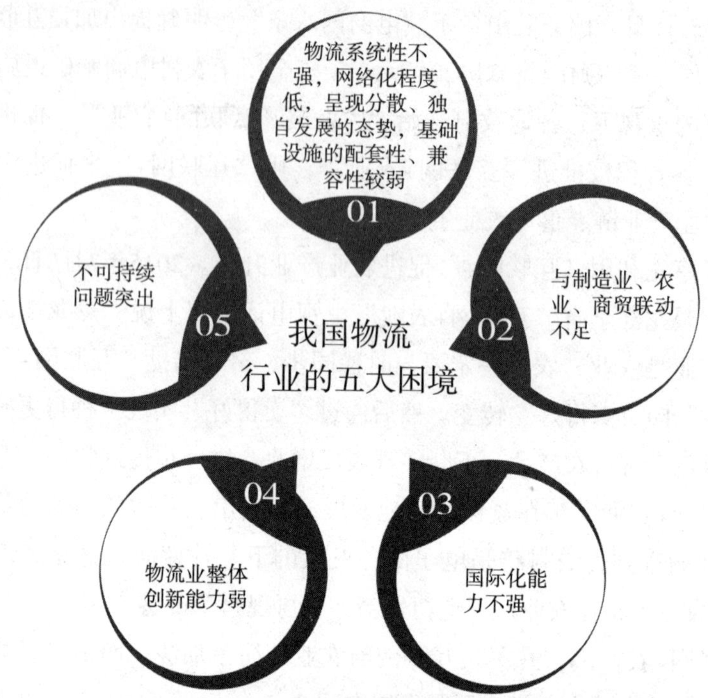

图7-6　我国物流行业的五大困境

神盾快运在“全民创业”的新浪潮中诞生，是瓦雷拉数据旗下基于移动互联网的同城极速直送服务平台，它的使命是“让物流更简单”，其创始人、CEO是“85后”张喜龙。神盾快运是第一批进入移动互联网物流O2O领域的物流企业，抢到了发展先机。

［案例导入］神盾快运创新“互联网+物流”

2015年7月初，神盾快运团队来到了上海九星建材市场推广自己的业务，并现场向大家展示了自己的“互联网+物流”新模式。

神盾快运主要依靠不断创新来抢占“互联网+物流”市场，神盾快运的创始人张喜龙表示，他们从两大方面来创新：一是不断创新产品，提升用户体验；二是不断创新营销方式。

张喜龙还表示此次举办万众互动的“地推活动”——神盾闪电战之九星风暴。主要目的是用最短的时间、最高的效率和最低的成本制造出惊人的影响力，同时想展现出他们年轻团队的特工风采、快速执行力。只有这样的团队，才能实现这样的目的，赢得用户的信任。

神盾快运在成立之初就具有互联网、物流的基因，它由媒体、互联网、物流等跨行业管理精英共同组建。神盾快运充分借助互联网的优势——移动互联网+多终端，创新了物流运作流程。神盾快运有四大流程：第一，有效配置资源，整合闲置货车的实时位置信息；第二，发布货主的实时货运需求；第三，让货车跟货主直接交流；第四，货车与货主最佳对接。神盾快运的新模式，减少了送货过程的环节。还解决了货主找车难、找车贵的难题。

神盾快运利用"互联网+"，做到了货用的最佳匹配，实现了安全、快捷、个性化的同城直送服务。

神盾快运的物流模式的本质就是"互联网+物流"。可见，"互联网+物流"能够实现物流业的资源优化配置，提升物流业的送货效率。神盾快运开了"互联网+物流"先河。

"互联网+"为物流业转型和升级带来了新的发展空间，促进了物流电商的蓬勃发展。"互联网+"与物流融合，新的物流模式如雨后春笋般涌现：最早，亚马逊推出了出租车顺路送货；接着，DHL在瑞典试点的众包模式"路人送货"；此后，UPS、Google、DHL和顺丰开发了载货无人机，亚马逊则推出了KIVA拣货机器人，现在各国正在研发配送机器人。业内人士预测"互联网+物流"将会成为未来电子商务竞争的核心。

"互联网+物流"正在技术、设备、商业模式等诸多方面改变传统物流业的运作方式和效率水平，特别是在电商物流领域，受电子商务高速发展的拉动，电商物流已呈现出全新面貌。

第八节　互联网+房地产：O2O商务模式初具雏形

房地产的丰厚利润吸引了越来越多的企业进入这个市场，竞争与日俱增，利润空间不断缩小。传统房地产所采用的销售渠道，要租店铺、要雇佣众多经纪人，成本高昂。加之一系列控制房地产政策的约束，传统的房地产进入了发展的瓶颈期，迫切需要一种力量帮助其从中快速突围而出。

“互联网+”给房地产带来了新的思考和机遇，“互联网+”与房地产融合，创新了房地产的商业模式，促使房地产O2O商务模式快速形成。

互联网模式成熟的北京链家与上海德佑合并成立的新公司——新链家，是“互联网+房地产”的排头兵。北京链家与上海德佑此次战略合作，旨在布局全国的房地产市场，合力打造一个万亿级别的“互联网+房地产”市场、万亿级别的房地产O2O大平台。

〔案例导入〕新链家的诞生

2015年3月1日。一线大城市房地产中介——北京的链家与上海的德佑，正式宣布合并，共同推出新品牌“新链家”。“新链家”着眼于全国房地产市场，目标是打造万亿级房产O2O大平台。

针对此次上海德佑与北京链家合并，德佑地产总裁邵非做了重要讲话。他说：“未来中国地产经纪行业会有一个互联网大平台。集成房屋管理、租赁、交易、金融、衍生服务等内容，大量房产交易将在这个平台上达成。德佑和链家合并后的“新链家”，将是中国最有可能完成这个地产经纪行业O2O大平台的公司。”

链家凭借成熟的互联网模式，早就拥有构建全国房产O2O大平台生态圈的计划。2015年就计划开辟出8个地区。在“互联网+房地产”的浪潮中，有备而来、强强联手的“新链家”，令人充满期待。

链家地产控股董事长左晖也发表了讲话。他说：“通过此次战略合作，双方将基于相同的服务理念，共同打造中国最大的房产O2O生态圈，为广大用户提供更加优质的不动产交易、租赁及周边服务，优势互补地将两家公司的平台效应扩大到最大化。”

据了解，二者深度合作之后，将充分融合德佑布局已久的信息技术和链家成熟的互联网模式，二者将充分共享线上平台，实现传统的房地产服务模式向房地产O2O转型。

在链家和德佑的战略合作下，德佑有望成为上海二手房交易市场的龙头。当然，链家凭借成熟的互联网模式，在“互联网+”的潮流之中，占据了制高点，会成为房地产行业中的大赢家。同时，链家会吸引越来越多的追随者，这些追随者，想借用链家现成的“互联网+”的基因，实现向“互联网+”转型。

至此产生了房地产的新模式O2O商务模式。业内人士称，线上的链家与传统的电商相结合，标志着O2O商务模式初具雏形。“互联网+房地产”，将会促进房地产不断升级。

不难看出，此次德佑与链家战略合作，将会加速全国O2O大平台的覆盖。

上海德佑是上海高端房地产市场的龙头，具有明显的优势：拥有13年的发展经历，组建了有5000名员工的强大团队，形成了完善的管理，拥有先进的研发力量，稳坐中高端房地产市场龙头宝座（见图7–7）。毋庸置疑，上海德佑是一家实力雄厚的房地产企业，它加入"新链家"有两大原因，一是与链家有相同的改变行业的使命感，二是与链家有相似的文化理念。也正是它的优势、使命感使其成为新链家O2O平台最合适的合作伙伴。

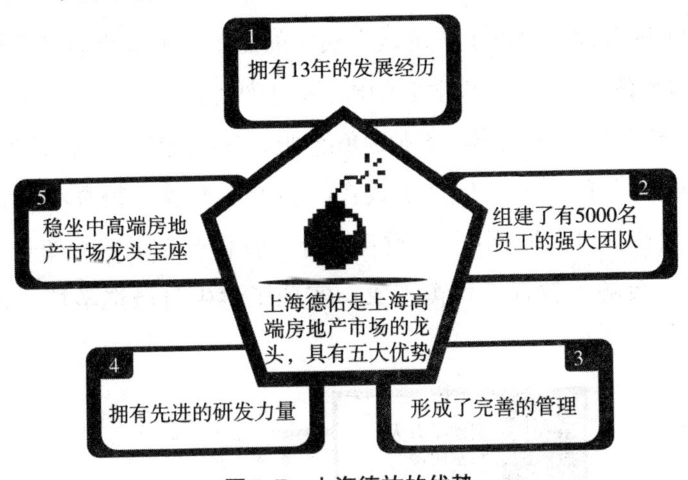

图7–7　上海德祐的优势

上海德佑与链家合并成立"新链家"，作为"新链家"在上海的分公司，沿用原来的管理团队、运营模式，在"新链家"的身份是合伙人，运营方式是互持股份。通过此举不但可以实现德佑升级，还能为团队创造更大的发展空间。

链家、德佑分别是北京、上海房地产市场中的龙头房地产企业，它们合作实现了强强联手。"新链家"将会在全国的房地产市场中扮演更重要的角色，甚至可能会成为"互联网+房地产"市场未来的领导者。

第九节　互联网+教育：在线教育是下一座金矿

互联网大潮不断高涨，传统教育领域正在悄无声息地随之发生变化。其中。最明显的变化就是诞生了在线教育。在互联网浪潮最高的美国，在线教育发展最快，受到了投资人的关注、青睐。在美国科技媒体上，在线教育企业融资的信息不断增加，用户非常活跃。在线教育企业融资进展顺利，呈现出“叫好又叫座”的势头。

在线教育酝酿已久。2014年，业内人士研究发现，未来一两年内在线教育的市场规模将达到1600亿元，是互联网的下一座金矿。许多实力雄厚的企业纷纷跨界到教育领域，想从在线教育的金矿中挖掘到更多的金子。

随着“互联网+”时代的到来，大数据、云计算、移动互联网等“互联网+”技术不断渗入教育领域，并与教育融合，产生了新的教育模式“互联网+教育”，即在线教育。

“互联网+教育”促进了传统教育模式的变革，尤其重要的是创新了教学方式，实质性地建立起来了“以学生为中心”的教学方式。“互联网+教育”的模式中，学生真正成为了学习的主体，教师的角色则被定位为组织者、指导者和帮助者。

“互联网+”的到来，促进了教育的转型、升级，教育将会得到前所未有的变化、发展。“互联网+”与教育融合，教育产生了三大变化：实现了万人同堂听课，缓解了教育不均衡现象，实现了学生自己选学校、选老师（见图7–8）。

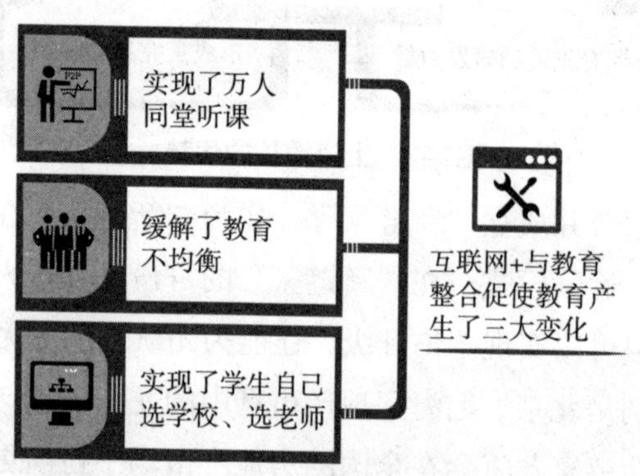

图7–8　“互联网+”与教育融合的三大变化

很多互联网企业跨界做在线教育，而很多传统的教育企业也在积极地向“互联网+”转型。“互联网+”在教育领域掀起了一场革命性的浪潮。在线教育企业的不断涌现，如新东方在线、淘宝教育、腾讯课堂、京东教育培训等，标志着教育走进了“互联网+”时代。

“互联网+教育”发展非常快速，表明在线教育是一座蕴藏丰富的金矿。美国有两家“互联网+教育”企业，Lynda与可汗学院发展迅速，它们表示对“商业投资"没有兴趣，但是市场却对这两家企业很感兴趣，很愿意为它们的发展买单。

Lynda．com确实挖到了金灿灿的金子，它当时是花了2万美元成立的。如今付费用户数量都突破了10077人，并显示出强劲的盈利能力，盈利能力已经高达7000万美元。

可见，"互联网+教育"是一块诱人的蛋糕、是一座蕴藏丰富的金矿。

"互联网+教育"在发展的过程中，同样受到了政策的支持。2014年12月，教育部联合5个部门颁布了《构建利用信息化手段扩大优质教育资源覆盖面有效机制的实施方案》。文中说："到2015年，全国基本实现各级各类学校互联网全覆盖；到2020年，全面完成教育规划纲要和教育信息化十年发展规划提出的教育信息化目标任务。"此政策让投资者吃了一颗定心丸。

投资者对在线教育信心不断增加，在线教育融资规模越来越大。研究人员不断研究在线教育市场的价值，并基于研究成果做出了预估：到2018年互联网教育的规模将突破3000亿元。毋庸置疑，这是"互联网+"时代的下一座金矿。

第十节 互联网+医疗：智能医疗成"互联网+"风口

自2015年3月起，"互联网+"上升为国家战略。业内人士认为，各行业只有积极利用"互联网+"转型才会获得健康发展，否则就会严重落伍。有的专家进一步预测了"互联网+"最具有投资价值的7个行业：金融、医疗、教育、交通、钢铁、农业和家电。很多互联网巨头在布局了互联网金融之后，便开始紧锣密鼓地布局"互联网+医疗"。

国内外的互联网巨头莫不看好互联网医疗，积极地投资于智能医疗领域。谷歌、阿里巴巴、百度、腾讯、小米等互联网巨头纷纷跨界到医疗行业，助推互联网与医疗融合，催生"互联网+医疗"新市场。这无不昭示着智能医疗将成为"互联网+"的下一个"台风口"，医疗行业必将被重新洗牌。

2014年5月，Google Ventures对互联网医疗创业公司Flatiron}tealth投资了1.348万美元。2014年5月，阿里巴巴支付宝宣布了“未来医院计划”。2014年9月2日，腾讯向互联网医疗健康公司丁香园投资了7000万美元，这是我国移动医疗健康领域有史以来最大的一笔融资。2014年9月19日，移动互联网巨头小米宣布对九安医疗旗下的iHealth进行2500万美元战略投资。

互联网企业纷纷投资互联网医疗，“互联网+医疗”呈现出一派勃勃生机，互联网代表人物马云预言道：“下一个阿里巴巴将诞生在互联网医疗领域。”专业人士研究并预测“全球互联网医疗市场规模到了2017年约230亿美元。”互联网医疗市场具有巨大的诱惑力，未来令人充满期待。

互联网与医疗业的融合为医疗业注入了新的活力。2014年医药投资板块很不理想，涨幅低于大盘；到了2015年，仅两个月医药板块就扭转颓势，涨幅远远超越大盘。私募资金的业内人士说了他对医疗行业的看法：“医疗卫生改革将使医药板块的发展策略由防御改为进攻，这一变化的关键点在于互联网医疗。传统医疗行业与互联网的融合势不可挡。一旦传统医疗获得互联网基因，就会获得蓬勃发展，成为潜力股。”

“互联网+”改造传统医疗体现在三个方面（见图7-9）。第一，平台建设方面。泰格医药企业快速进军智慧医疗市场。第二，打造产业链方面。万达信息企业积极地向医疗行业跨界，通过收购医疗企业、与医疗企业合作、政府主导等方式，致力于打造三医联动（三医联动就是医保体制改革、卫生体制改革与药品流通体制改革联动）的O2O健康的闭环格局。第三，战略发展方面。移动互联网巨头小米与九安医疗建立了战略合作关系，小米以战略投资者的身份，来改造九安医疗。九安医疗的医疗器械开始朝着智能可穿戴设备的方向转型。

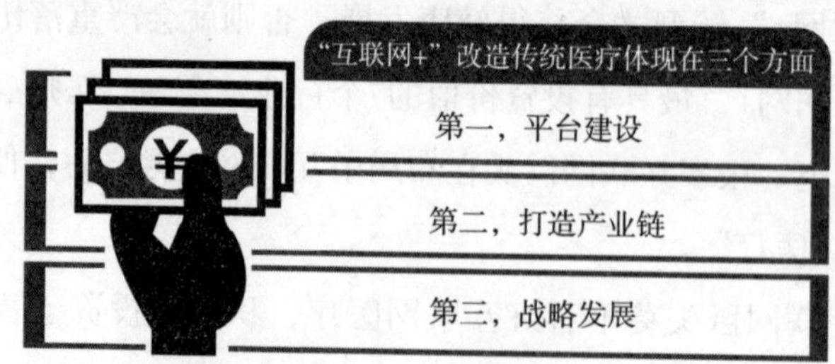

图7-9 “互联网+”改造传统医疗的主要体现

2015年6月30日，万达信息企业宣布上海医药阳光采购平台于2015年7月1日正式启用。

上海市医药阳光采购信息系统覆盖的医院广泛，现已经与上海市区所有的三甲医院实现了对接，还与80余家供货药企、10余个区县的一、二级医院取得了对接。它还实现了所有的医疗机构、药企信息系统直通互联、自动对接，支持医药电商服务。该系统覆盖了议价交易、采购配送、电子支付等使用全过程。

上海医药阳光采购平台正式运行为万达信息企业正在建设的"医药云"奠定了坚实的基础，这有利于促进公司持续健康发展。

智能医疗的竞争优势显著，该公司在医疗方面已经拥有了50%的市场份额，并积累到了丰富的健康数据；医保方面，已经积累到了1.5亿人。公司向云服务的转型步伐变快了。随着"互联网+"医疗的发展加速，这个领域会进来越来越多的竞争者，公司需要做好应对激烈竞争的准备，警惕行业的价格战。

"互联网+"与医疗融合，将会为医疗行业注入新活力，促使医疗行业革新。高效率的智能医疗企业的优势将会不断显现出来，逼迫传统的医疗企业主动利用互联网升级。随着众多互联网巨头企业的进入，智能医疗毫无悬念地将成为"互联网+"的"台风口"。

第十一节　互联网+中介：信息经济推动中介服务业新转型

"互联网+"掀起了新一轮的信息经济技术，推动了传统的中介服务业转型的步伐。"互联网+"渗入了越来越多的行业，那些技术含量不高的行业，受到的冲击巨大，不积极转型，就会迅速被时代所淘汰。中介行业是一个技术含量极低的行业，毫无悬念地"中招"了。房产中介、保险中介、留学中介等中介业，向"互联网+"转型是唯一出路，否则只能坐着等死。

房产中介认识到了互联网的巨大力量，并积极地利用互联网来推动自身向"互联网+"转型、升级。为完成转型，房产中介可谓是用尽了各种各样的方式，使出了浑身解数。房产中介"芒果不动产"借助信息经济从四个方面推动自身中介服务业转型，即降低中介服务费用、创新看房模式、提升看房保障、打造最优的房产信息平台（见图7-10）。

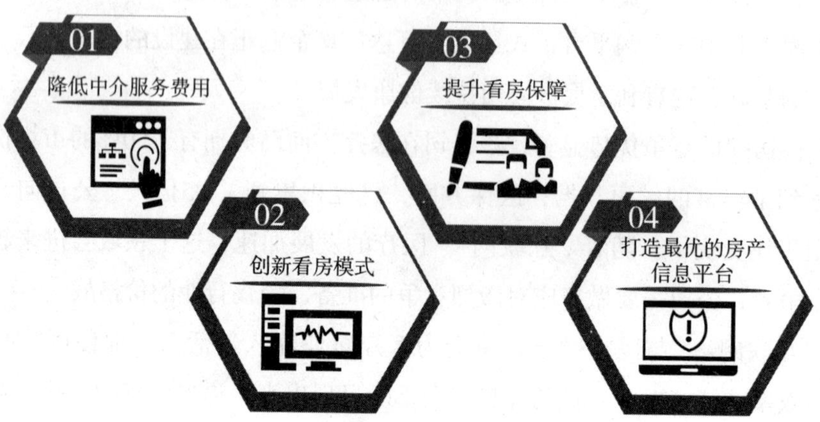

图7-10 “芒果不动产”转型的四个方面

〔案例导入〕促进房产中介“互联网+”升级

2015年6月18日，房产中介“芒果不动产”宣布年中大促活动，中介费用立即降低一半，由原来的2%降为了1%，开启了中介费1%的时代。房产中介“芒果不动产”此举是为了减轻用户的购房压力。现在用户买一套100万元的房子可以节省10000元的中介费用，这无疑让用户收到了巨大实惠。房产中介“芒果”的这一做法，是一次主动向“互联网+”升级的表现，必将为自己吸引来更多的用户。接着，推出网上看房模式。它别出心裁地设计了720° 全景看房，为用户打造了足不出户的高效看房模式。同时推出“真房源·假一罚百”政策，增强用户对房源信息的信任。此外，它继续努力去创立最好的房产信息平台。它的这些举措，将会让其成为房产中介领域的中流砥柱，也为其他房产中介向“互联网+”升级起到了示范作用。

房产中介向“互联网+”升级不容犹豫，因为这是唯一出路。传统的房产中介积极地利用互联网思维、大数据、云计算、移动互联网等改造自身的各个方面，就会不断提升自己的价值，让自己获得更多发展机会、更多利润。

互联网房产中介纷纷主动向“互联网+”转型，北京最大的房产中介链家主动向互联网转型，由房产中介转为了全产业链服务商。大多数房产中介，利用大数据平台提升了成交率，大幅减少了门店成本、用人成本，进而用来提升自身的服务价值。它们积极地推出了只收1%佣金或免佣金的活动，为用户带来了实惠。同时它们推出网上预约看房、网上视频看房，为用户看房带来了便利。极大地提高了工作效率。

保险中介积极用互联网思维进行自我变革。保险中介积极地推出保险中介App，旨在让用户通过手机就能轻松获得理赔，为用户提供了便捷的理赔服务。互联网保险中介朝着"小而美"的方向发展，如淘宝、天猫的"退货运费险"，金额很低，仅几毛钱，购买方便，用户只需要打钩就可购买（见表7-11）。余额宝也推出了账户安全险，用户仅需要花几毛钱，就可以获得100万元的保障险。2014年"双十一"活动期间，此保险共销售出去1.4亿份。这么小的保险，传统保险中介是无法销售的，而采用了电商模式，就可以轻而易举销售出去。

图7-11　互联网保险中介的两大优点

留学中介积极用互联网思维自我变革。留学中介360教育集团对雅思培训采用互联网免费思维。推出免费政策，360教育集团表明，在新的一年，要誓将雅思培训"免费留学"进行到底。这表明了其转型的态度很坚决。

"互联网+"这股新信息经济潮流袭来，并不是要消灭中介行业，而是要推动中介行业发展。用户离不开中介服务业，但是"互联网+"来了，用户需要不了那么多的中介服务业了。中介服务业需要健康发展，必将会经过一番大浪淘沙。那些不主动变革的中介服务业，就会自动消失。而那些主动变革的中介服务业，就会获得更上一层楼的发展。

"互联网+"引领的信息经济推动着中介服务业的变革。高瞻远瞩的中介服务企业积极拥抱"互联网+"引领的信息经济，积极利用大数据、移动互联网等新技术，提升了工作效率、服务能力，促进了自身的新转型、升级。

中介服务业开启了"互联网+"的时代，朝着信息化、全产业链的方向转型，致力于不断提升中介服务水平、降低中介费用，甚至朝着零中介费的方向发展。

第十二节　互联网+餐饮业：改写餐饮传统经营法则

"互联网+"在餐饮行业掀起了一场变革的浪潮，让餐饮业充满了挑战和机遇。那些不懂互联网的餐饮企业感到天要塌下来了，而那些洞察力敏锐的企业却看到了遍地黄金。于是，互联网、设计、资本市场、媒体等门外汉纷纷跨界经营餐饮业，如淘宝推出了移动餐饮服务平台淘点点，百度创建了百度外卖，京东、腾讯重金投资"饿了吗"等。它们做餐饮业的方式主要有两种，一是跨界合作；二是跨界发展。

"互联网+餐饮业"利用大数据、移动互联网改写了传统餐饮业的营销规则，同时影响到了餐饮业的其他环节，促使餐饮企业转变"仅为消费者提供吃喝"的思维。其实消费者对餐饮的需求，不仅仅是吃喝的需求，还有优质服务、环境优美、主题文化、消费体验、社交等需求。于是餐饮业正朝着这些方面变革。

"互联网+餐饮业"利用大数据向消费者提供更贴心的服务体验。消费者的需求变化、大数据技术的广泛应用，将促进餐饮业的经营思维、产品设计、顾客体验　、营销策略、品牌定位变革。业内人士指出，无论是打文化牌还是精准服务牌，无论是快时尚还是慢经典，无论是小而美还是单品策略，无论是进军综合体还是主攻O2O，这些精益化、细分化的产品都需要分析用户大数据。那些没有大数据意识、不注重数据收集和分析的餐饮企业将会举步维艰。

餐饮业引用移动互联网、大数据等"互联网+"技术，将会产生两大商业模式。业内人士指出，在未来餐饮业新的产业模式将是绿色饭店、生态饭店、节能降耗、健康养生，并朝着两种商业模式分批前进。一个是，一批餐饮企业凭借匠人精神和文化，坚持不懈地打造极致的产品和服务。另一个是，一批企业采用标准、连锁经营模式，凭借规模大和速度快制胜，集中精力去打造餐饮业的大众化、产业化、平台化、多品牌化、互联网化和O2O，从而实现品牌发展、资本市场获利这两大目标。

近两年，餐饮业受到国家宏观政策的影响，发展速度极大地放缓了，增长速度由之前的两位数降到了一位数，盈利能力持续下降。餐饮业的两个细分市场受到了巨大挑战，一是高端市场经营越来越困难，比如俏江南、湘鄂情；二是大众市场进入了高成本瓶颈期。而那些采用移动互联网、大数据技术的餐饮业不断地创新传统餐饮经营法则，获得了突飞猛进的发展。雕爷牛腩（主打牛腩）、老枝花卤（主打传统卤菜）、等轰来（主打美味红薯）、伏牛堂（主打常德米粉）、"叫个鸭子"（主打鸭子）等互联网餐饮品牌脱颖而出（见图7-12）。再如大众点评、美团、饿了吗等互联网餐饮平台也获得了飞跃发展。

互联网餐饮与传统餐饮业的发展冰火两重天。互联网企业的发展呈现出火焰山态，传统餐饮业的发展则呈现出冰山态。传统餐饮业升级、转型"互联网+"迫在眉睫。

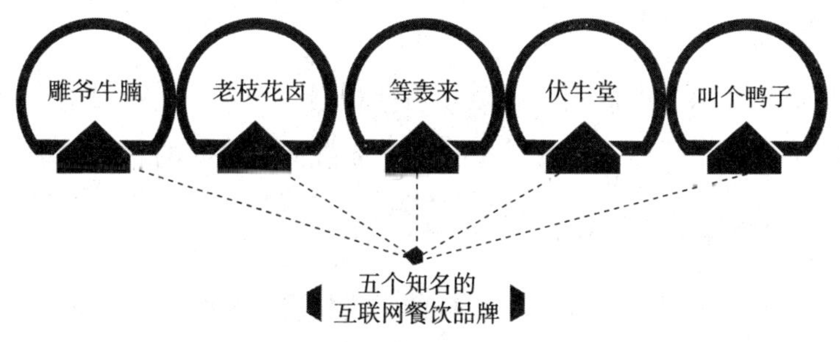

图7-12 五个知名的互联网餐饮品牌

互联网企业跨界到餐饮业，令传统餐饮业受到了巨大冲击，并从四个方面改写着传统餐饮业的经营法则。

第一，组织形态。从组织形态的角度来看，"互联网+餐饮业"呈现出特色化、智能化、小型化的突出特征。第二，产业形态。从产业形态的角度来看，互联网与传统饭店产业快速融合，"互联网+"成为产业发展新动力。第三，创新模式。从创新模式这个角度来看，传统餐饮企业需要朝着互联网化加速发展。第四，新一代信息技术。从新一代信息技术的角度来看，新一代信息技术，尤其是在线服务要与传统餐饮业经营融合还需要不断加深。

传统餐饮企业能否顺利转型、升级，关键在于其提升品质和服务的速度和能力。传统餐饮业转型"互联网+"的下一个重要任务就是快速提升服务品质。

"互联网+餐饮业"要发展的最基本要求就是，要不遗余力地把移动互联网、大数据、云计算等新互联网技术应用于餐饮业中，促进餐饮业快速升级。毋庸置疑，"互联网+"与餐饮业加速融合，会让餐饮业获得快速发展的新动力。

第八章　决战农村电商：电商巨头的下一个战场

第一节　电商巨头抢滩农村市场，剑指4600亿的蛋糕

电子商务近年来备受瞩目，在城市占据相当一部分的商业市场。而在城市市场日渐饱和的前提下，越来越多的电商把目光投向了广阔的农村市场。

一、农村市场的潜力

虽然与发展较早的城市相比，农村的网络接受度较低，但是从另一个角度来说，一线甚至二线城市发展的速度都不可避免地开始放缓，所以农村便成为一个还未完全被开发的“第二市场”。

农村人口基数大，巨大的人口数量实质上也代表了巨大的潜力，如果被挖掘出来，能量将不可估量。

根据《第35次中国互联网络发展状况统计报告》显示：截至2014年12月，我国网民的数量已经达到了6.49亿，互联网普及率达到了47.9%，其中农村网民是1.78亿，其所占比例为27.4%（见表8-1）；而据另一份调查数据显示：中国目前行政村数量已经达到了68万个，农村人口为9.4亿人，长期居住在农村的人口数量为7.5亿人。

2014年10月13日，阿里研究院发布了《农村电子商务消费报告》，该调查报告数据显示：到2016年，全国农村网购市场规模将有望增长到4600亿元，将成为网购市场的新增长点。在过去三年，农村网购消费占比同样不断提升。以淘宝网购数据为例，淘宝农村消费占比已从2012年第二季度的7.11%提升到了2014年第一季度的9.11%。

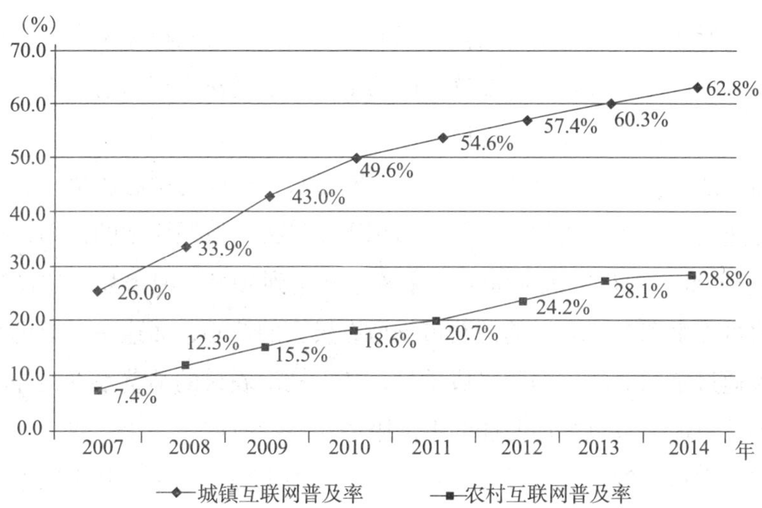

资料来源：中国互联网络信息中心(CNNIC)发布的《第35次中国互联网络发展状况统计报告》。

图8-1 2007~2014年城乡互联网普及率变化

网络使用人数的多少代表着信息化的普及程度。我国信息化自城市发源和发展，以放射状向农村辐射，农村信息化虽然暂时还有所不足，但正是因为不足，其以后的发展空间才更显巨大。随着计算机、网络、智能手机等不断普及，信息化的脚步将明显加快，未来农村必然会以其明显的人口优势成为我国电商的主打市场。

而且，在三线以下的城镇和农村，实体商业如零售业的店面分布将不能满足农村人购买的需要，加之网络的普及，人们更会把目光投向网络购物，因此电商在满足消费者需求这一方面占有较为明显的优势，将会成为释放消费需求压力的一个重要出口。

二、电商在农村的推广途径

农村大多有其独特的地缘特点，相对于城市来说较为偏远，而大多数商业形式在此类地区的延伸往往有一定的滞后性。那么，如何让电商迅速地延伸到农村千家万户的门口，便成了电商企业密切关注的焦点问题。

以京东为例，大力培植乡村推广员便是一个重要的手段。这类人员是从农村当地选拔出来的，往往具有相对较高的购买力，对网络消费有着紧跟时代的意识，并且在当地有很好的人缘。这些人受京东邀请加入他们的团队，为京东的商业做推广，把商品或者销售信息带到村民家中。

“我们所要关心的就是如何把准确而实惠的信息送到村民家中，毕竟村民对于电商的了解还比较有限，而在这有限的了解中他们对京东的信任程度还是比较高的。”一名乡村推广员很诚恳地说道。

目前，京东乡村推广员的数量还在不断增长，以此为中心所建立的服务点数量也在迅速增多，所形成的服务覆盖面积逐步扩大。按照原本的计划，在2015年3月初便形成推广人员突破3000人、服务中心达到30个、覆盖县城超过50个的规模。由此可见京东对于农村的消费市场抱有极大的信心，而这一举措也势必会提高农村人通过京东而达成的网络成单量，从而拉动农村的消费水平，并能给农村人提供形式更加丰富也更加便捷的电商服务。

当然，在这一领域京东并非一枝独秀，其他电商如苏宁、阿里巴巴等都已将脉络延伸到了乡村。阿里巴巴在2014年12月就推出了“千县万村”的计划，并在三到五年之内进行投资，投资的数额高达100亿元，准备在县级地区建立1000个运营中心，同时在村级地区建立10万个服务站。

由此可见，各大电商企业都在努力抓住这次难得的商机，把县、村等地作为自己企业长远发展的一大“根据地”。

三、电商在农村发展的障碍

农村的市场固然是巨大的，但这一市场也存在其固有的问题。农村经济收入主要来源于农产品的外销，通过网络途径进行外销也是电商在乡村运行的一个重要方面。此外，网络购入的产品要想进村也是一大难题。这样“一出一进”，便构成了电商在农村发展的一大阻碍。如何解决这一阻碍，关键是要解决图8–2所示的问题。

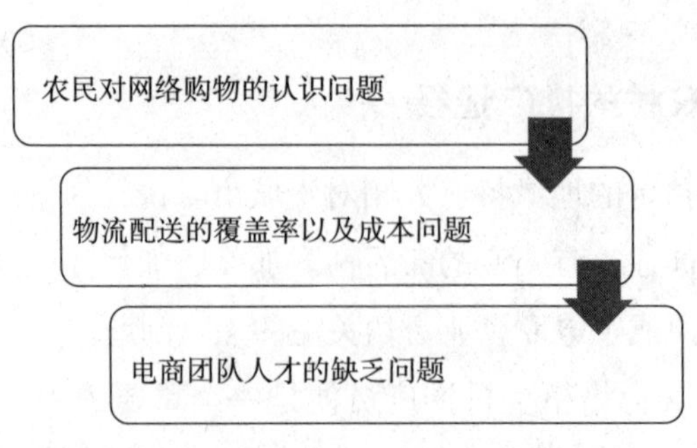

图8–2　农村电商发展需要解决的关键问题

（1）农民对网络购物的认识问题

尽管我国网络发展延伸到农村已经有一些时日，但是农村人对于网购的认识尚在发展之中。传统的购买模式在农村人的观念中已形成良久，实体交易依然是其主要的交易方式。换言之，农村人对于借助于网络平台完成的交易还存在一定的不信任。

不少乡村推广员表示，他们需要反复地进行演示和讲解，村民才能在一定程度上消除对于网购会买到假货甚至付了钱拿不到货的疑虑。由此可见，解决农村人观念上对于电商的不了解或者是误解是电商能够在乡村打开局面的一个极为重要的前提。

（2）物流配送的覆盖率以及成本问题

现如今，电商的配送途径主要依靠中国邮政、“四通”(申通、中通、圆通、汇通)、韵达等物流公司，而这些物流公司所设立的配送点还不十分全面。

据国家统计局2014年6月的数据显示：有将近六成的农村居民认为收发快递十分不方便，有些乡村没有收发点，村民只能到距离较远的县城里。尤其是价格较为便宜的民营快递，所建立的网点偏少。而覆盖率较高的快递，例如国营的中国邮政，其费用又相对过高，无论是向内“购入”还是向外“产出”，不少村民都表示无法承担高昂的物流费用。如此一来，物流问题无疑就成为阻碍电商在乡村发展的一个“瓶颈”。

（3）电商团队人才的缺乏问题

绝大多数电商都不可能完全做到给各个乡村配送专门的电商人才，吸纳当地人加入团队无疑是最经济也是最便捷的方法。但是由于电商经济的特点，对于这类人才又有特殊的要求，比如要熟悉网购交易，了解农村市场的详情，甚至要懂得一定的农业知识。由于计算机和网络在农村发展的相对滞后，这样的人才实在偏少。

对于电商来说，在巨大的竞争压力下，既要开拓农村市场，保证商业运营，又要培养电商人才，所牵扯和耗费的精力实在过大。

第二节　构建双向供需模式，打造农村电商生态圈

随着互联网的发展，互联网与很多行业开始融合，但是在最传统的农业领域却屡屡受挫，除了几个产地直采的生鲜电商之外，互联网在农业领域几无建树。

农业与其他行业的不同，本质上是农村与城市的不同，农村资源与城市社区资源的不同。社区资源主要由消费者构成，商家很少，而作为农村资源的主体，农民同时充当着商家、生产者与消费者的角色，他们既可以把产品卖给消费者，也可以提供给其他商家，还可以从其他商家手中购买自己所需，这使供应链系统变得更加复杂。

因为涉及农村，所以农村电商并不仅仅是互联网跨界一个行业那么简单，做农村电商需要从解决三农问题的角度出发，应该把农村电商作为一个三农问题的解决方案来考虑，这就要求农村电商不仅仅是互联网销售平台，至少还需要有O2O本地服务功能。

一、城镇化现状：农民走向城市，资源趋向整合

农民增收、农业发展、农村稳定这三个问题，其实是从农民的身份、行业、居住环境三个方面出发的一体化问题，解决方案也必须包含这三个方面。

传统的农村作业以家庭为单位从事农业生产，这种模式生产力低下，生产效率有限，而通过资源整合，将分散的农田整合成规模化的种植基地，将每家每户的畜牧业资源整合成大型的养殖基地，就能够大大提高这些资源的产出效率和价值。

四五年前开始推行的农村社区化行动，就是一种农村资源整合方案，通过将村落合并成社区的方式，将农村的人力资源、土地资源都集中在一起，整合后的土地资源用于规模化种植或者建立工厂，人力资源则重新分配进入工厂或者种植基地工作，通过这种资源整合的方式来解决三农问题，这就是未来农村的发展方向。

农村社区化也是推行农村城镇化路线的一次尝试。随着越来越多的农村人口涌入城市，长居于农村的劳动力资源越来越少，已经不能支持传统的生产方式，所以逐渐有农民卖掉自己的农田和牲畜，或者将农田承包给其他人，自己进城务工或者搬去城市与子女同住。这样一来，农村土地资源逐渐集中起来，形成一些中小型的农场和养殖场，土地产值得到大幅度提高。

二、农村电商应该怎么做

农村资源整合以后，生产力得到大幅度提高，生产出来的产品需要销售出去，这就为农村电商提供了发展契机。

从2013年年底开始，阿里、京东等电商巨头纷纷涌入农村地区进行声势浩大的刷墙宣传，然而这些电商无法将供应链及需求链完全下沉到农村市场，也无法将农民群体培养成可以团队运营的成熟电商，所以很多电商在农村市场未能获得成功。

传统的电商模式在农村市场水土不服，农村电商就没有其他解决方案了吗？换一个角度来看，农产品销售只有城市市场这一条出路吗？当然不是。农村之所以能够长期封闭，是因为农村本来就可以支撑一个完整的生态，农民既是生产者也是消费者，农村既生产产品，也同时拥有庞大的市场需求。换句话说，农民并不一定非要把产品卖到外面的市场，本地平台也可以解决农资产品再分配的问题。

于是，土生土长的本地化农村电商平台“村村乐”就这样诞生了。村村乐既不同于淘宝那种一个卖家对应无限买家的营销模式，也不同于58同城、赶集网那种围绕个人生活的服务模式，而是一个以村为单位、只做本地产品、服务本地企业和用户的综合性服务平台。

电商的发展离不开四通八达的物流系统的支持，而农村并不具备这样的条件，所以物流成为农村电商发展的最大阻碍，电商巨头们也只能望农村兴叹。等到京东的自建物流覆盖农村，或者“四通一达”下沉到乡镇，电商巨头们才能真正开进农村市场，然而短时间内是绝对不可能实现的。

针对物流问题，“村村乐”理出了完全不同的思路，将交易范围缩小到邻里乡亲，所有交易尽量就近完成，不同村落之间的交易，则以村为单位进行。比如将本村的所有供应信息集中于一处，让外部的购买者一目了然；整合当地的农家店资源，让村里的小卖部身兼数职，不仅可以卖自己店内产品，还可以作为“村村乐”的O2O线下平台，销售网站上的产品和服务。

这种商业模式绕过了物流环节，交易双方可以直接现场交易，或者协商其他方法，而“村村乐”在这个过程中充当了信息中介的角色，只负责将乡里乡亲的供应需求和购买需求嫁接在一起。

三、农村城镇化及产业升级：需要更多的“村村乐”

农业包括农林牧副渔多种产业，电子商务尽管积极布局农业电商，但是至今的成果只有生鲜电商、农产品电商和农资电商，还有广阔的领域尚未开发，而且

不同的商业模式都需要建立自己的产业链，生成自己的产业集群，所以农业电商市场潜力巨大，牵涉环节众多，范围极广。

2014年一年，全国农村电商市场交易总额达到2000亿元，其中大部分来自淘宝、京东等传统电商巨头，“村村乐”之类的本地化农村电商贡献的份额微乎其微，主要是因为他们的规模和名声都太小。截止2014年年底，“村村乐”已经拥有了1000万个会员，30万村庄论坛的版主，但放在全国6亿人的农民群体中，这样的规模实在太小，所以需要有更多的力量加入才能满足农村的需求。

农村电商生态极为复杂，因为农民既是生产者也是消费者，不仅有购物需求也有销售需求。在需求产业链上，农村居于产业链的下游，在供应产业链上，农村又居于产业链的上游，也就是说，农村电商模式应该是一种双向的商业供需模式。

农村商业拥有足够大的市场发展潜力，吸引着各大电商逐利而来，而他们在布局农村电商时又遇到供应链太长的问题，难以下沉到农村市场，如果与本地化平台进行对接，就可以大幅度加快农村电商的布局（见图8-3）。将来，无论是电商巨头加速渠道下沉，还是本地化电商平台继续扩张，都会为农村居民带来更好的商业环境和服务，让农民生活更加便利，这样的平台多多益善。

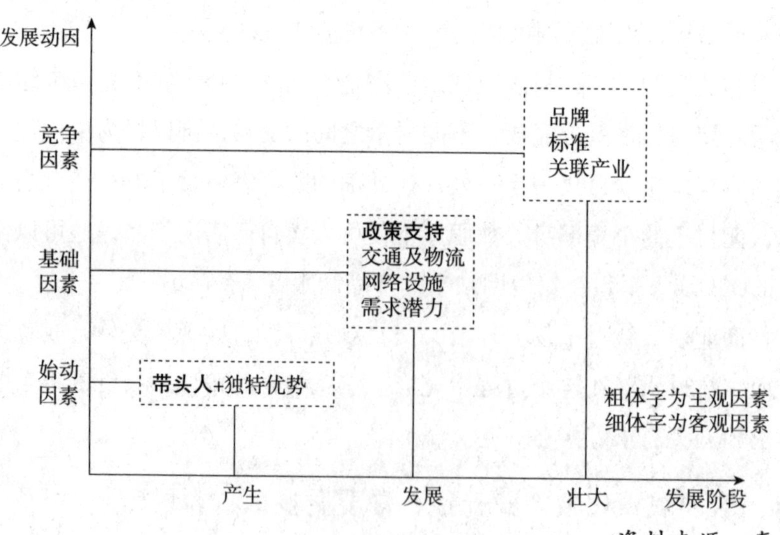

资料来源：秦尔网。

图8-3　农村电子商务的发展动因

第三节　农产品电商：冷链物流+产品标准化+信任体系

农产品从生产到最终的消费完成之间经历的环节很多，时间也比较长，电子商务的涉足虽然为农业的发展起到很大的促进作用，但仍然存在无法改善的问题。这些问题主要包括物流成本居高不下、缺乏完善的冷链物流、农产品缺少标准化、经营过程信任不足等几方面。

唐代大诗人杜牧的《过华清宫》中有一千古名句：一骑红尘妃子笑，无人知是荔枝来。这句唐诗可以看出唐玄宗对杨贵妃的宠爱，也从侧面反映出荔枝很难保鲜。唐朝没有发达的交通和专业的物流，这种昂贵的运送方法只能是皇宫贵族的专利。但是在现代社会，顺丰优选让远离荔枝产地的普通百姓也能品尝到鲜嫩的荔枝。

通过顺丰团队的专业操作，客户直接给荔枝生产者下单，生产者则根据需求量到产地采摘荔枝，运用顺丰的冷链物流把荔枝送到消费者手中，这个过程所需的全部过程不超过两天，可以保证荔枝的新鲜度。这种与电子商务结合的运营方式因满足了消费者对农产品质量的要求而大受欢迎，而把这种方式的概念扩大来看，指的就是农业电子商务（见图8–4）。

资料来源：苏宁易购。

图8–4　顺丰快递在荔枝运送过程中的重要作用

美国作为技术和服务都位列全球之首的国家在农产品的物流服务上也刚刚起步，Amazon作为其代表，正在发展名为Amazon Fresh的生鲜类农产品的物流运输，也就是说，不光是我国，以上问题在世界范围内都是农产品电子商务发展的巨大阻碍。

一、农产品电商的范畴

（1）主营食品类的电商

食品是供给消费者的物品(成品和原料都包括在内)，在工业领域属于食品一类的是工业化食品，农业领域则是农副产品。工业化食品都经过了加工，这样食品就更容易存储和流通，农业副产品是没有经过加工的食品，包括在农林牧渔行业生产出的动植物食品。

（2）主营生鲜类的电商

生鲜类食品大部分属于农副产品，比如经常出现在人们餐桌上的海鲜类产品和肉奶蛋、谷物，大部分是农民从产地收获的食品。主营生鲜类食品的电商都知道，做好食品的保鲜工作是他们获得成功的核心。

（3）主营特产类的电商

这一类电商经营的是具有地方性特色的食品。

二、农产品电商的市场分析

中国是一个人口大国，食品为人们的生活必需品，食品行业在中国的市场非常巨大。我们可以通过中国食品工业协会的统计信息来分析中国食品行业和农业电子商务的发展情况。

2012年，我国食品工业的生产总值近10万亿元，占到国内GDP总量的五分之一。而这一年总共有2.45万亿元的农副产品进入流通领域，但是，这些食品中只有1%左右是由电商经营的。

相对于服装和3C产品而言，农产品电子商务在整个农产品销售行业中所占的比重实在太少。据统计，17%的服装销售是通过电子商务来完成的，而3C产品中也有约15%的业务由电子商务完成。电商在农业市场中有巨大的发展空间，发展前景广阔。

三、农业电子商务的三大问题

电子商务运营的方式实际上就是在网络上与潜在客户进行沟通交流，最终成功地将产品营销给客户而获取利润。它们借助网络平台和微博微信等方式来运营，但是这种运营方式也并不是十全十美的，因为它只解决可以呈现在互联网上的问题，对于互联网之外的问题是没有办法解决的，对于经营环节多的农业来说，这个问题显得更加突出。就目前来说，农业电子商务的三大问题是（见图8-5）：

（1）物流成本高，缺乏冷链物流。

（2）农产品电商的标准化程度低，进程缓慢。

（3）经营过程中信任不足。

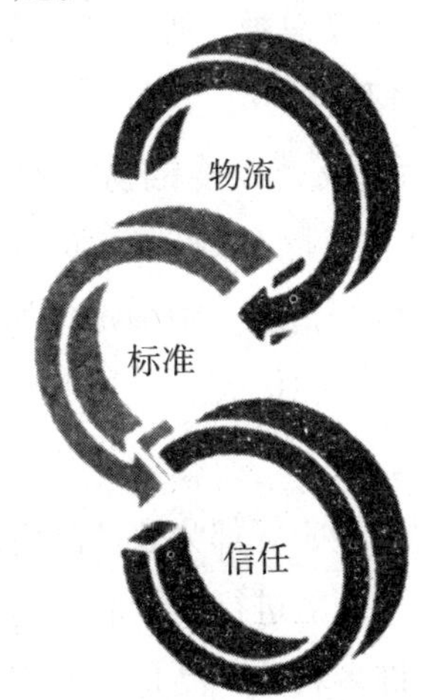

图8-5　农产品电子商务的三大问题

（1）物流成本居高不下

让我们先看下农业电子商务中各电商的物流成本，我们会发现，假设单价是100元，25%～40%的成本是物流成本，相比服装电商（5元左右）的物流成本，物流成本的高昂让农产品电商相比传统的超市分销模式变得缺乏竞争力。

服装电商在物流中增加的成本大概是5元，但是农产品电商的物流成本能达到25～40元。所以，与传统农产品经营模式相比，农产品电商经营大幅度提高了产品的成本，这打击了部分农产品电商的积极性。分析见表8-1。

表8-1　不同农产品电商平台的物流对比

平　台	模　式	物流方式	物流成本	备　注
顺丰优选	购销电子商务	自建冷链	＞40元／单	全新冷链体系。质量有保证，但是成本高
淘宝生态农业	电子商务平台	商家自己解决		
中粮我买网	购销	自建普货体系	＞25元／单	质量不容易保证

续表

平台	模式	物流方式	物流成本	备注
多利农庄	农场基地	外包冷链	25元/单	
京东	电子商务平台	商家自己解决		
其他		自送	>30元/单	部分外包给普货物流

从冷藏条件来分析一下中国目前的物流情况。美国的冷藏车总数为60万辆，标准是每500人配备一辆，而日本的标准是每400人配备一辆冷藏车，如果以这两个国家的标准来估算中国的冷藏车总数，那么中国的冷藏车数量应该在300万辆以上，可是实际情况呢？只有4万辆。

中国的农产品得不到物流的支持，冷链物流的匮乏严重影响了农产品的流通，即使那些能够成功运送到市场上的农产品也因为质量的下降、成本的增加而导致商家的利润提升困难。有数据指出，中国每年的果蔬损耗率在25%～30%，一年800亿元的损失总额甚至能养活2亿人。

（2）农产品标准化程度低

顺丰优选、正大天地、天天果园等都为农产品电商提供了良好的网络运营渠道。但耐人寻味的是，在每个平台上进行的食品交易中，从国外引进的食品种类都多于40%。这反映了中国的许多农业产品是达不到市场要求的标准的。究其原因还是中国的农产品物流成本太高，这最终体现在产品最终的市场价格上，这样就把产品消费对象范围缩小为能够付得起价钱的那些高收入者(即高端人群)。但是对于这些追求生活质量的高收入者来说，价格水平相当的产品，从国外引进的比国内产品的质量更好一些。为了解决这个问题，我们就需要提高国内农产品的标准化程度。

中国地大物博，地形丰富多样，各个地区都有符合该地的特色农产品，仅从农产品的分类就可以看出中国农产品的多种多样。我们通常把农产品分为水果、蔬菜、肉、奶、蛋、海鲜等品类，海鲜产品还可以进一步细分(鱼、虾、蟹等)。不同的产地、养殖方式、保鲜手段、加工程度等都可以作为农产品的划分依据。

我们可以从以下三个方面衡量农产品的标准化程度。

①品质上的标准化。从农产品的生产地与原产地的距离、是否具备产品的认证、产品的经营过程是否统一达标等多个方面的信息来衡量农产品质量的标准化程度。

②工艺上的标准化。例如鱼以怎样的形态在市场上出售，是卖鱼块还是鱼肉的肉末等。

③规格上的标准化。在商品的质量上可以进行标准的层次划分(100g、300g、500g)，产品在包装的精致程度上也有区别，这些都需要商家根据自己的情况和市场情况来定。

目前我国在农产品品质的衡量上没有统一的标准，这是一个制度性的问题，这个问题的解决恐怕还需要很长一段时间。

（3）信任不足

淘宝已经在解决电商产品的信任问题上有了一定的突破，通过加强其控制力取得消费者的信任，例如淘宝电商产品的假货赔款制度。但是农产品淘宝并不能完美地解决信任问题。

淘宝对于农产品的评价体系以及农产品销售的信任体系建设仍存在不足。目前淘宝多通过导购的方式来销售各地域的特色农产品。例如其"特色中国"频道按照销售商品的地域特色，重新排列组合了那些销售该产品的淘宝店铺。但是这种导购制度存在很大的缺陷。例如，其销售商品中的余姚杨梅，作为地域特产，需求量较大，无数的店铺在销售，而消费者却难以分辨商品的真伪，更无法鉴别商品品质的优劣。

综上所述，农产品的电子商务建设还存在诸多问题及困难。要解决这些问题及困难，需要注意以下两个方面：

①要完备农产品销售在冷链等方面的基础设施建设，加大对这些方面的投资力度；

②农产品的生产者要提高自身素质，加强互联网销售能力的学习。

第四节　农牧电商O2O：产品+服务+渠道

综观2014年，阿里巴巴、百度、腾讯、小米等互联网巨头在各个领域展开了疯狂的布局。阿里巴巴等电商巨头带领整个电商领域走进了O2O发展阶段，同时也将电商业务延伸到了家居、房地产以及农牧等领域。

就连我们正在经历的生活，也在以同样的速度进行着更新换代，就在不知不觉中，一切都发生了变化。原本盛极一时的微博，成了微信的手下败将。在打车领域，背后由互联网巨头撑腰展开的滴滴、快的之间展开的争夺战，让民众从中收获了补贴红利。

同时在O2O领域还诞生了阿姨帮、乐e家居、饿了么、e袋洗等餐饮和社区服务O2O项目，给传统的餐饮和社区服务领域带来了剧烈的冲击，使其原本的行业地位受到了动摇。在交通服务O2O领域也产生了一系列的产品，包括神州租车、高铁管家、e代驾、易到用车等产品，为消费者带来了实实在在的便捷体验。

点名时间、众筹网、追梦网、京东众筹等一系列众筹平台的建立，为更多创业者梦想的实现创造了机会。众筹平台不仅可以让企业募集到资金，同时也是一个重要的产品展示平台，可以推动产品的营销和推广。

2014年，对农牧行业影响最深的事件就是康达尔、禾丰等传统饲料企业开始向互联网领域发展和渗透，并在淘宝电商平台上进行布局，为传统农牧行业的变革打响了第一枪。有资料显示，

为了在互联网领域有所斩获，许多农牧企业开始陆续在淘宝和天猫平台上开店，淘宝、天猫平台上的商家数量在一段时间内出现了爆发式增长，目前已经有近千家的农牧企业成为电商平台上的一员。

但是，农牧企业真的已经准备好迎接这股O2O电商热潮了吗？在进入电商领域之前，淘宝和天猫对农牧企业的意义仅限于是一种非主流的营销渠道，而今要将其作为一种主流的营销渠道，人们不禁开始疑惑：企业的劳务管理服务体系、供应链以及与电商配套的产品体系能够适应O2O电商的发展需求吗？

一、农牧电商O2O之道

在进行农牧电商布局之前，传统农牧企业首先应该思考和解决好这样一个问题：如果只是通过简单粗放的形式对经销商进行整合、自营或OEM产品，能获得养殖场的青睐，为自己的产品打开销路吗？

为了发展O2O，将原本传统的销售渠道全部摧毁，并决心为企业带来一个全新的面貌。这种摧毁原本已经成熟运作的经销商体系、业务销售体系的做法，对传统的农牧企业来说很伤元气。

传统农牧企业电商发展之道应该是：线上+线下=O2O全渠道。传统农牧企业在农牧电商O2O领域进行布局的时候，应该将用户放在第一位，其次是要为用户提供周到、贴心的服务，即以养殖户为核心，为他们提供品质高、性价比高的农牧生产资料，这才是农牧电商O2O发展的关键之道。

二、农牧电商O2O之本：产品+服务+渠道（见图8-6）

图8-6 农牧电商O2O之本

（1）产品

未来，农牧企业在电商思维下会朝着更细分的领域发展，届时，每家公司会专注于生产一种产品。专门的养殖技术服务公司会为用户提供更加细分的服务产品包，让用户体验更加细致的服务；专门开展养殖产业链整合的公司也会利用电商平台对无边界供应链进行整合，为养殖户提供细分的产品，比如疫苗、饲料、种畜禽等。

对农牧电商平台来说，最基本的属性就是整合渠道以及服务。如果农牧电商能把资源整合做好，那么用户以及盈利模式就会相继而来。

（2）服务

对农牧企业来说，电商平台具有高效、透明、开放、去中心化等特点，这也是商业的本质，即将用户当做核心，以为用户提供极致的体验和服务为出发点和落脚点。农牧企业在经过产品的快速更新和运营体系的变革之后，会更加趋向于灵活化。原本追求“大而全”的发展模式也会逐渐走向“小而美”，将服务和体验做到极致。

要实现极致的服务，农牧企业必须冲破原有管理体系的桎梏。要认识到为用户提供的服务体验不仅仅是一种服务，更是企业的一种文化，从而激发员工形成自发的服务意识，保证服务好每一位用户。随着物联网和工业4.0的发展，未来

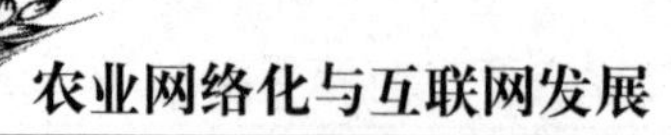

用户思维会被运用得淋漓尽致。

（3）渠道

农牧企业要实现渠道下沉战略，应该首先解决两个问题：一是产品和服务的问题；二是找到能够贴近用户渠道的方法。

原本行业中适用的业务员经销方式已经跟不上时代发展的要求了。如果企业的产品和服务不能贴近用户，那么不管怎样进行渠道拓展也不可能改变传统的渠道格局。

2015年对传统农牧企业来说是关键性的一年，企业可以在这一年进行战略升级和转型。要想紧跟时代发展的潮流，传统农牧企业应该以积极的态度和行动去拥抱互联网，在农牧电商O2O领域进行布局。但是农牧企业一定要认识到进行O2O布局并不是唯一的目的，只有运用互联网思维将产品和服务做到极致才是唯一需要遵循的理念。

三、农牧电商在线下实体店的布局

传统的农牧企业在开始全面拥抱电商之后，不仅没有因为电商平台为自己创造更多的发展机会，反而因为缺乏线下实体店的布局而受到了限制。因此，未来农牧电商会将发展的重点集中在线下，并全力解决农牧企业在发展过程中的问题：建立体验中心，解决“最后一公里”问题以及树立品牌形象。

（1）建立体验中心

农牧行业以及其消费群体的特殊性，决定了农牧电商的发展也必定会走一条不寻常的路。在农牧电商刚刚兴起的阶段，虽然网购可以为养殖户带来更多的便利，但是如果能在线下实体店接触到真实的产品以及获得真实的体验，那么会让养殖户对网购行为更有信心，进而推动农牧电商以更快的速度发展。

河南省荥阳市的一家农牧电商已经成功建立了第一家线下体验店，在体验店里，你不会看到满眼的饲料，也不会闻到呛人的饲料味，客户在到达实体店后会有专门的导购为其服务，导购员会为客户讲解，怎样在网上选购饲料，怎样进行网上支付，以及怎样与网上商城的客服进行沟通等。此外，客户在实体店中还可以与养殖技术专家进行一对一的视频交流，从而获得更多、更专业的养殖经验。这个实体店以养殖户为中心，真正将体验服务做到了极致。

（2）“最后一公里”的问题

“最后一公里”的问题不仅是困扰农牧电商企业的一个问题，同样也是各个电商巨头一直在致力解决的问题。

在农牧行业，一般养殖场都会选择在比较偏远的地区建立，这对于物流配送来说是一个重大的难题。为了能够有效解决这个问题，进一步升级电商服务水平，线下加盟商在成立的时候，与运营商约定，要为用户提供免费送货上门的服务，这样一来，养殖户也可以做到足不出户在家安心地网购饲料了。这样做为用户节省了人力和物力，同时也减少了注意力的分散，可以将精力更多地放在养殖场上。

（3）树立品牌形象

虽然农牧行业电商提出了各种各样的O2O模式，但是在实践中真正发挥效用的却寥寥无几。有的农牧电商企业只是在模仿和借鉴其他企业的模式，没有找到真正符合自身发展需要的模式。

线下加盟商没有统一的门头设计和室内装饰，而是各行其是，独立发展，这样的发展方式对于农牧电商品牌形象的树立没有任何意义。看一下阿里和京东这两个电商巨头的线下服务店，就清楚之所以它们能成为电商巨头的原因了。很多农牧电商企业仅仅是将经销商改造成了线下的体验中心，这样的做法不仅不能使线下体验店发挥其功效，还有可能使其成为阻碍农牧电商发展的绊脚石。

畜牧e号是国内第一家农牧行业O2O电子商务平台，是中国农牧行业领域最受消费者欢迎以及最具行业影响力的综合性电子商务平台之一。

线下加盟商在进入平台的时候会经过严格的审核，同时平台还会帮助和支持体验店进行选址以及线下加盟商的后期运营等，主要包括为体验店的开业提供支持、为加盟商提供区域保护以及支持体验店的运营和宣传工作等。

农牧行业也已经逐渐从简单的交易阶段走向了一个培养关系阶段，养殖场在平台上购买饲料等生产资料，不仅是为了满足自身的需求，还力求与交易平台建立一种长久的联系。对农牧电商平台而言，仅仅依靠计算机和智能手机，很难让用户获得独特的品牌体验，同时也体验不到极致的服务。因此，农牧电商要布局线下实体店，将养殖户吸引到实体店中体验，为它们提供独特的品牌和服务体验，从而通过与它们的互动构建长久、忠诚的关系。

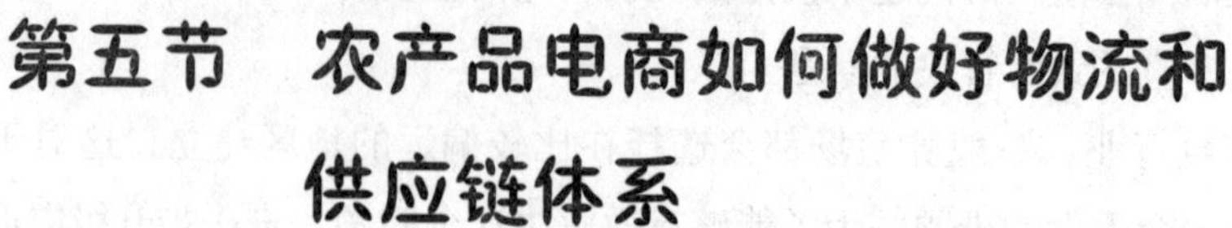

第五节　农产品电商如何做好物流和供应链体系

在意识到农业的潜力之后，电商们纷纷加入到农村地区的市场开拓行列中。互联网的发展为其提供了强大的平台支持，但是在农产品与电子商务的结合中，目前最需要做好的工作就是完善产品运输环节，以及消费者与生产者之间的联系环节。

一、农产品电商的两大关键制胜环节

（1）提供冷链运输，完善产品物流

多数农产品，像水果、蔬菜等都容易变质，为此，要在整个运输过程中实现冷链运输，用先进的保鲜技术和保鲜手段延缓农产品的“腐坏”。但是目前国内在物流环节的配备并不完善，产品运输过程中损耗严重，大幅提高了农产品的上市价格（见图8–7）。

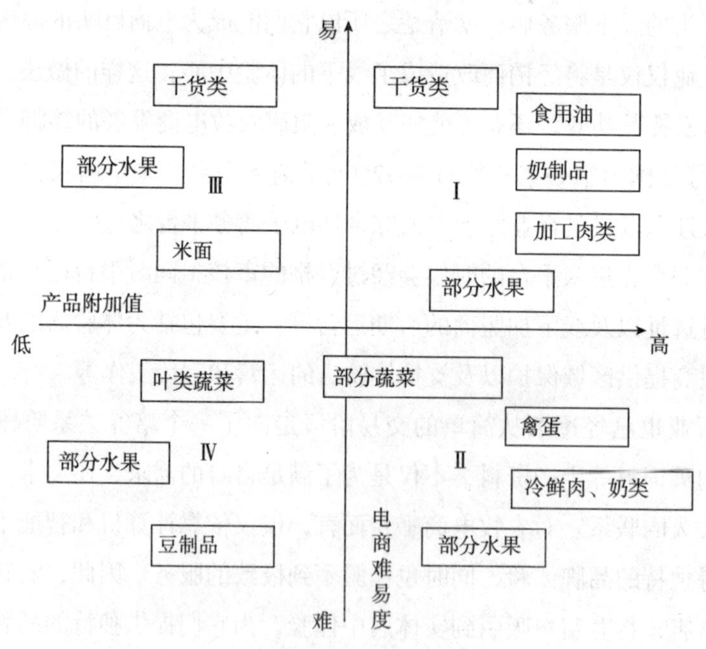

资料来源：雪球网。

图8–7　农产品的附加值及电商难易度分布

上海是我国农产品与电子商务结合的试验之地，也是农产品电商的会聚之地，相对于其他地区，上海拥有更先进的技术。在上海地区，农产品从“生鲜大仓”运输到区域仓库的过程中已经有了良好的冷链运输技术支持，但是冷链运输即使在上海也没有在整个运输过程中实现，并且饮料等产品需要不同的存储温度，这些条件在运输中都无法得到保障，这个问题也是农产品电商发展道路上的一大阻碍。

（2）产品供应的缺乏，营销无法弥补

产品要素是农产品与电子商务结合中的关键要素，产品本身决定消费者是否会在首次购买之后继续选择该产品，这也是农产品与电子商务能否进一步发展的关键所在。

经营季节性鲜明的农产品电商要取得稳步的增长，就需要做好产品的持续供应，这需要在农产品生产出来后的各个环节下工夫，包括农产品的运输、储存、货物的配送等方面。否则，农产品供应无法持续，营销环节做得再好，消费者在第一次消费后也会对产品大失所望，还是不会再选购这类产品，所以说，农产品供应的缺失是营销无法弥补的。

二、“高价值生鲜冷链”打造的四重方法（见图8-8）

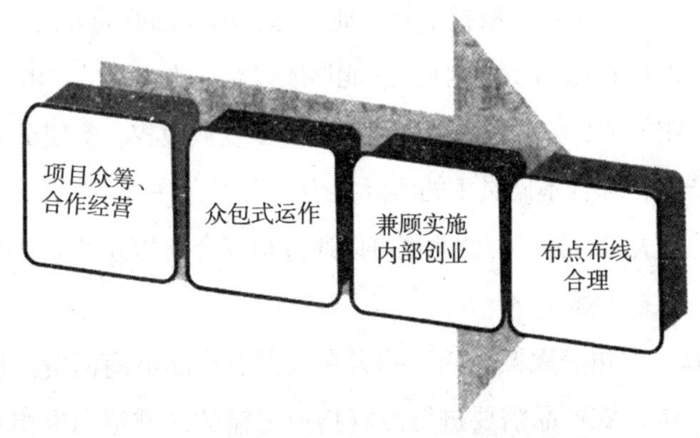

图8-8 “高价值生鲜冷链”打造的四重方法

（1）项目众筹、合作经营

从目前的情况来看，农产品的标准化程度低、运输损耗大、成本高的问题已经凸显出来，农产品电商都希望改善农产品运输环节，但是目前我国的冷链物流发展进度缓慢，保鲜技术也有待发展，个体农产品电商凭借一己之力解决这个问题的难度太大，因此实现同行的合作或者投资方的支持是降低成本的一种策略。

把实现冷链物流作为独立的开发项目，实施项目众筹，借助互联网平台集结多家资源，实现信息共享。

寻找投资方进行冷链物流开发项目的投资，为项目的顺利进行和发展提供有力的资金保障。

（2）众包式运作

在农产品与电子商务融合的过程中，运输环节的技术限制和成本增加问题迟迟得不到解决。从行业性质来看，农产品电商属于生活服务类电商，可以联合与消费者距离相近的便利店和生活超市，通过在生活超市和便利店配备冷藏设备为农产品保鲜，保证到达消费者手中的农产品的品质。

利用距离消费者较近的便利店或者超市，在农产品的物流环节进行分工合作，便利店或超市为农产品保鲜提供技术支持（冷柜），并从中获得合理的利润分配。

寻找能够提供保鲜设备的人进行合作，农产品由社区的合作人保证最后环节的质量，为其分配合理的利润。

（3）兼顾实施内部创业

农产品电商要想把冷链环节掌握好，可以从自己的员工入手。电商可以用员工分股的方法，将有关项目的股权下放，通过这种内部创业的方式，使员工为自己工作，既极大地调动了员工的积极性，又能形成以企业为中心的“电商生态圈”。

将冷链物流相关项目的股权下放，通过向员工发放股权，实现员工入股企业。

根据实际情况，综合不同员工的实际能力，可以允许员工以技术、资金等不同形式入股。对于有实力的员工，企业也可以通过与其合作的方式实现企业的发展。

（4）布点布线合理

北京、上海、广州等大城市的消费者在我国农产品电商消费群体中占多数。大城市的区域广阔，农产品需要进行冷链物流运输的区域范围也相对更广阔，要在整个运输过程中降低农产品损耗的难度就加大了不少，要更好地解决这些问题，就需要农产品电商从点到线合理布局，合理规划农产品运输的线路，在消费者集中的运输终端建设具备农产品冷藏设备的配送站点，在这个方面可以寻求与连锁超市的合作，或者通过合理的利润来吸引合作人的投资。

根据农产品配送量的大小和流转方向将配送线路分为干线和支线，在产品配送干线设置能够提供冷藏技术支持的大型存储仓库，在支线的连锁超市或便利店设置产品配送点，与干线的存储仓库形成系统化的冷链运输。

从缩短农产品配送时间、提高配送效率上降低农产品损耗、提高农产品质量。

三、“高品质生鲜供应链”的四重控制（见图8-9）

生鲜产品在质量上要求比较高，所以，必须解决生鲜产品的供应问题，完善产品供应链。

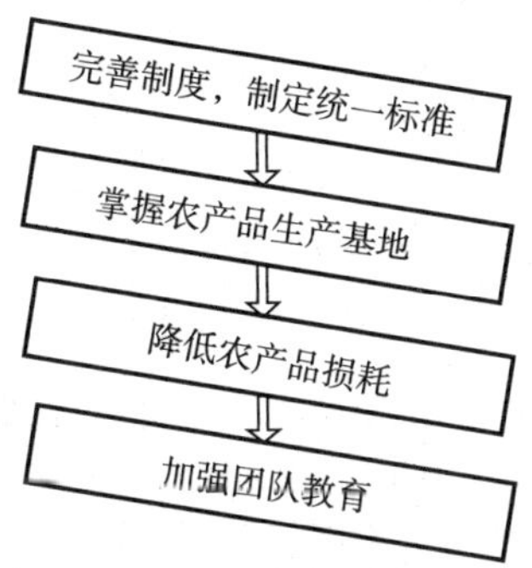

图8-9 “高品质生鲜供应链”的四重控制

（1）完善制度，制定统一标准

中国农业源远流长，自给自足的小农经济让人们习惯于按照传统的思维去经营生产活动，但是按照这种方式生产出来的农产品并不能符合市场需求，农产品的标准化程度低就是其中一个很大的问题，这是农产品电子商务经营的一大阻碍。为了解决农产品与市场需求不符的问题，必须着手设置统一的标准制度，从农产品的生产、分类、运输等各个环节实现制度化，提高农产品的商品化水平。

在农产品的生产环节建立统一标准，可以借助农业院校、相关农业机构的科研力量就农产品在生产过程中的具体实施步骤制定标准。例如，在单位面积内播种的种子数量，使用的肥料种类、数量等。

在农产品的分类上划定统一标准，根据农产品的质量、体积等划分农产品的等级，并根据这个标准收购农产品。

将制定的统一标准以文字等方式呈现出来，使标准执行者能够一目了然，在实际的操作过程中加强监管力度，确保标准的落实。

（2）掌握农产品生产基地

从事农产品经营的电商都希望自己能与农产品生产基地达成长期合作关系来保证产品的持续供应。生产基地对农产品电商而言至关重要。电商可以在农产品的标准化生产过程中发挥作用，此外，还可以在生产基地投资入股，提高自己的影响力。

把目光放长远，对于有巨大潜力和发展前景的农产品生产基地，电商可以收购到自己手中，全权控制，这样可以根据自己的要求去生产商品化的农产品。

通过投资入股的方式合作经营生产基地，让农产品按照自己的要求进行统一的生产和管理。

（3）降低农产品损耗

农产品从生产到消费的过程中存在大量的损耗，实际到达消费者手中的商品无法与其原始状态相比。其损耗具体到各个环节的表现如下：

农产品生产环节的损耗：收获农产品、生产者搬运和储藏农产品过程中的损耗。

农产品运输环节的损耗：没有完善的技术支持而无法做好农产品保鲜所导致的损耗。

农产品消费环节的损耗：顾客在选购商品时挑挑拣拣的过程中造成的损耗，以及在将其端上餐桌前所做的处理过程中会去除一部分，这些都是农产品的损耗。

各个环节降低农产品损耗的方法：

生产环节：采用现代化机械代替人工收获农产品，把产品储存地建设在距离生产地近的地方。

运输环节：提高运输效率，完善技术支持。

消费环节：改善产品包装，为消费环节中顾客挑选农产品的便捷性考虑，避免频繁地翻捡。这个工作可以提前到生产环节进行。

（4）加强团队教育

团队合作是农产品电商发展的重要方面，如果在整个团队中提高成员对农产品供应链的重视程度，并将这个观念在团队中扩散开来，就能让农产品经营过程中的损耗因为工作人员的时时注意而降低。

加强对企业员工的培训教育，提高电商企业的服务意识。电商根据自身情况设计供应链重要性培训课程对企业员工进行培训，提高员工的服务质量以及服务意识。

把农产品供应方面的好坏作为衡量员工工作是否到位的一部分，并建立相应的奖惩制度，如果产品供应及时、产品质量较好，则可得到奖励；若在经营中出现产品供应问题，就给予惩罚，这样才能将工作落实到个人，确保农产品供应链的畅通无忧。

第六节　京东PK阿里：两大电商巨头的农村电商战略

乘着互联网农业的风潮，农业电商开始随之崛起，其中不乏电商巨头的身影，阿里与京东正通过渠道下沉的方式努力布局农村市场（见图8-10）。

资料来源：金融界。

图8-10　阿里和京东在农村的刷墙广告

从2013年年底开始，各大电商集体下乡刷墙，一时间各种口号爬满了县乡的大街小巷，“生活要想好，赶紧上淘宝”“老乡见老乡，购物去当当”“发家致富靠劳动，勤俭持家靠京东”……在这场轰轰烈烈的刷墙活动中，京东无疑是最高调的一个，总共刷了8000多幅广告。

2014年夏天，刷墙运动的热度尚未完全消退，“京东送种子下乡”的图片又引起围观，由种子开始，相信不久之后京东就会陆续上线幼苗、化肥、农药等农资产品，将生意做进农村市场。同一时期，阿里启动了“千县万村”计划，在未来三五年出资100亿元在县乡村建设运营中心和服务站，全面覆盖农村市场。

一、京东PK阿里，首战必为冷链物流

农业电商是互联网企业不愿意触碰的领域，因为农业电商面临着许多复杂的问题，比如农产品定价方面，定价高了消费者不干，定价低了又损害农民的利益；物流方面，农产品不宜存放，运送过程和接收存储都要求严格的卫生和温度环境，还要满足信息化的追溯手段，这样的冷链物流体系不仅使用成本极高，而且建设难度很大；除此之外还要在农村培育互联网环境，提高农民信息化水平。

所有的阻碍之中，最急需解决的就是物流配送，因而在阿里与京东的PK中，首战必为冷链物流。在物流配送方面，阿里一方面成立了自己的菜鸟物流公司，另一方面寻求外部合作，出资22亿元参股海尔物流体系，力求打破电商物流“最后一公里”；而一直自己承担物流配送的京东早已经拥有相对成熟的物流网络，甚至能够“反哺”电商业务，比阿里更具优势。

农产品对仓储和物流条件的要求很高，尤其是樱桃、荔枝等不易保存的水果其配送条件极为苛刻，需要精密的全程冷链配送，从枝头摘下来就要立刻放入恒温冷库，配送全程使用冷藏车，物流成本极其昂贵，这些成本转嫁到产品售价中，直接左右了产品的价格。比如深圳的荔枝2元一斤，而在北京，荔枝就会卖到10元一斤，其中的差价就是物流成本，冷链物流对于农业电商的重要性可见一斑。

二、第二战场的对战是生态之战

除了冷链物流之外，农业电商发展最为迫切的需求就是建立商业生态。

2014年5月，京东与农业龙头企业新希望达成合作协议，对接双方的优势资源，共同探索农业电商解决方案，建立农牧业全产业链生态。

新希望在畜牧养殖业拥有完整的产业链布局，在农村拥有数万家经销网点，而京东在城市的布局非常完整，二者合作可以实现城乡资源的对接，建立城乡双

向物流通道，新希望可以借助京东的平台和品牌售卖农资产品，京东可以借用新希望的基层渠道打通农村“最后一公里”。

京东拥有智能物流体系建设技术，有助于建立连接城乡的冷链物流配送体系，京东的大数据、云计算等先进的技术应用，可以帮助新希望指导农业生产，实现农产品的可溯源。京东如果能够打造出数字化的供应链体系，那么京东在农业电商领域的发展将不可限量。

作为平台型电商巨头，阿里在农业电商的布局也更倾向于建立平台型的商业生态，阿里提供销售平台，培养农民自己做网商。在供应链方面，阿里延续了淘宝模式，只负责培养商家，供应链完全依靠商家去做，所以阿里对电商的要求较高，需要商家自身具备良好的成长能力和资金支持，而且需要大量的商家才能建设起强大的供应链。阿里的这种模式也有一定的好处，就是创业机会较多，早期进驻的商家更容易成功。

与阿里模式相比，京东农业电商生态显然更加复杂，涉及范围更广。京东非常重视与生产链末端的农民群体的连接，通过与新希望的合作将营业网点覆盖到县乡村镇，构建了城乡双向的物流配送系统和供应链体系，密集的营业网点直接连接到农民，从这个意义上来讲，京东农业电商不仅塑造了电商生态，还构建了城乡零购B2C商业模式。

在京东农业电商体系里，农民具有双重角色定位，既是供应商，向京东供应自己的农产品，同时也是消费者，他们会在京东平台购买城市生产的工业产品。覆盖县乡的上万个营业网点，也成为京东口碑营销的又一渠道。

三、企业基因决定生态文化，京东VS阿里谁能胜出

企业基因决定生态文化，所以在做农业电商生态的过程中，阿里农业电商模式与天猫一脉相承，京东农业电商模式也与京东商城没有明显差异。

京东农业电商继续倒三角战略，将直接面向用户的产品、价格和服务放在首要位置，重体验轻团队，打造完整的农产品供销链条，将自己的农业电商体系打造得更为强壮。京东模式更可能给农村经济带来文化和观念方面的影响，让标准化服务的电商文化在农村落地生根。

阿里模式专注于搭建营销平台，只做营销工作，供应链系统完全依靠商家自己完成，花费成本较低，运营方便而且容易盈利，早期红利明显，电商创业机会

较多。但是该模式下电商的成长路径较窄，不利于长期发展，而且对农村当地的经济服务体系影响不大。

京东商城刚刚起步的时候就花费了巨大的代价构建物流体系，现在京东做农业电商仍然延续了这一风格，辛苦筹建自己的供应链体系，短时间内可能难以实现盈利。京东自建供应链对于整个农业电商行业而言是件好事，因为京东对供应链体系的要求很高，建设农产品供应链，必然会做到可溯源的信息化管理，进而推动整个行业的信息化发展。

很明显，京东一手包办物流配送、供应链和平台，是要建立B2C一体化农业电商生态，为消费者提供可溯源的高品质农产品，这一点尤为适合现代人对食品安全异常重视的现状，从这方面来看，京东模式显然比阿里模式更符合现代人的健康观念。

京东本身拥有自营物流系统，在冷链配送环节的能力也在不断加强，但是在冷链仓储方面仍然面临着巨大的压力，完全依靠自建仓储并不现实，这时候，京东遍布城乡的营业网点就可以迎头赶上，成为京东的替补仓库。这种开放式的O2O做法很容易让人联想到团购网站的城市战略，每个区域都拥有自主作战能力，决定最终成败的因素就在于当地冷链体系的运作和当地的市场销售情况。

第七节　苏宁的转型野心："农村电商+O2O"模式的落地与实践

电子商务起步于大城市，随着发展，各大商家之间的竞争越来越激烈，大城市的发展空间越来越狭小。农村地区长期以来因为经济水平与城市之间存在较大的差距而被误认为消费水平低下，继二三线城市之后，电商在开拓市场的过程中逐步发现农村地区的巨大潜力。

O2O模式在电子商务中的运用把网络平台与实体经营的方式结合在一起，许多实体经济运营者也从中看到了网络平台的拉动作用而开始涉足电子商务。这种线上线下紧密结合的方式更适合于农业产业与电子商务的合作，从而使农村地区成为电商们竞相开发的新区域。

2013年，苏宁云商集团借助自己在线下已经取得成功发展的销售渠道在农村地区开展了电子商务的尝试。一年后，京东集团在河北赵县建立了首个与农业发展相关的“京东帮服店”。阿里巴巴也不甘落后，在京东项目开展仅仅6天后，就于2014年12月18日正式推出自己在农村地区建设的网络据点“清远试点”，为了做好这个项目，阿里巴巴的最高首脑马云亲自出马。

自此可以看出农村地区已经成为电商追逐的战场。为了提高自己的竞争力，苏宁、京东、阿里巴巴都做出了详细缜密的开发策略，并于2014年下半年对外公布。

苏宁易购集团把发展目标具体为在农村地区建设的苏宁易购服务站在5年内要达到1万个，国内25%的乡镇为其占有；京东则在物流环节加强与中国邮政的合作，通过打通农村电商的物流来开疆拓土；阿里巴巴的目标是在村级行政区建设10万个服务站点，在县级行政区建设1000个据点，为此，他们的投资计划是1000亿元。

浙江是阿里集团开展农村电商尝试的区域，苏宁集团则在邻省江苏建设自己的据点，如今其农村电商在该地区的发展已经初具规模。两大电商之间正激烈地开展争夺战。

一、苏宁易购服务站（见图8-11）

资料来源：凤凰科技。

图8-11　苏宁易购服务站

许多以传统方式在农村地区经营店铺的小商家在与农村电商的竞争中处于弱势地位，有一部分商家改变传统观念加入到电商运营中，取得了良好的收益。赵海波就是实现经营模式转变后取得成功的例子。

在加入苏宁易购服务站系统之前，赵海波是位拥有约10年家电维修经验的乡镇手艺人。在修理家电的同时，他也做一些家电产品的代理销售。

赵海波经营的店铺位于江苏省淮安市，距离淮安市仅有半个小时的车程，店铺外不远是交通极为便利的主干道并且在袁集镇的集市旁，这样好的地理位置按说应该生意红火。但是最近几年，电子商务在农村地区的开展让当地的商品价格变得更加透明，这对像赵海波一样以传统方式销售家电的小商家造成了冲击。因为在竞争中处于弱势地位，赵海波的生意不再像以前那样好，他的销售额越来越少，一天下来有时候都不到200元，获得的利润也越来越低。这让赵海波很苦恼，压力也越来越大。

正在赵海波一筹莫展时，偶然间认识了苏宁易购的工作者，在交谈中，该工作者把苏宁集团在当地农村地区发展电子商务的事告诉了他。

赵海波并没有想很多，在当地工作人员的介绍下参与了苏宁易购的农村电商，与苏宁易购在当地的服务站进行合作，加入苏宁易购服务站系统，在9月末经过整修后以新的面貌开业。开业当天，客流量就达到了1000多人，小店的生意爆棚，一天下来收获了5.3万元的营业额。在经营方式转变后，赵海波的生意取得了迅速发展，40平方米的小店铺在3个月之后的营业额就接近15万元，在生意好的时候每天的销售额能达到2万元，就算因为某些原因，比如天气不是很好的时候，赵海波的销售额也在1000元以上。

二、苏宁“农村电商+O2O”战略的落地与实践（见图8-12）

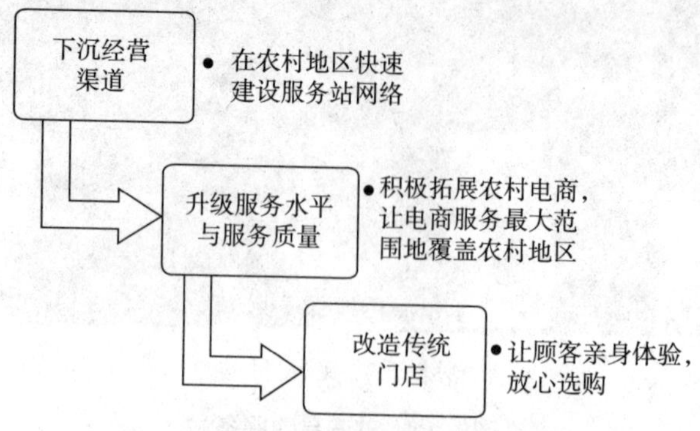

图8-12　苏宁“农村电商+O2O”战略

（1）下沉经营渠道：在农村地区快速建设服务站网络

各大网络电商在看到农村的巨大潜力、决定开发农村市场后纷纷开始进行宣传推广。京东与万家超市取得合作，顺丰则利用物流渠道的优势，但是效果都不是很明显，苏宁集团独辟蹊径，在农村地区建设大量的苏宁易购服务站，并且鼓励当地小商家的加盟，这一措施在促成其经营渠道进一步下沉方面的影响力更显而易见。

2015年1月23日是对苏宁易购具有划时代意义的一天。这一天，在宿迁市洋河镇，苏宁易购建设了第一家由自己经营的服务站点。同时，在盐城市龙冈镇，由苏宁易购建设的加盟市服务站也正式开始投入运营。这两家服务站的同时建设运营说明苏宁在农村地区的电子商务发展过渡到采用自营和加盟两种经营方式相结合的阶段，而且，苏宁易购在农村的县镇地区发展电子商务的脚步也大大加快。

我们可以从洋河镇苏宁易购服务站的营业状况的统计中看到苏宁集团在农村地区电子商务发展的速度之快，也能从中看到农村地区的巨大开发潜力。该服务站的客流量在开业后的7小时后就超过了7000人，这种热闹的氛围甚至吸引了许多年纪大的消费者前来光顾。有2700个单子正式签约，金额最高的一个订单是1.5万元，这7小时的销售额是30万元。巨大的利润吸引了大批商家和小农户与苏宁易购进行合作，迄今为止，加入的农户数量在3000个以上。

（2）升级服务水平与服务质量：积极拓展农村电商，让电商服务最大范围地覆盖农村地区

苏宁集团在农村电商的发展大潮下抢得先机，在全国范围内建设的苏宁易购服务站已超过1000家，这些服务站与其2014年之前在中小城市建立的服务点相比更具优势，是一个个能够独立进行农产品销售、配送发货、接待客户、售后服务等的综合体。

为了让电子商务在农村得到更好的发展，还需要从根本上改变农民的消费观念和消费方式。

位于洋河的苏宁易购服务站接待过一个52岁的老年人，这个年长的顾客已经习惯了在实体店购买商品，这也是大多数农村居民的消费习惯，但是经过服务站工作人员的指导，这个老人成功地在网络上买到了自己想要的商品，交易额达1万多元。可见，只有在现实的操作中对农村居民进行面对面的指导，才能让他们

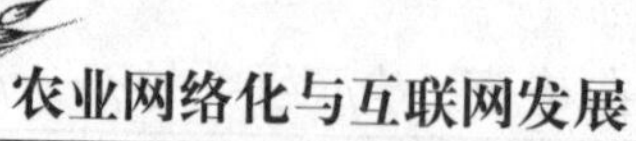

切实感受到电子商务的便捷，不然只停留在概念中，是不能产生显著效果的。

（3）改造传统门店：让顾客亲身体验，放心选购

苏宁集团本来也是以传统方式运营的。该集团在发展过程中紧跟时代脚步，在网络平台发展的基础上发展起电子商务，并且改造集团经营的传统门店，让线上与线下能够相互配合形成一个整体。对工作人员的现代化培训和完善服务都是对传统门店的改造。

在传统改造方面，苏宁云商一直在坚持进行，他们或通过在店内增设顾客休息区，或通过为消费者提供免费的附加服务来吸引顾客的注意，增加产品消费量。还有一些门店让顾客亲身体验购物的整个过程，这样做的好处是顾客在购买时能够更放心，而不会因为担心产品质量有问题而无法下决心去选择。

这些传统的门店在及时进行调整后也迎来了新的春天。虽然在整个改造过程中与互联网融合的速度慢一点，但是在品质保证与取得消费者信赖方面，传统门店具有更多的优势。